Jahrbuch Technikphilosophie

10. Jahrgang 2024

Suzana Alpsancar | Alexander Friedrich
Petra Gehring | Andreas Kaminski
Alfred Nordmann [Hrsg.]

Der Sog des Neuen und der Schock des Alten

Nomos

Die Deutsche Nationalbibliothek verzeichnet diese Publikation in der Deutschen Nationalbibliografie; detaillierte bibliografische Daten sind im Internet über http://dnb.d-nb.de abrufbar.

The Deutsche Nationalbibliothek lists this publication in the Deutsche Nationalbibliografie; detailed bibliographic data are available on the Internet at http://dnb.d-nb.de

ISBN 978-3-7560-1830-7 (Print)
978-3-7489-4493-5 (ePDF)

ISSN 2297-2072 (print)
2297-2080 (eBooks)

Redaktion / Editorial Team: Maike Arnold, Kai Denker, Dawid Kasprowicz, Hildrun Lampe, Tom Poljanšek, Željko Radinković, Jörn Wiengarn
Korrektorat / Copy Editors: Stefanie Cosgrove, Yasmina Günes, Melina Licht, Arthur Wei-Kang Liu

1. Auflage 2025

Inhaltsverzeichnis

Archiv

Diskussion

Kontroverse

Bericht

Glosse

Editorial

Technik ist nicht gleich Technik. Fragt man Studierende, welche Dinge ihnen spontan einfallen, wenn sie an Technik denken sollen, nennen sie – wen überrascht es – smarte Gadgets von glamouröser Aura oder allgemein ›KI‹. Fragt man weiter, was ihre Eltern- und Großelterngeneration wohl auf die Frage geantwortet hätte, fallen ihnen, mit leichter Verzögerung, allerlei handliche Dinge ein, Fernseher, Auto. Dass der spontane Gedanke auf Dinge des alltäglichen Nahbereichs fällt, verwundert kaum. Nur Spezialist:innen denken an Druckerpressen, Kreuzstiche, Schlauchlinerverfahren oder die Wiener Teilung. Dennoch kategorisieren wir die Dinge des Alltags nicht gleichermaßen als Technik, Antworten wie Zahnbürste, Fahrrad, Windel, Feuerzeug oder Bratpfanne, Kaffeetasse oder Mülleimer begegnen eher selten, obwohl sie als technisches Zeugs so genügsam zur Hand sind wie Smartphones. Was dem Common Sense als Technik in den Sinn kommt, scheint trotz einer zunehmenden Diversifizierung der Lebensformen mehrfach vorsortiert. Eine zentrale Leitdifferenz ist hierbei die zwischen neu und alt.

Bekanntlich wurde Technik mit der Moderne zum Topos von allgemeinem Interesse und damit Teil eines gesamtgesellschaftlichen Lauerns auf Neues. Die Verzahnungen von Technik, Moderne und Fortschrittsdenken sind bekannt, doch was bedeuten ihre Fallstricke für das Themenfeld der Technikphilosophie? Was gerät wie als Technisches in den Blick? Der ›Neuheitsbias‹ filtert nicht nur, wie wir uns gemeinhin an die Geschichte der modernen Gesellschaften und ihre zivilisatorischen Leistungen erinnern, sondern er selektiert ganz allgemein, was wir als unsere technische Kultur begreifen – welche Praktiken, Strukturen und Ordnungen, welche Objektivierungen und Subjektivierungen in den Sinn kommen und welche im Abseits bleiben. Wer würde die Urbanisierung um 1900 schon mit einer wachsenden Anzahl von Eseln und Pferden im städtischen Raum verbinden (anstatt dem Klingeln der Straßenbahn)? Wer würde Löwenzahn und Algen neben KI für eine Schlüsseltechnologie der Zukunft halten?

Wie der Technikhistoriker David Edgerton in seinem Buch *The Shock of the Old* beschreibt, erscheint es uns völlig angemessen, Eselskarren und Handwagen in ›folkloric museums‹ auszustellen, während wir uns Flugzeuge und Automobile in Technikmuseen anschauen. Ihre Dienlichkeit als Transportmittel hat diese Zuteilung nicht begründet, wohl aber die Idee, zivilisatorischen Fortschritt an dem Stand der Technik festmachen zu können, der durch die Unterscheidung alt/neu strukturiert wird. Was als Technik in den Sinn kommt, ist mehrfach kategorial vorsortiert. Dinghaftes vor Prozess- und Wissenskategorien, Maschinenartiges vor Texturen, Informatisches vor Plastikdingen. Neben einer kulturell-geschichtlich sektoralen Vorsortierung ist die Leitdifferenz von neu und alt spielentscheidend, die aber asymmetrisch fungiert: im Licht steht das Neue und das Alte rückt in den Schatten, den es wirft.

Die Erwartung des stets Neuen war aber nicht immer selbstverständlich und keineswegs etwas Positives. *»As the births of living creatures, at first are illshapen, so are all innovations, which are the births of time.«* – Dieser Satz stammt nicht etwa aus Fibeln der Innovationsliteratur, sondern aus Francis Bacons Essay *Of Innovations.* Bacon betont die Schwierigkeiten, die das Neue habe, sich gegen das Gewohnte durchzusetzen. Bevor Neues bewertet werden konnte, musste die Möglichkeit dazu, etwas Neues zu erwarten, ja zu denken, erst entstehen. Nach Blumenberg setzt sich zu Beginn der *Neu*zeit und also überraschend ›spät‹ eine Weltsicht durch, die einen Unterschied zwischen dem, was möglich und dem was wirklich ist, denken und praktisch werden lässt. In den mehr als vier Jahrhunderten, die seitdem vergangen sind, ist die Erfahrung des Neuen nun selbst zum Gewohnten geworden. Technische Beschleunigung und der sprichwörtliche rasante Wandel, durch den *permanent* Neues erscheint und soeben noch neu Gewesenes bereits *veraltet* wirkt, gilt als typische moderne Erfahrung und Reflexionsform. Im besten Fall, so die Vermarktungsformel, ist die technische Entwicklung heute disruptiv, völlig losgelöst von Kontinuitäten, Tradiertem, Altem.

In Wahrheit geraten dabei neu und alt in dialektische oder funktionale Zirkel: Um den Auftritt des Neuen zu produzieren, muss das Bisherige zum Alten stigmatisiert werden (Luhmann) – und das Neue hat so selbst immer schon den Charakter der Wiederholung. Man gewöhnt sich an paradoxe Diagnosen, wie etwa die Reden von der »Verkürzung der Gegenwart« (Lübbe) oder dem »Rasenden Stillstand« (Virilio) zeigen. Möglich werden sie auf der Basis einer begrifflichen Zuspitzung, in der das Alte und das Neue die Plätze zu tauschen scheinen: an das Immer-Neue ist man so sehr gewöhnt, dass das Schon-Alte unverbraucht, unbekannt und bald fremd erscheint. Der »Schock des Alten« (Edgerton) scheint somit das Spiegelbild des Sogs des Neuen zu sein. Mit der Sorge, ob das Neue tatsächlich so neu ist, wie es tut, stellt sich die Frage ein, was hier eigentlich das Neue und das Alte ist: der Wein oder der Schlauch?

Schließlich sind es oft gerade auch Metaphern, mit denen das Neue zur Sprache gebracht werden soll. Allfällige Neologismen oder innovative Produktnamen markieren zwar in aller Deutlichkeit den Geltungsanspruch des bisher noch nie Dagewesenen. Um aber verständlich zu machen, was es sein soll, muss das Neue in Begriffen des schon Bekannten gefasst werden – und dieses Bekannte doch gleichzeitig überschreiten. Dass sich Metaphern für diese epistemisch-hermeneutische Erschließung des Neuen besonders gut eignen, bekundet sich in aller Deutlichkeit bereits in dem – geradezu methodisch inszenierten – Metaphernreichtum von Bacons *Novum Organum*.

Der technologischen Entwicklungs- und Bezeichnungsdynamik entspricht im Übrigen auch die Geschwindigkeit, mit der Forschungsthemen und Förderprogramme, auch in der Philosophie, erscheinen – und verschwinden: Die Reflexion der Technik soll mit deren Wandel Schritt halten. Was ist der Preis? Da die technische und sprachliche Spezialisierung eine Spezialisierung der Reflexion erfordert, ändern sich auch die Traditions- und Diskussionslinien der Technikphilosophie. Die Diagnose einer fortschreitenden Technisierung ist der locus classicus der Technikphilosophie in der Moderne. Prozess, Logik, kulturelle Bedeutung, Selbst- und Weltverhältnis, Veränderung der Tätigkeitsformen und gesellschaftlichen Strukturen durch diese waren die großen Themen der technikphilosophischen Klassiker von Marx und Kapp bis Heidegger und Cassirer. Wenn auch die Diagnose einer fortschreitenden Technisierung im zweifachen Sinne von Extension und Eingriffstiefe (Gamm) unwidersprochen bleibt, widmen sich jüngere Technikphilosophien eher Fallgeschichten und lassen diese Geschichtlichkeit beiseite. Hierdurch rücken Innovationen als quasi singuläres Geschehen ins Sichtfeld, Technik wird weniger in ihrer ökonomisch-politischen Verzahnung behandelt, man sucht sich nicht zivilisatorisch abzugrenzen und zu überbieten, sondern lädt ganz liberal zum globalen Innovations-Mitmach-Wettbewerb ein, richtet die Faszination weg vom Gewohntem hin zum Imaginären und fragt kaum nach Alternativen zur technischen Form. Stattdessen untersucht man einerseits Konkretes (z.B. die Kostenfunktion im Maschinellem Lernen), andererseits Oszillierendes – nimmt man den emergierenden Status der je jüngsten Schlüsseltechnologien ernst. Die konkrete neue Technik ist schon visioniert, aber noch nicht gemacht. Wer meint, erkennen könne man nur, was man schon konstruieren kann, kommt für den beschleunigten Reflexionsbedarf immer schon zu spät. Gerät aber die Technikphilosophie mit Fokussierungen wie diesen nicht zunehmend selbst in den Sog des Neuen? Bedarf es eines methodisch neuen Zugriffs, um diesen Neuheits-*Bias* zu bändigen, mit dem die Technikforschung, Technikgeschichte, Technikphilosophie schon qua Gegenstand nur schlecht zurechtkommen?

Mit diesem Jahrgang des *Jahrbuch Technikphilosophie* treten wir einen Schritt zurück, um Begriffe, Metaphern und Reflexionsformen zu durchdenken, mit denen technischer Wandel beobachtet, erfasst und verstanden werden soll. Den Auftakt in den *Schwerpunkt* ›Der Sog des Neuen und der Schock des Alten‹ macht **Viet Anh Nguyen Duc** mit seinem Beitrag »Die Sprache des Neuen: Über Blitze, Blitzableiter und Geistesblitze«. Darin untersucht er die Weise, wie das Neue sprachlich zum Ausdruck gebracht werden kann im Verhältnis zu einer damals neuen Technik: die *neue* Rede vom Geistesblitz wird im Kontext der Erfindung des neuen Blitzableiters aufgesucht, um die Korrelation von sprachlichem Ausdruck und technischer Erfindung an einem originellen und reflexiven Fall zu betrachten. **Philip J. Nickels** Beitrag wendet sich dann einem anderen Versuch, das Neue zu thematisieren, zu. Statt um Metaphern geht es ihm um Modelle, mit denen wir den Wandel von Technik und Gesellschaft zu begreifen versuchen. In »A Pluralistic Model of Technology-Driven Value Change« schlägt er dazu vor, von einfachen Modellen, die den Wandel von Werten und Technologien anhand eines determinierenden Faktors betrachten, Abstand zu nehmen und stattdessen zu emergenten und differentiellen Modellen überzugehen. Um die Weise, wie wir Neuheit zu begreifen versuchen, dreht sich auch der Aufsatz »From Mundane ›Nuclear‹ Solutions to Novelty. Instrumental Rationality in the Making Technoscientific Cultures« von **Clarissa Ai Ling Lee.** Üblicherweise steht im Fokus des Neuen der High-Tech-Bereich. Lee wendet sich stattdessen aber der Nukleartechnologie in Malaysia und dem »maker ethos« zu, um das, was Edgerton als Kreoltechnologien bezeichnet, zum Ausgangspunkt ihrer Überlegungen zu nehmen. Auf diese Weise werden Innovationen in wirtschaftlich schwächeren Regionen sichtbar, statt dass letztere vor allem als Gesellschaften vorgestellt werden, die verspätet das nachholen, was wohlhabende Industrieregionen vorgemacht haben. Kaum eine Technologie steht mehr für den aktuellen Aufbruch ins Neue als KI. **Jan Cornelius Schmidt** sucht in seinem Beitrag »Künstliche Intelligenz und komplexe Forschungsobjekte« nach einer Erklärung, warum KI sich so eindrucksvoll als neue Forschungsmethode in den Wissenschaften etabliert. Sein Ansatzpunkt ist, eine Erklärung hierfür durch die häufig dabei ausgeblendeten Gegenstände, an denen KI-Technologien erfolgreich eingesetzt werden, zu suchen. Diese weisen nämlich eine Gemeinsamkeit auf: Instabilität und daher dynamische Komplexität. KI-Modelle bieten neue Wege, um die mit diesen Gegenständen verbundene Erkenntnisgrenzen zu verrücken. – Neuartige Technologien und vor allem damit zusammenhängende neuartige gesellschaftliche Probleme scheinen eine neuartige Ethik zu erfordern; so jedenfalls eine Annahme, die Hans Jonas vertreten hat. **Philipp Richter** prüft in seinem Artikel »Hans Jonas' Argumentation in *Das Prinzip Verantwortung* in methodologischer Betrachtung: Neue Perspektiven oder alte Hürden für die Angewandte Ethik?« Jonas' Vorschlag kritisch. Eröffnet Jonas systematisch neue Wege für die Ethik mit Anwendungsbezug? Richter zeigt am Beispiel der moralischen Herausforderungen des Klimawandels die Grenzen von Jonas' Ansatz auf.

In den letzten Jahren ist Hans Blumenbergs Werk insbesondere auch vonseiten der Technikphilosophie intensiv erforscht worden, zahlreiche Konferenzen und Editionen dokumentieren dies. Dabei ist bekannt, dass Technik bei Blumenberg stets in einem besonderen Sinne Geschichte der Technik bedeutet. In den *Abhandlungen* stellt **Tim-Florian Steinbach** eine grundlegende Frage an Blumenbergs Werk: Hat dessen Geistesgeschichte der Technik nicht eine implizite, kritische Voraussetzung? Steinbachs Abhandlung »Systematische Aspekte einer Geistesgeschichte der Technik« stellt die These auf, dass es die Handlungstheorie ist, die die geistesgeschichtliche Rekonstruktion anleitet. Technisches Handeln und Historiographie weisen demnach eine gemeinsame teleologische Struktur auf.

Das *Archiv* bietet dieses Jahr ein bislang unveröffentlichtes Manuskript von **Heinrich Hardensett** an, einem der führenden Köpfe der deutschen Technokratiebewegung. Es handelt um einen Auszug aus dessen *Philosophie der Technik*, den **Stefanie Theuerkauf** ausgewählt hat und in den sie einleitet. Theuerkauf stellt dabei einige charakeristische Züge von Hardensetts Technikphilosophie heraus und erläutert die (auch politisch) komplizierte Entstehungsgeschichte des Werkes.

Die Bedeutung des Neuen steht auch im Zentrum der diesjährigen *Diskussion.* **Andreas Brenneis**, **Viet Anh Nguyen Duc** und **Jörn Wiengarn** besprechen den von **Armin Grunwald**, **Alfred Nordmann** und **Martin Sand** herausgegebenen Band *Hermeneutics, History and Technology: The call of the future.* Der Band verhandelt zentral die hermeneutische Wende in der Technikfolgenabschätzung, in deren Zuge Technikzukünfte in spekulativen Bereichen einer hermeneutischen Analyse zu unterziehen seien: Was sagen diese Zukünfte eigentlich über die jeweilige Gegenwart aus, in der sie artikuliert werden? Brenneis, Ngyuen Duc und Wiengarn ordnen den Band als Ausdruck einer einsichtsvollen methodischen Suchbewegung ein, deren Zukunft aber weiterhin offen bleibt.

In der *Kontroverse* fragen wir nach dem sinnvollen Verhältnis zwischen dem Alten und dem Neuen in den Geisteswissenschaften. Genauer nehmen wir Franco Morettis kritisches Resümee einer *Falschen Bewegung* zum Anlass, nach der Bedeutung (neuer) digitaler Verfahren und Methoden für die (›alte‹) geisteswissenschaftliche Theoriearbeit zu fragen. Morrettis Diagnose zufolge bringt eine zunehmend quantitativ orientierte Literaturwissenschaft einen beklagenswerten Verlust der Beziehung zur Theorietradition mit sich. Tatsächlich lassen die Fälle, die Moretti präsentiert, kaum einen Zweifel offen, dass bei der bis jetzt zu beobachtenden Entwicklung etwas »falsch« gelaufen ist. Schwieriger erscheint es jedoch präzise und systematisch zu sagen: Was ist falsch an der falschen Bewegung? Und welche wäre richtig? Wie lassen sich Theorieentwicklung und computationelle Verfahren in den Geisteswissenschaften in einen fruchtbaren Zusammenhang bringen? In Literaturwissenschaft und Wissenschaftsphilosophie, in Begriffsgeschichte und Argumentationsanalyse sind in den letzten Jahren digitale Instrumente zum Einsatz gekommen, die über das Topic Modelling z.T. weit hinausgehen. Kommt es auch hier zu einem drohenden Verlust des Bezugs zu den jeweiligen Theorietraditionen? Wie gelingt es, sachhaltige Theorien (nicht bloß Messtheorien) und Instrumente in eine wechselseitige Entwicklung zu bringen? Zu diesen Fragen positionieren sich **Rabea Kleymann, Tobias Matzner, Gabriele Gramelsberger** und **Tobias Wilke** in ihren Beiträgen.

Der diesjährige *Bericht* von **Tim Eckes** und **Petra Gehring** untersucht exemplarisch die Verwirklichung eines Neuheitsanspruchs in der Praxis der F&E. Auf der Grundlage von teilnehmender Beobachtung und offenen Interviews reflektieren Eckert und Gehring ein interdisziplinäres Forschungsvorhaben, das die Entwicklung eines neuartigen digitalen Intermediärs zur kollaborativen Datennutzung zum Ziel hat. Dem Anspruch auf Innovation weisen die Autoren überraschende Hürden, komplexe Gelingensbedingungen sowie typische Risiken und Paradoxien nach.

Zuletzt widmet sich die *Glosse* dem Neuen in Form postapokalyptischer Zukunftsszenarien. Lassen sie sich statt als Schreckensszenarien nicht vielmehr als ein imaginiertes zeitgenössisches Idyll verstehen? Die gegenwärtige Faszination für postapokalyptische Zukunftsszenarien ist vielleicht nicht nur als phantasierter Ausweg aus unserer gegenwärtigen Langeweile, oder als das imaginative Sich-Einlassen auf die uns erwartende Zukunft in Zeiten drohender Katastrophen aufzufassen. Vielmehr geht es bei ihnen womöglich auch um die Sehnsucht nach einem in seiner Komplexität reduzierten und von gesellschaftlichen Ansprüchen befreiten Leben, das durch klare Überlebensaufgaben strukturiert ist.

In diesem Jahr sind mit Don Ihde, Bernhard Irrgang und Hans Lenk drei bedeutende Technikphilosophen verstorben. Wir sind ihnen dankbar für die Gedanken, die sie uns gegeben und haben denken lassen.

Schwerpunkt

Viet Anh Nguyen Duc

Die Sprache des Neuen

Über Blitze, Blitzableiter und Geistesblitze

Abstract

Als Metapher steht der Blitz nicht nur für das Gefährliche und Zerstörerische, sondern auch für die plötzliche Erkenntnis, bei der ein neuer Gedanke uns überfällt und so auf überraschende Weise neue Perspektiven eröffnet. Dies kommt etwa in der Rede vom Geistesblitz zum Ausdruck, die keineswegs selbstverständlich ist, sondern auf dem kontingenten Zusammenspiel von ästhetischen, historischen und technischen Voraussetzungen beruht, wie der Artikel rekonstruiert. Motiviert ist die hier vorgenommene Metaphernanalyse durch die Fragestellung, wie Ausdrücke zustande kommen, mit denen wir die Neuheit von einer Sache sprachlich artikulieren. Denn bloß zu sagen, dass etwas ›neu‹ sei, reicht in der Regel nicht aus. Die Kategorie des Neuen bedarf spezieller Ausdrücke mit expressivem Gehalt, um gewissermaßen die Wucht des Neuen zur Sprache zu bringen. Bei der Analyse der Metapher des Blitzes bzw. Geistesblitzes fokussiert sich der Artikel auf die Erfindung des Blitzableiters, einschließlich ihrer neueren Entwicklungen, da die Bedeutung der Blitzmetapher im Wesentlichen von dieser Erfindung und der gesellschaftlichen Aufnahme jener Erfindung abhängt, wie der Artikel zeigt.

As a metaphor, lightning stands not only for the dangerous and destructive, but also for the sudden realization in which a new thought surprises us and thus opens up new perspectives in a sudden way. This is expressed, for example, in the talk of the ›Geistesblitz‹, which is by no means self-evident, but is based on the contingent interplay of aesthetic, historical, and technical preconditions, as the article reconstructs. The metaphor analysis undertaken here is motivated by the question of how expressions come about with which we linguistically articulate the novelty of something. For merely saying that something is ›new‹ is usually not enough; the category of the new requires special expressions with expressive content in order to give voice to the force of the new. In analyzing the metaphor of lightning or ›Geistesblitz‹, the article focuses on the invention of the lightning rod, including its more recent developments, since the meaning of the lightning metaphor depends essentially on this invention and the social reception of that invention, as the article shows.

Damit uns das Neue als Neues *präsent* wird, müssen wir das Neue nicht nur als Neues identifizieren, wir müssen auch imstande sein, das Neue *als* das Neue zu artikulieren. Fehlte es uns an Ausdrücken, das Neue in seiner Neuheit zu kennzeichnen, so existierte das Neue vielleicht in einem bloßen ›Da‹, doch könnte von diesem Neuen als Neuem nicht die Rede sein.

In der deutschen Sprache gibt es nur wenige Ausdrücke, die es uns erlauben, die Neuheit von etwas Neuem zum Ausdruck zu bringen, und den meisten dieser Ausdrücke haftet, wie sich kurzerhand zeigen lässt, ein ironischer Beiklang an. Nehmen wir beispielsweise den Ausdruck ›genial‹, der auch heute noch gelegentlich zur Kennzeichnung von etwas genuin Schöpferischem, Bahnbrechendem gebraucht wird. In der zweiten Hälfte des achtzehnten Jahrhunderts konnte er noch mit einem gewissen Pathos verwendet werden, doch diesen emphatischen Sinn büßte er dann aufgrund seiner inflationären Verwendung allmählich ein, sodass Schriftsteller ihn dann mit ironisch, spöttischem Hintersinn gebrauchen konnten, wie es sich etwa bereits bei E.T.A. Hoffmanns Schilderung eines genialen Friseurs[1] nachverfolgen lässt oder etwas prominenter auch bei Robert Musil, in dessen Roman *Mann ohne Eigenschaften* vom »geniale[n] Rennpferd« die Rede ist.[2] Ähnliches lässt sich auch an dem Begriff der ›Innovation‹ thematisieren. So soll er zwar ebenfalls Neuartiges, Außergewöhnliches anzeigen, doch der Umstand, dass wir dem Ausdruck tagtäglich in Werbungen, politischen Reden und im Journalismus etc. begegnen, entleert ihn, sodass sich ebenso sagen ließe, dass der Begriff der Innovation selbst unlängst zum Signum des Gewöhnlichen und Alltäglichen geworden ist. Nichts an dem Begriff der Innovation klingt heute noch innovativ, und gerade das macht ihn ungeeignet, Ausdruck für das Neue und Außergewöhnliche zu sein, auf das er abzielt.

Das Neue bildet nicht nur eine ontologische Kategorie, die auf etwas Neues verweist, sondern auch eine ästhetische Kategorie, da der Begriff des Neuen nach Ausdrücken verlangt, die dem Neuen in expressiver Hinsicht entsprechen. So muss sich unsere Sprache gewissermaßen selbst stets erneuern, um das Neue in seiner Neuheit angemessen artikulieren zu können. Bemerkenswerterweise führen beide Beispiele uns aber auch vor Augen, dass wir darin *scheitern* können, das Neue angemessen zu artikulieren, ohne dass uns dabei die Sprache oder die Sache selbst zum ernsten Problem werden würde: So können wir die Ausdrücke ›genial‹ oder ›innovativ‹ in bloß *pragmatischer* Hinsicht als Bezeichnung für die Neuheit des Neuen gebrauchen, selbst dann, wenn uns bewusst ist, dass sie in ihrer Bedeutung im heutigen Sprachkontext ausgehöhlt sind, da ihre expressive Dimension verbraucht ist.

In diesem Artikel wird es mir um die Frage gehen, welche Bedingungen erfüllt sein müssen, damit ein bestimmter Ausdruck die Neuheit des Neuen in expressiver Hinsicht angemessen artikulieren kann. Meine These ist, dass hierbei vor allem jene Ausdrücke infrage kommen, denen selbst ein Charakter des Neuartigen und Besonderen inhärent ist. Daraus folgt methodisch allerdings, dass sich nur wenig Allgemeines über die Bedingungen

1 Hierzu siehe: Jochen Schmidt: *Die Geschichte des Genie-Gedankens in der deutschen Literatur, Philosophie und Politik 1750–1945.* Band 2, Darmstadt 1985, S. 3ff.

2 Robert Musil: *Mann ohne Eigenschaften*, Hamburg 2011, S. 44.

zur Entstehung von Ausdrücken des Neuen sagen lässt, da sich das Besondere nicht aus allgemeinen Bedingungen herleiten lässt. Aufschlussreicher hingegen ist es, vom Besonderen auszugehen, d.h. die speziellen Bedingungen von bestimmten Ausdrücken nachzuverfolgen, die dazu führten, dass ein bestimmter Ausdruck ›X‹ zum geeigneten Ausdruck von etwas Neuem werden konnte. Eine solche rekonstruktive Analyse werde ich im Nachfolgenden an einem speziellen Fallbeispiel vornehmen, nämlich dem der Metapher des Blitzes bzw. Geistesblitzes. Dieser Ausdruck war spätestens ab dem Ende des achtzehnten Jahrhunderts als emphatischer Ausdruck für das Neue verfügbar und stand dabei nicht selten auch in Verbindung mit der Idee einer schöpferischen Subjektivität. Hierbei spielt die Erfindung des Blitzableiters eine entscheidende Rolle.

Wie die Metapher des Blitzes, die über viele Jahrhunderte hinweg ausschließlich mit der göttlichen Macht assoziiert war, zu einer Metapher des schöpferischen Subjekts werden konnte, das sich mit Enthusiasmus dem Neuen zuwendet, rekonstruieren die ersten beiden Abschnitte. Im ersten Abschnitt kommen die Ästhetik des Blitzes sowie seine mythischen bzw. religiösen Verarbeitungen in den Blick (I). Der zweite Abschnitt befasst sich sodann mit der Bedeutung des Blitzableiters, der im Kontext des amerikanischen Unabhängigkeitskrieges sowie der Französischen Revolution zum Symbol einer autonomen und schöpferischen Subjektivität avancierte. Vor dem Hintergrund dieser revolutionären Erfindung sollte sich dann auch die Bedeutung der Blitzmetapher grundlegend verändern (II). Während die ersten beiden Abschnitte sich auf die historische und kulturelle Bedeutung des Blitzes beziehen, konzentriert sich der dritte Abschnitt auf Gegenwart der Blitz-Metaphorik und diskutiert, inwiefern die expressive Dimension der Metapher, Neues zu artikulieren, erschöpft ist. Dies wird auch am Beispiel aktueller Versuche diskutiert, die klassische Fangstange technisch durch neuere, nicht-konventionelle Typen von Fangstangen zu ersetzen. Diese neueren Technologien haben nicht denselben ›Innovationsimpact‹ wie die genuine Erfindung und gelten auch in der Forschung als umstritten. Sie folgen eher einer Innovationserwartung, als tatsächliche Innovationen zu sein, und haben in diesem Sinne den Charakter einer *Farce,* wie im dritten Abschnitt näher ausgeführt wird (III).

I. Der Blitz als Naturgewalt und seine mythisch-religiöse Verarbeitung

Kann der Blitz, in Zeiten seiner Bändigung, noch als eine Naturgewalt bezeichnet werden, so wie es heute noch etwa bei Erdbeben, Tornados oder Tsunamis getan wird? Nimmt man als Kriterium den tatsächlich verursachten Schaden von Blitzen, so ließe sich die Frage verneinen, denn dieser ist dank der Erfindung des Blitzableiters im Vergleich zu den anderen erwähnten Naturgewalten gering. Nimmt man als Kriterium hingegen die Art seiner Erscheinung bzw. die subjektive Wahrnehmung des Blitzes, so ließe sich die Frage bejahen, denn der Blitz hat in seinem Erscheinen durchaus etwas Gewaltvolles.[3] Kommt es zu einem Gewitter, so können wir zwar antizipieren, dass es auch blitzen *könnte*, doch zündet einmal tatsächlich ein Blitz, so geschieht dies immer plötzlich und überraschend, d.h. auf *unberechenbare* Weise; und sein lautes, mächtiges Donnern kann uns auch in sicherer Behausung Aufschrecken lassen und in Furcht versetzen. Die Zickzackbahn des Blitzes wirkt eruptiv und hat etwas Kompromissloses, da er sich über jeden Widerstand hinwegsetzt, um sich dann im Moment des Erdkontakts auf hochenergetische Weise an einem Objekt zu entladen. Neben dem Umstand, dass uns der Blitz für unser Wahrnehmen als eine mächtige und gefährliche Naturerscheinung entgegentritt, kommen noch jene Erzählungen von tragischen Blitzunglücken hinzu, die unsere subjektive Wahrnehmung des Blitzes stark beeinflussen können. Man denke hierbei etwa an durch Blitze verursachte Waldbrände oder, was besonders einprägsam ist, an jene tragischen Fälle, bei denen Menschen unmittelbar durch einen Blitzeinschlag ums Leben gekommen sind. Diese unwahrscheinliche Todesart erscheint ebenso gewaltsam wie absurd. Die Rede von der »Laune der Natur« erlangt in diesen Kontexten einen faden Beigeschmack: Nicht nur, dass der tödliche Blitz die Kontingenz des Lebens auf ebenso gewaltsame wie sinnlose Weise zum Vorschein bringt, auch erinnert uns der Blitz in einem noch sehr viel allgemeineren Sinne daran, dass wir Bewohner einer Natur sind, die eine Eigenständigkeit besitzt und auch gänzlich ohne uns ›da‹ sein könnte.

Über die Frage, ob der Blitz eine Naturgewalt darstellt, lässt sich aus heutiger Sicht gut streiten, früher aber, zu Zeiten, als der Blitzableiter noch

3 Bei einem Vulkanausbruch würde man beispielsweise ohne Weiteres sagen, dass es sich um eine Naturgewalt handelt, wofür allein die gewaltvolle Ästhetik seines Ausbrechens ausreicht, ganz unabhängig davon, wie viel tatsächlichen Schaden er heute noch verursacht.

keine etablierte Technologie darstellte, war er es gewiss. Das lässt sich an seinen mythischen bzw. religiösen Verarbeitungen ablesen, denn zumeist waren jene Götter, die mit der Macht des Blitzes assoziiert wurden, auch äußerst mächtige Götter.[4] Man denke hierbei an den Gott Zeus aus der griechischen Mythologie, der später in veränderter Gestalt unter dem Namen Jupiter bei den Römern wiederkehrt; oder etwa an den germanischen Gott Donar (bzw. Thor bei den Nordgermanen), der mit einem Hammer um sich warf, wobei die Wurfbahn des Hammers als Blitzstrahl interpretiert wurde. Auch bei dem alttestamentarischen Gott hat sich etwas von der Vorstellung einer Blitze werfenden Gottheit bewahrt.[5] Was bei den genannten Göttern auffällt, ist, dass sie in männlicher Gestalt auftreten oder zumindest mit männlichen Attributen versehen sind. Anders verhält es sich in der chinesischen Mythologie, denn hier ist der Blitz mit der Blitzgöttin Tien Mu assoziiert, die Spiegel in ihren Händen hält, um die Blitze hinabzuschießen; ihr assistiert der Donnergott Lei Kung, der die Trommeln schlägt, um das Donnern ertönen zu lassen.

Unter diesen mythischen bzw. religiösen Voraussetzungen konnte der Blitz zwar *nicht* sinnvoll als Metapher für die menschliche Potenz verwendet werden, wie es etwa die Metapher des Geistesblitzes zum Ausdruck bringt. Gleichwohl stellt diese kulturelle Interpretation des Blitzes auf indirektem Wege eine entscheidende Voraussetzung dar, damit die Metapher des Blitzes zu einer Metapher der menschlichen Potenz werden konnte: Dazu musste der göttliche Funke jedoch selbst gewissermaßen auf die menschliche Subjektivität übergehen, d.h., es bedurfte einer Infragestellung der Gottes-Fiktion oder, umgekehrt, einer Erhöhung der menschlichen Subjektivität in die Sphäre des Göttlichen. Der göttliche Funke musste – mit E.T.A. Hoffman gesprochen – zum »Funken des Genies« werden.[6]

Verbleiben wir im europäischen Kontext, so stellt die Theodizeefrage bezüglich der Verwüstungen des Blitzes einen markanten Wendepunkt innerhalb der Geschichte der Deutung des Blitzes dar, da hierbei die göttliche Macht bzw. die Gottes-Fiktion nun selbst von der menschlichen Subjektivität hinterfragt wurde. Immer wieder kam angesichts des Willkürcharakters des einschlagenden Blitzes die Frage auf, welchen Sinn durch Blitzeinschlä-

4 Hierzu siehe auch Fridolin Heidler und Klaus Stimper: *Blitz und Blitzschutz*, Berlin 2009, S. 19ff.; Peter Hasse: *Der Weg zum modernen Blitzschutz*, Berlin 2004, S. 13ff.

5 Psalm 18:13,14 »Und der HERR donnerte im Himmel, und der Höchste ließ seinen Donner aus mit Hagel und Blitzen«, Luther Bibel 1912.

6 Schmidt: *Die Geschichte des Genie-Gedankens in der deutschen Literatur, Philosophie und Politik 1750–1945*, S. 3 ff.

ge verursachte Schäden oder Tode haben würden, und bis in die zweite Hälfte des achtzehnten Jahrhunderts hinein fanden sich diesbezüglich noch ambitionierte Versuche einer theologischen bzw. physiko-theologischen Rechtfertigung Gottes in seiner Vollkommenheit. Wenngleich in der theologischen bzw. physiko-theologischen Diskussion stets die Idee einer göttlichen Vollkommenheit verteidigt und in diesem Zusammenhang gelegentlich auch Vorstellung eines sinnlos tötenden Gottes abgewiesen wurde, so zeigte sich in diesen intellektuellen Bemühungen doch immerhin, dass sich Risse im Gottesglauben andeuteten, denn offenkundig erwies sich die Vorstellung einer göttlichen Vollkommenheit nicht mehr ohne Weiteres als evident. Bezogen auf den tödlichen Blitz heißt dies konkreter, dass auch der Blitz als Teil der göttlichen Schöpfung gerechtfertigt werden musste, wie nachfolgend an einigen Beispielen verdeutlicht werden soll.

Der Theologe Christian Samuel Ulber etwa argumentierte in seinem 1760 erschienenen Buch *Der christliche Creuzträger, oder erbauliche Betrachtungen über das menschliche Elend des Leibs und Seele*, dass niemand zufällig vom Blitz getroffen würde, da letztlich Gott die Blitze entsandt hätte. »Alle Blitze und Schläge hat der Herr abgemessen, kein einziger fällt anders, als ihn die ewige Vorsicht, bestimmt, sie sind lauter Pfeile in der Hand des Schöpfers, darum ein jeglicher nur just an den Punct trifft, wohin er gezielet ist.«[7] In diesem Sinne stellte der Tod durch einen direkten Blitzeinschlag keinen unglücklichen Zufall dar, sondern erwies sich als eine göttliche Strafe.

Eine andere Position bei dieser Frage vertrat etwa der Philosoph Christian Wolff, der im Vergleich zu Ulber sehr viel kompliziertere Argumente anführte, um die Sinnhaftigkeit des Blitzes zu verdeutlichen. Ähnlich wie die Theologen William Derhams, Johann Albert Fabricius, Peter Ahlwardt vertrat er ein pyhsiko-theologisches Weltbild, das darauf abzielte, die Naturgeschehnisse unter Rückgriff auf naturwissenschaftlichen Hypothesen so auszulegen, dass dadurch »Gottes Vollkommenheiten« ersichtlich werde.[8] Aus seiner Sicht waren tödliche Blitzeinschläge zwar durchaus zufällige Angelegenheiten, d.h. unglückliche Naturereignisse, die nicht in einem unmittelbaren Zusammenhang mit dem Willen Gottes zu bringen waren; gleichwohl erfüllte der Blitz im Naturganzen eine wichtige, lebensdienliche Funktion. So argumentiert Wolff 1723 in *Vernünfftige Gedancken von den*

7 Olaf Briese: *Die Macht der Metaphern*, Stuttgart 1998, S. 25.

8 Christian Wolff: *Gesammelte Werke. I. Abt. Deutsche Schriften Band 7, Vernünfftige Gedancken. Von den Absichten der natürlichen Dinge*, Olms 1980, S. 3.

Absichten der natürlichen Dinge, dass der Blitz »ein Schweffel« sei, der einen natürlichen Prozess in Gang setzte, bei dem »nicht allein die Lufft gereiniget / sondern die Erde zugleich fruchtbahr gemacht« werde.[9] Der Blitz konnte demnach Schaden bringen, gleichwohl hatte er aber auch einen überaus wichtigen Nutzen, und dieser Nutzen des Blitzes war, so Wolff, sehr viel größer als der Schaden, den der Blitz verursachte: »Allein dieser allein ist groß genug / daß er den Schaden überwiegt / den die Gewitter verursachen / und rechtfertiget Gottes Weisheit / der einigen Schaden zugelassen / weil sonst ein grösserer Nutzen wäre verhindert worden.«[10]

Mit diesem spekulativen Nutzenkalkül war die Sinnlosigkeit des tödlichen Blitzeinschlages gewissermaßen als notwendiges Übel gerechtfertigt, wenngleich dies keineswegs bedeutete, dass man sich dem gefährlichen Blitz fatalistisch hingeben musste. Denn nach Mitteln zu suchen, um dem zufälligen Blitzeinschlag zu entgehen, war aus physiko-theologischer Sicht kein Frevel, sondern etwas durchaus Erstrebenswertes. In diesem Sinne befürwortete Wolff die sogenannte Praxis des Gewittersingens bzw. Gewitterbetens, da sich die Betenden hierbei an Gott wenden und ihm dadurch näherkommen würden.[11] Eine andere, aus heutiger Sicht äußerst problematische Methode, stellte das Gewitterläuten dar, bei dem sich eine Person bei heraufziehendem Gewitter auf die Kirchentürmer begab, um die Kirchenglocken zu läuten, in der Hoffnung, diese Methode könnte die Wolken zerschlagen. Diese Methode erwies sich allerdings als eine äußerst gefährliche Spekulation: Weder vermochte der hierbei imaginierte Gottesbeistand noch das Erschallen der Kirchenglocken dem Gewitter etwas auszurichten. Viel mehr setzten sich die Glöckner der Gefahr aus, selbst vom Blitz getroffen zu werden, da Blitze sich, wie es inzwischen gemeinhin bekannt ist, an den höheren Objekten entladen. Als unglückseliger Tag ist der 14. April des Jahres 1718 in die Geschichte der Blitzforschung eingegangen, an dem in einer einzigen Nacht allein 24 Kirchen getroffen wurden, was zahlreiche Todesfälle nach sich zog.[12] 103 Personen sollen innerhalb von 33 Jahren durch diese fragliche Methode ums Leben gekommen sein, wie der Astro-

9 Ebd., S. 322.
10 Ebd., S. 323.
11 Ebd., S. 321.
12 Martin Hannig: *Entwicklung und Installation von Messeinrichtungen zur Untersuchung der Einfangwirksamkeit realer Blitzfangeinrichtungen*, Darmstadt 2017, S. 1f., https://tuprints.ulb.tu-darmstadt.de/id/eprint/6312 (aufgerufen: 28.3.24).

nom und Mathematiker Johann Nepomuck Fischer in seiner Schrift angab, die den Zweck hatte, jene fragliche Methode abzuschaffen.[13]

II. Die Erfindung des Blitzableiters und die Sprache des Neuen

»Der Blitz der Überzeugung zündete überall.«[14]

Ob der Blitz die Menschen nun bloß zufällig traf oder ob es sich hierbei um eine Strafe Gottes handelte, es blieb dabei: Der Blitz stellte weiterhin eine gefährliche und furchterregende Naturerscheinung dar, die bei ungünstigem Einschlag zu Verwüstungen und Todesfällen führen konnte. Auch die physiko-theologische Rechtfertigung des zerstörerischen Blitzes vermochte die unmittelbare Furcht vor dem Blitz kaum zu lindern, denn welchen Nutzen hatte jenes vermeintliche Wissen um die heilsamen Funktionen des Blitzes, wenn damit nicht auszuschließen war, dass man im ungünstigsten Fall vom Blitz getroffen werden konnte? Der Blitz und dessen potenzielle Verwüstungen mussten, ganz gleich, wie sie gerechtfertigt oder kontextualisiert wurden, auch bis in die erste Hälfte des achtzehnten Jahrhunderts noch unweigerlich als ein übermächtiges Faktum hingenommen werden, an dem sich nur wenig ändern ließ.

Erst die Erfindung des Blitzableiters, eine im Grunde genommen überraschend simple Apparatur, sollte der Jahrtausende währenden Furcht vor dem Blitz ein Ende bereiten. Die Idee, der Blitz ließe sich mittels einer Fangstange einfangen und dann über eine Erdung hin zum Boden ableiten, ist aus heutiger Sicht trivial, vom Stand damaligen Wissens allerdings äußerst voraussetzungsreich. Zunächst bedurfte es eines Grundverständnisses von elektrostatischen Entladungen sowie eines noch weiterführenden, kreativen Einfalls, dass es sich beim Blitz um eine solche elektrostatische Entladung handeln könnte. Wichtige Erfindungen, die zu einer solchen Interpretation des Blitzes hinleiteten, waren die von Otto von Guericke im Jahr 1663 erbaute Elektrisiermaschine sowie die von Ewald Jürgen von Kleist erfundene Leidener Flasche im Jahr 1745. Während es die Elektrisiermaschine erlaubte, elektrostatische Entladungsvorgänge näher zu untersuchen, so ermöglichte es die Leidener Flasche, unter Hochspannung zu experimentieren. Otto von Guericke war im Übrigen nicht nur der Erfinder

---

13 Heidler: *Blitz und Blitzschutz*, S. 21.

14 Georg G. Lichtenberg: *Schriften und Briefe. Erster Band. Sudelbücher,* München 1968, S. 604.

der Elektrisiermaschine, sondern auch der Erste, der die Entladungsvorgänge seiner Elektrisiermaschine mit dem Phänomen des Blitzes in einen Zusammenhang brachte.

Der entscheidende Durchbruch in der empirischen Erforschung des Blitzes geschah dann allerdings fast ein Jahrhundert später, im berühmten Schildhausexperiment im Jahr 1752, durchgeführt von einem französischen Physiker und Botaniker namens Thomas-François Dalibard in Marly bei Paris. Es handelte sich hierbei um die Umsetzung einer Idee, die Benjamin Franklin in einem Schreiben an die *Royal Society* zwei Jahre zuvor vorgeschlagen hatte. Man hielt hierbei eine lange Metallstange ins Gewitterfeld und zog dabei elektrische Funken aus der Stange. Damit war die Elektrizität des Blitzes bewiesen.[15] Nun bedurfte es lediglich noch der Idee, dass der Blitz abgefangen und abgeleitet werden müsste.

Der Erste, der die Idee des Blitzableiters realisierte, war Prokop Diviš, doch war es wiederum Franklin, der in die Geschichte als der Erfinder des Blitzableiters eingegangen ist, da er der Erste war, der den Blitzableiter an einem Haus platziert hatte.[16] Nach Franklin sind auch die klassischen Blitzableiter benannt (›Franklin-Fangstange‹ bzw. ›Franklin-rod‹); auf ihn wird noch näher einzugehen sein, da die Wahrnehmung des Blitzableiters und damit indirekt auch die Wahrnehmung des Blitzes sehr von seiner Person als politischer Figur abhing.

Welches Ausmaß von Enthusiasmus und Euphorie die Erfindung des Blitzableiters ausgelöst haben mag, werden wir, für die diese Erfindung als selbstverständlich und geradezu trivial erscheint, nur schwer nachempfinden können; wir können das Ausmaß allenfalls erahnen, wenn wir uns nochmals vor Augen führen, dass mit dem Blitzableiter etwas, das über Jahrtausende hinweg mit der Vorstellung einer göttlichen Gewalt assoziiert wurde, sich nun durch menschlichen Einfallsreichtum und Handeln bezwingen ließ. Andererseits dürfen wir die mit der Erfindung des Blitzableiters verbundene Euphorie auch nicht überschätzen, denn die Erfindung stieß anfangs keineswegs nur auf enthusiastische Befürworter, sondern hatte ebenso viele Gegner, die an ihr aus unterschiedlichsten Motiven zweifelten oder sie sogar bekämpften. Zum einen musste sich die Erfindung zunächst in empirischer Hinsicht bewähren. Unklar war nämlich, ob die einfache Metallstange tatsächlich in der Lage war, einen Blitz abzuleiten. So

15 Hannig: *Entwicklung und Installation von Messeinrichtungen zur Untersuchung der Einfangwirksamkeit realer Blitzfangeinrichtungen*, S. 1.

16 Ebd.

gab es Fälle, in denen die Metallstange zu schmal war und schmolz, sowie Fälle, in denen der Blitz bei falscher Installation der Ableiter auf andere Objekte überspringen konnte. Um solche Installationsfehler zu vermeiden, bedurfte es der Aufklärung, wie genau ein Blitzschutz einzurichten war; hierum bemühte sich etwa der Physiker und Schriftsteller Georg Christoph Lichtenberg mit seiner Schrift *Über Gewitterfurcht und Blitzableitung* im Jahr 1795.[17]

Zum anderen sorgten weltanschauliche Konflikte für eine Verschärfung des Streits um den Blitzableiter. Denn der Blitzableiter, wie ihn Franklin erfunden hatte, war selbst zu einem Symbol für die Selbstermächtigung des (bürgerlichen) Subjekts geworden, das nach Neuem und Fortschrittlichem strebte, und avancierte bald zum Zeichen einer nach Unabhängigkeit strebenden Kolonie, wie Christa Möhring eindrucksvoll schildert: »Durch die Errichtung eines franklinschen Ableiters auf ihrem State House in Annapolis bricht die noch junge Nation Mitte der 1780er Jahre endgültig mit dem britischen Monarchen als ihrem genealogischen Ahnherrn und postuliert weithin sichtbar ihre zukünftige Prokreation allein aus sich selbst heraus.«[18] Wie sehr die zugespitzte, von Franklin erfundene Fangstange zum Symbol der Unabhängigkeit wurde, wird auch daran ersichtlich, dass in England Blitzableiter in Form von Kugeln vom englischen König verordnet wurden, also Fangstangen, mit denen sich die monarchische Ordnung von ihrer ehemaligen Kolonie optisch abzugrenzen suchte.[19] In Frankreich hingegen waren die Franklin-Fangstangen gänzlich untersagt, dafür sorgte ein dem Hof nahestehender Kleriker und Physiker Jean-Antoine Nollet, der auch aus weltanschaulichen Motiven die Ansicht vertrat, dass Franklins Blitzableiter gefährlich seien, weil sie Blitze anziehen würden, allerdings der Energie des Blitzes nicht standhalten könnten.[20] Erst nach Nollets Tod im Jahr 1770 gab es in Frankreich die Möglichkeit, Franklins Erfindung zu erwerben und anzuwenden. Diese sollte allerdings erst einige Jahre später im Kontext des amerikanischen Unabhängigkeitskrieges an Popularität gewinnen, als er als revolutionäre Figur schlechthin gefeiert und seine wilde Frisur zur Pariser Mode wurde. Über ihn verfasste Anne Robert Jacques

17 Einheitliche Richtlinien bezüglich des Blitzschutzes folgen dann erst später in der zweiten Hälfte des neunzehnten Jahrhunderts mit der Etablierung von Vereinen.

18 Christa Möhring: *Eine Geschichte des Blitzableiters. Die Ableitung des Blitzes und die Neuordnung des Wissens um 1800*, Weimar 2005, S. 327, https://doi.org/10.25643/bauhaus-universitaet.1374 (aufgerufen: 29.3.24).

19 Vgl. Briese: *Die Macht der Metaphern*, S. 43.

20 Vgl. Möhring: *Eine Geschichte des Blitzableiters*, S. 223.

Turgot etwa das berühmte Epigramm: »Eripuit caelo fulmen sceptrumque tyrannis«, »Dem Himmel entriss er den Blitz und das Zepter den Tyrannen«.[21] All dies verdeutlicht, wie politisch aufgeladen seine Figur war. Vor diesem Hintergrund ist es wenig überraschend, wenn auch Maximilien Robespierre bereits in vor-revolutionären Zeiten zu seinen begeisterten Verfechtern gehörte und sich in einem Gerichtsprozess für den Einsatz von Franklins Erfindung einsetzte, als es um ihr Verbot ging. Den Prozess gewann Robespierre, was ihn dazu ermutigte, ein Exemplar seines Plädoyers an Franklin zu schicken.[22]

Der Blitzableiter stellte in diesem Sinne nicht nur eine technische Revolution dar, sondern vermochte darüberhinausgehend auch den Geist der politischen Revolutionen des achtzehnten Jahrhunderts zu symbolisieren. Mehr noch: Auch die metaphorische Bedeutung des Blitzes sollte sich durch die Erfindung des Blitzableiters grundlegend verändern. Wie der Blitzableiter stand der Blitz nun für das Neue, Fortschrittliche und Unabwendbare: So verwendete Robespierre – wie auch viele andere seiner Zeitgenossen – die Metapher des Blitzes, um die Vorgänge der Französischen Revolution zu kommentieren oder auch um diese zu rechtfertigen.[23] Denn der tödliche Blitz galt, wie Robespierre immer wieder drohend heraufbeschwor, den ebenso ungerechten wie stolzen Menschen, also den Feinden der Republik: »et n'est-ce pas pour frapper les têtes orgueil-leuses que la foudre est destinée? La protection sociale n'est due qu'aux citoyens paisibles; il n'y a de citoyens dans la République que les républicains. Les royalistes, les conspirateurs ne sont, pour elle, que des étrangers, ou plutôt des ennemis.«[24] In diesem Kontext galt der tödliche Blitz nicht mehr einem potenziellen Sünder, an dem sich Gottes Zorn entlud, sondern er galt der veralteten gesellschaftlichen Ordnung, die einer Neuerung bedurfte: Die

---

21 Ebd., S.202.

22 Vgl. Briese: *Die Macht der Metaphern*, S. 43.

23 Ebd., S. 43ff.

24 Maximilien Robespierre: *Robespierre. Ecrits*, hrsg. v. Claude Mazauric, Paris 1989, S. 301. Übersetzt: »Und ist der Blitz nicht dazu bestimmt, stolze Köpfe zu treffen? Sozialer Schutz steht nur friedlichen Bürgern zu; es gibt in der Republik nur Republikaner als Bürger. Royalisten und Verschwörer sind für sie nur Fremde, oder vielmehr Feinde.« Oder siehe auch: S. 216: »Les peuples ne jugent pas comme les cours judiciaires; ils ne rendent point de sentences, ils lancent la foudre; ils ne condamnent pas les rois, ils les replongent dans le néant; et cette justice vaut bien celle des tribunaux.« Übersetzt: »Die Völker urteilen nicht wie die Gerichte; sie fällen keine Urteile, sondern schleudern Blitze; sie verurteilen die Könige nicht, sondern stürzen sie ins Nichts; und diese Gerechtigkeit ist besser als die der Gerichte.«

Metapher des Blitzes symbolisierte diesen Willen zur Neuerung mit einem unerbittlichen Enthusiasmus – und dies in all seinen Ambivalenzen. Auch die Guillotine, an der das Todesurteil von zahlreichen (vermeintlichen) Gegner der Französischen Revolution vollstreckt wurde, lässt sich aufgrund des schnellen Vollzugs in einen direkten Zusammenhang mit dem Blitz bringen.[25] Und Robespierre wurde von seinen Gegnern, da er sehr häufig tödliche Blitze in seinen Reden und Schriften heraufbeschwor, auch selbst als Blitz bezeichnet.[26]

Diese metaphorische Neuerung, die mit einer Aufwertung der nach Unabhängigkeit strebenden Subjektivität einherging, die sich durchaus auch auf radikale Weise das Neue bejaht, lässt sich auch in der philosophischen Diskussion nachverfolgen, wie ich kurzerhand an den beiden Philosophen Immanuel Kant und Friedrich Nietzsche demonstrieren werde. Auch an ihnen lässt sich zeigen, wie sich allmählich das menschliche Verhältnis zum Blitz, das zuvor stets als Ohnmachtsverhältnis erfahren wurde, schrittweise in ein Machtverhältnis verkehrt.

Bei Kant findet der Blitz an einer zentralen Stelle seiner *Kritik der Urteilskraft* Erwähnung, genauer in dem Abschnitt *Von der Natur als einer Macht*, in dem Kant seinen Begriff des Erhabenen erläutert. Folgen wir Kants Argumentation, so können wir den Blitz in zweierlei Weisen erfahren. Einmal als eine Naturgewalt, die uns als gefährlich erscheint und dementsprechend Furcht in uns erweckt, sodass wir hierbei unmittelbar danach trachten, die Flucht zu ergreifen. In dieser Bestimmung ist der Blitz uns gänzlich überlegen.[27] Sodann gibt es nach Kant noch eine andere Weise, wie wir dem Blitz begegnen können, nämlich wenn der Blitz uns als »erhaben« erscheint.[28] Dazu müssen wir den Blitz von einem Ort aus betrachten, von dem aus wir uns sicher fühlen. In diesen Momenten werden mächtige Naturerscheinungen, wie der Blitz sie darstellt, »nur um

---

25 Hierzu etwa Michel Foucault: *Überwachen und Strafen. Die Geburt des Gefängnisses*, Frankfurt am Main 1992, S. 21.: »Die Berührung zwischen dem Gesetz bzw. seinen Vollstreckern und dem Körper des Verbrechers dauert nur den Augenblick eines Blitzstrahles.«

26 »Robespierre was again called a dictator by Billaud, and also by Collot. Collot's intervention is no doubt explained by the fact that he felt a community of interests with Fouche, with whom he had ›improvised the thunderbolt‹ which descended upon the rebels of Lyons on the plains of Les Brotteaux.« Albert Mathiez: The French Revolution, London, 1964, S. 498.

27 Immanuel Kant: *Kritik der Urteilskraft*, Hamburg 2009, S. 128ff.

28 Ebd., S. 129.

desto anziehender, je furchtbarer er ist«.[29] Die Erhabenheit, die wir bei einer solchen Naturbetrachtung empfinden, bezieht sich dabei nicht nur auf den Umstand, dass wir fasziniert eine übermächtige Naturerscheinung von der Ferne aus betrachten, sondern auch auf den Umstand, dass *wir* in der Lage sind, die übermächtige Naturerscheinung *als* Gegenstand einer ästhetischen Betrachtung zu behandeln, die uns »Wohlgefallen« einbringt.[30] In diesem Sinne geht die Erhabenheit mit dem Gefühl einer Überlegenheit einher, die eben in der Einsicht gründet, dass wir uns ästhetisch distanzierend zur Natur verhalten können. Kant spricht in diesem Zusammenhang ausdrücklich von einem Gefühl der inneren »Überlegenheit über die Natur selbst in ihrer Unermeßlichkeit«;[31] im Akt des ästhetischen Urteilens erfahren wir uns, anders gesagt, als souverän und sehen uns selbst als Naturwesen an, die gewissermaßen über der Natur stehen, wenngleich uns dabei bewusst ist, dass »der Mensch jener Gewalt unterliegen würde«.[32]

Bei Kant erfährt das Subjekt, was das Verhältnis von Mensch und Blitz (ohne Ableiter) angeht, also eine *Aufwertung*, die in dem Vermögen des Subjekts begründet liegt, über den Blitz ästhetisch urteilen zu können. Allerdings spricht Kant, wie einzuräumen ist, dieses Motiv einer sich in ihrer Überlegenheit bewussten Subjektivität noch mit einer gewissen Vorsicht aus, da ihm der Blitz auch als eine Gefahr erscheinen kann. Denn die empfundene Überlegenheit kann schon im nächsten Moment in Furcht umschlagen, wenn beispielsweise der Blitz in ungeahnter Weise in der Nähe einschlagen sollte und nicht in der Ferne.

Auch in Nietzsches Texten ist gelegentlich vom Blitz die Rede. Allerdings geht es ihm dann nicht um den Blitz als einer gefährlichen Naturerscheinung, die in uns ein Gefühl von Furcht oder Erhabenheit auslösen könnte, sondern es geht ihm primär um die Metapher des Blitzes, die er gezielt einsetzt, um bestimmte Überlegungen zuzuspitzen. So stilisiert er etwa in *Also sprach Zarathustra* an prominenter Stelle den »Übermenschen« als den »*Blitz* aus der dunklen Wolke Mensch« und rückt damit den Menschen, der das Potenzial hat, »Übermensch« zu sein, in die Sphäre des Potenziell-Göttlichen.[33] Handelte es sich beim Blitz zuvor stets um ein Attribut, das lediglich den Göttern vorbehalten war, so wird er bei Nietzsche zur Auszeichnung eines sich stetig selbst erneuernden und überwindenden

---

29 Ebd.
30 Ebd., S. 128.
31 Ebd., S. 129.
32 Ebd.
33 Friedrich Nietzsche: »Also sprach Zarathustra. I-IV«, München 1988, S. 18.

Menschentyps. Hierbei spielen, neben der Aura des Göttlichen, noch weitere Konnotationen des Blitzes eine Rolle, die für Nietzsches Konzeption des Übermenschen entscheidend sind. So geht es ihm nicht nur darum, den Menschen an die Stelle der Götter zu rücken, sondern ihn auch an die Erde zu binden. Diese Überlegung stützt die Metapher des Blitzes auf dreierlei Weise. Erstens ist der Blitz, so wie Nietzsche ihn vor Augen hat, auf die Erde gerichtet, insofern er hinab blitzt. Es handelt sich folglich um eine Diesseitsorientierung. Zweitens hat der Blitz den Charakter des Hier und Jetzt, des Augenblicklichen. Dies passt zu Nietzsches Konzeption einer Lebensphilosophie, die den Augenblick des Lebens schätzt und sich gegen jenseitsorientierte bzw. teleologisch strukturierte Weltanschauungen richtet, die den Sinn einer Handlung oder eines Lebensvollzugs von einem Später her zu ergründen suchen. Drittens stellt der Blitz als plötzlicher Einschlag stets etwas Neues und Nicht-Antizipierbares dar, das kraft seiner Energie das Bestehende zerstört. Auch diese metaphorische Dimension des Blitzes passt zu Nietzsches Vision des Übermenschen, der Neues (z.B. neue Werte) schafft und so Altes bzw. bereits Vorfindliches (z.B. tradierte Werte) hinter sich lässt.

Während sich bei Kant das Subjekt nur in bestimmten Momenten der Erhabenheit der Naturerscheinung des Blitzes überlegen fühlt, so wird bei Nietzsche der Blitz als Metapher auf das schöpferische Subjekt selbst übertragen. Diese allmähliche Verschiebung von einer Subjektivität, die sich dem Blitz an gewissen Momenten überlegen fühlt und einer Subjektivität, die die Eigenschaften des Blitzes auf sich nimmt, lassen sich in einen Zusammenhang mit der Erfindung des Blitzableiters bringen. So steht die Franklin-Fangstange bei Kant noch in ihren Anfängen; mit ihr geht zwar ein gewisser Enthusiasmus einher, gleichwohl muss sie sich als Erfindung noch bewähren. Bei Nietzsche, fast ein Jahrhundert später, stellt der Blitzableiter hingegen eine bereits verbreitete und etablierte Technologie dar, weshalb der Blitz nicht mehr als unmittelbare Gefahr wahrgenommen wurde. Unter diesen Bedingungen kann die Metapher des Blitzes nun auch auf den Menschen gefahrlos ›übertragen‹ werden, als Zeichen seiner neu erworbenen Macht.

Die Rede vom Geistesblitz lässt sich vor dem hier geschilderten historischen und technischen Kontext erhellen: Die Metapher des Blitzes lässt sich erst dann in einem besonders plausiblen Zusammenhang mit dem Geist bringen, wenn die reale Gefahr des Blitzes ausgeschaltet ist, mehr noch, wenn der Blitz selbst nun unter der Kontrolle des ›Geistes‹ steht.[34] Verwendung findet die Metapher vom Geistesblitz im Übrigen Jakob und Wilhelm Grimms Wörterbuch zufolge erstmals in Joseph Görres Buch *Teutschland und die Revolution* aus dem Jahr 1819 – also zu einem Zeitpunkt, an dem die Etablierung des Blitzableiters schon weit fortgeschritten ist und der ›teutsche‹ Geist selbst nun ›gefährlich‹ zu ›blitzen‹ scheint.[35]

III. Vom abgeleiteten zum abgenutzten Blitz

> »Wo ist doch der *Blitz*, der euch mit seiner Zunge lecke? Wo ist der Wahnsinn, mit dem ihr geimpft werden müsstet?«[36]

Der Blitzableiter hatte, wie sich sagen ließe, die Welt entzaubert, insofern er eindrucksvoll vor Augen führte, dass der Blitz keine göttliche Übermacht, sondern lediglich eine elektrostatische Entladung darstellte, die sich kontrolliert über den Boden ableiten lässt. Ebenso ließe sich sagen, dass der Blitzableiter aber auch eine Selbstverzauberung bewirkte, da er gleichsam dazu ermutigte, das Göttliche im Menschen zu sein, denn er stellte das schöpferische Potenzial des Menschen unter Beweis. Vom Blitzableiter ging ein ›Sog des Neuen‹ aus; dieser ließ auch die Metapher des Blitzes nicht ungerührt: So übertrugen sich die Attribute des Blitzableiters – nämlich dem Fortschritt zugewendet zu sein – auch auf die Metapher des Blitzes. Auf diese Weise konnte der Blitz selbst zu einer expressiven Metapher des Neuen werden, sodass nun auch der Blitz einen gewissen Enthusiasmus zu transportieren vermochte, ein rabiater Wille zur Veränderung, der sich, wie aus Nietzsches obigen Zitat hervorgeht, auch in den »Wahnsinn« hineinsteigern konnte.

---

34 Mutmaßen lässt sich auch, dass die Rede vom Geistesblitz auch durch die Hirnstrom-Messungen seit Ende des neunzehnten Jahrhunderts auf signifikante Weise affiziert wird.

35 https://woerterbuchnetz.de/?sigle=DWB&lemma=Geistesblitz#0 (aufgerufen: 10.01.24). Einen früheren Gebrauch der Metapher des Geistesblitzes habe ich nicht gefunden. Natürlich lässt sich nicht ausschließen, dass dieser Ausdruck auch schon vor der Erfindung des Blitzableiters gebraucht wurde. Das Argument, das ich hier bringe, ist, dass die Erfindung des Blitzableiters die Metapher des Geistesblitzes als besonders plausibel oder attraktiv erscheinen lässt, oder wie hier angedeutet, vielleicht sogar in ihrer Entstehung bedingt hat.

36 Nietzsche: *Also sprach Zarathustra. I-IV*, S. 16.

Wirft man nun einen Blick ins zwanzigste Jahrhundert, so wird man feststellen, dass sich dieser Enthusiasmus, der an den Blitz geknüpft war, nicht allzu lange erhielt. Bleiben wir im philosophischen Diskurs, so mehrt sich hier die Skepsis gegenüber der Fiktion eines souveränen bzw. allmächtigen Subjekts, das gänzlich aus sich selbst schöpfen kann. Die Metapher des Blitzes wandelt sich unter diesen Bedingungen beträchtlich; das lässt sich markant an einigen philosophischen Wendungen studieren, wie hier nur kursorisch angezeigt werden soll. Bei Heidegger findet sich beispielsweise die Blitz-Metapher spektakulär in Szene gesetzt, wenn es darum geht, den Ereignischarakter des »Seyns« zu bebildern: »Die Ereignisse als solche: die Zuweisung der Wahrheit an das Seyn, der Einsturz der Wahrheit, die Verfestigung ihres Unwesens (der Richtigkeit), die Seinsverlassenheit des Seienden, die Einkehr des Seyns in seine Wahrheit, die Entfachung des Herdfeuers (der Wahrheit des Seyns) als der einsamen Stätte des Vorbeigangs des letzten Gottes, das Aufblitzen der einmaligen Einzigkeit des Seyns.«[37] Das »Seyn« blitzt plötzlich auf, doch verschwindet es bald wieder. Mit der Blitz-Metaphorik verbinden sich hier philosophische Figuren des Entzugs; und diese Konzeption ist gewiss keine philosophische Eigenheit Heideggers. So blitzt es gelegentlich auch in den Texten seines philosophischen Kontrahenten, Theodor W. Adorno auf, wenn das Nichtidentische ins Denken einfällt, ohne dass das Denken es ganz zu fassen bekäme, denn auch dieses entzieht sich seiner Kontrolle.[38] Auch Louis Althusser gibt der Blitz-Metaphorik eine bedenkenswerte Wendung, die auf ihre Weise als symptomatisch gesehen kann – jedenfalls symptomatisch für den revolutionsaffinen, marxistischen Diskurs. Dieser merkt im Zuge seiner akribisch verfahrenden Marx-Lektüre kritisch, vielleicht auch ein wenig ironisch an: »Die Blitze der ›Thesen über Feuerbach‹ treffen alle Philosophen mit ihrem Licht, die sich ihnen nähern, aber jeder weiß, dass ein Blitz mehr blendet als erhellt und dass nichts schwieriger ist, als ein aufblitzendes Licht im Raum der Nacht zu ver-orten, die es durchbricht.«[39] Das lässt sich in einen größeren Kontext setzen: Wenn nahezu hundert Jahre zuvor Friedrich Engels in dem Vorwort der zweiten Ausgabe des *Kapitals* noch mit vollem Enthusiasmus bekundet, »daß Marx' Mehrwertstheorie wie

---

37 Martin Heidegger: *Gesamtausgabe. III. Abteilung: Unveröffentlichte Abhandlungen. Vorträge – Gedachtes. Band 65. Beiträge zur Philosophie (Vom Ereignis)*, Frankfurt am Main, 1989, S. 227*f.*

38 Theodor W. Adorno: *Negative Dialektik*, Frankfurt am Main 1966, S. 226.

39 Louis Althusser: *Für Marx*, Frankfurt am Main 1968, S. 36.

ein Blitz aus heitrem Himmel eingeschlagen«[40] hatte (womöglich auch mit Blick auf noch ausstehende revolutionäre Praktiken, die die marxsche Mehrwerttheorie zur Grundlage haben), so deutet Althussers Rede auf ein Erschlaffen jener Energie hin, die der Blitz im revolutionären Denken noch selbstverständlich innezuwohnen schien. Nicht nur, dass die Blitze mehr blenden als sie erhellen, auch hinterlassen sie eine Dunkelheit, in der sich das Denken wieder zurechtfinden muss. Althussers Rede enthält im Kern eine Absage an den Blitz und ein Plädoyer für die geduldige Arbeit an der Theorie, wenngleich er vielleicht nicht gänzlich dem ›Hoffnungsfunken‹ entsagen möchte, der im Blitz noch schlummern mag.

Nimmt man Abstand von dem philosophischen Diskurs und den darin vorgenommenen Wendungen der Blitz-Metapher, wie hier nur kursorisch angezeigt, und wendet sich alltäglichen Verwendungszusammenhängen zu, so mag man sich überhaupt fragen, ob die Blitz-Metapher über die Zeit sich nicht ohnehin allzu sehr abgenutzt hat, was einen allzu enthusiastischen Gebrauch der Metapher in gewisser Weise verbittet. So ist jedenfalls von der Expressivität, mit der sie sich infolge der Etablierung des Blitzableiters folgenreich ›auflud‹, heute nicht mehr viel zu spüren, sodass sie wohl eher unbrauchbar geworden ist, wenn es darum gehen soll, die Neuheit von etwas Neuem in expressiver Hinsicht angemessen zu artikulieren. Verfällt die Blitz-Metapher aufgrund ihres normalisierten Gebrauchs dem Kitsch, so verliert sie ihre originäre Expressivität. Dies scheint mir insbesondere beim Ausdruck ›Geistesblitz‹ der Fall zu sein. So beschwört jemand, der von sich etwa sagt, er hätte einen ›Geistesblitz‹, das vom Geist erfasste Neue mit einem alten, verbrauchten und somit unoriginellen Ausdruck herauf, also einem Ausdruck, der zum Gegenteil dessen geworden ist, was er ausdrücken soll. Das mag für den Zweck der Verständigung in einem pragmatischen Sinne ausreichen, doch liegt hier dennoch ein ästhetisches Ungenügen vor, die da Form dem Inhalt widerspricht. Der Ausdruck kann lediglich auf das hinweisen, was er eigentlich ausdrücken soll, aber von sich aus nicht mehr kann. Es handelt sich beim ›Geistesblitz‹ dann anders gesagt um eine *ironisch* gewordene Metapher, wobei die Verwendung dieser Metapher auch gänzlich ohne das Bewusstsein dieser Ironie auskommen kann, da dies ein ästhetisches Bewusstsein für Sprache voraussetzt, das für die alltägliche Verständigung eine untergeordnete Rolle spielt.

---

40 Karl Marx: *Das Kapital. Kritik der politischen Ökonomie. Zweiter Band. Buch II. Der Zirkulationsprozess des Kapitals*, hrsg. v. Friedrich Engels, Berlin 1963, S. 21.

Nun wäre es, was das Verbrauchtsein der Expressivität der Blitz-Metapher betrifft, sicherlich auch denkbar, dass eine neue Blitz-Technologie aufkommen könnte und ähnlich wie die Franklin-Fangstange der Metapher eine neue Expressivität verleihen und sie somit verjüngen könnte. Eine solche Technologie ist allerdings, wie hier abschließend erörtert werden soll, bisweilen nicht in Sicht. Wenngleich es stets Versuche gegeben hat, neue Fortschritte in dem Bereich des Blitzschutzes zu erzielen, so hat es in diesem Feld noch keine neuen Erfindungen gegeben, die die symbolische Ordnung derart aufrütteln konnte, wie es der klassische Blitzableiter vermochte. So gibt es, um eine neuere Erscheinung innerhalb der Blitzschutztechnologien anzuführen, etwa die *Early Streamer Emmission (ESE)-Device,* die inzwischen seit einigen Jahrzehnten in vielen Ländern eingesetzt werden. Durch eine Modifikation der Spitze der klassischen Fangstange soll diese neuere Technologie einen größeren Schutzraum als ihr Vorgänger bieten, denn sie soll bei einfallendem Blitz frühzeitig eine Vorentladung (deswegen auch der Name *Early Streamer Emmission)* zünden, die sich dem Blitz entgegenstreckt und ihn so aus weiterer Distanz einfängt. Damit soll ein größerer Schutzraum gewährleistet sein, was bedeutet, dass weniger Fangstangen an die Gebäude angebracht werden müssen, was für die Anwender Kosten einspart. Das macht sie sogleich auch populärer – und genau hieraus erwachsen einige moralische Bedenken innerhalb der Forschung: Denn überprüfen lässt sich der proklamierte Schutzraum – wenn überhaupt – dann nur unter Laborbedingungen, nicht aber unter Feldbedingungen.[41] Hier fehlt es nicht nur an der Menge an empirischen Daten (denn Blitze schlagen eben nur selten und auch nicht immer an derselben Stelle ein), auch sind nicht alle Daten besonders aussagekräftig (da beispielsweise bei einem erfolgreichen Ableiten eines Blitzes nicht klar wird, ob es an dem erweiterten Schutzraum gelegen hat).

Die ESE-Devices haben als neue Technologie in diesem Sinne nicht dieselbe Strahlkraft wie ihre Vorgänger und erweisen sich insofern als *Farce*, da sich ihre Verbreitung weniger ihrem eigentlichen, technischen

41 Mit dieser Kontroverse und den technischen Detailfragen um die ESE-Devices befasst sich Martin Hannig in seiner bereits zuvor zitierten Dissertation. Ansonsten siehe auch: Marley Becerra und Vernon Cooray: »Laboratory experiments cannot be utilized to justify the action of early streamer emission terminals«, in: *Journal of Physics D: Applied Physics* 41 (2008), Heft 8, S. 1–8.; oder Zainal Abidin Hartono und I Robiah: »A review of studies on Early Streamer Emission and Charge Transfer System conducted in Malaysia«, in: *Electromagnetic Compatibility*, EMC-Zurich, *17th International Zurich Symposium on IEEE.* Zürich 2006, S. 128–131.

Fortschritt verdankt, der ohnehin in der Forschung als umstritten gilt, sondern vielmehr der Tatsache, dass man ihre Wirksamkeit aus empirischen und epistemischen Gründen nur schwer widerlegen bzw. nachweisen kann.

Was die Strahlkraft von neueren Innovationen aus dem Bereich der Blitzschutztechnologien betrifft, so verhält es sich womöglich etwas anders bei jenen Konzepten, die mit Lasertechnik arbeiten. Bei dieser neuen Blitzschutztechnologie wird versucht, den herabfallenden Blitz mit einem Laser aktiv auf Blitzableiter umzulenken. Der Umstand, dass Laser eingesetzt werden, verleiht ihr von der ästhetischen Erscheinungsweise etwas Zukunftsweisendes, weshalb sie auch leicht mit einem gewissen Sensationseffekt im Journalismus als Innovation präsentiert werden kann. Dass auch diese neue Lasertechnologie den Charakter einer *Farce* hat, wird allerdings dann offenkundig, wenn man sich ihre Nachteile vor Augen führt. Nicht nur ist diese Technologie enorm kostenaufwendig,[42] weshalb sie die klassische Fangstange nicht ersetzen wird, auch ist mit dem Risiko zu rechnen, dass bei einer Störung der gewährleistete Schutzraum entfällt, wie etwa der Wissenschaftsreporter Uwe Gradwohl erklärt:

> »Nachteil ist natürlich, das ist ein aktives System. Ein Blitzableiter, der nur aus dem Metallstab besteht, funktioniert immer. Der Laser braucht selbst erst mal einen Stromanschluss, dass er funktioniert. Und wenn dann der Blitz nur in der Umgebung einschlägt und mir die Stromleitung zerstört, dann ist auch mein Blitzschutz weg.«[43]

Kurzum, im Bereich der Blitzschutztechnologien war lediglich die Franklin-Fangstange wirklich revolutionär. Von den neueren Versuchen, hierin Fortschritte zu erzielen, geht hingegen nicht dieselbe Leuchtkraft aus, wie es bei der klassischen Fangstange der Fall war. In diesem Sinne konnte es nicht zu einer Verjüngung der Expressivität der Blitz-Metapher über den Weg der technischen Innovation kommen: So bleibt die Metapher des Blitzes in ihrem heutigen Verwendungskontext verbraucht und abgenutzt.

---

42 Die nachfolgende Internetquelle gibt an, dass die Entwicklung eines Lasersystems zwei Millionen Euro gekostet hat, vgl. https://www.pro-physik.de/nachrichten/laser-blitzableiter-schweizer-alpen (aufgerufen: 14.02.2023).

43 https://www.swr.de/wissen/blitze-umleiten-mit-lasertechnik-100.html (aufgerufen: 14.02.2023).

Fazit

Ich fasse zusammen. Um etwas Neues in seiner Neuheit angemessen zu artikulieren, bedarf es, so lautete die zentrale These dieses Aufsatzes, spezieller Ausdrücke, die selbst den Charakter der Neuheit in sich tragen. Diese Ausdrücke sind nur für gewisse historische Zeiträume verfügbar, da ihr expressiver Gehalt sich über die Zeit abnutzen kann, wie sich speziell an der Metapher des Blitzes demonstrieren ließ.

Auf die Frage, wie die Metapher des Blitzes zu einer genuinen Metapher des Schöpferischen und Neuen werden konnte, ließen sich diverse Voraussetzungen identifizieren. Zunächst ist die Ästhetik des (Abwärts-)Blitzes entscheidend, der für einen kurzen Augenblick eine Verbindung zwischen dem Himmel und der Erde vor Augen führt sowie die zerstörerische Kraft des Blitzes, die vom lauten Donnern unterstrichen wird. Diese mächtige Naturerscheinung verleitete verschiedene Kulturkreise dazu, in ihm selbst die Präsenz des Göttlichen zu vermuten. Diese Deutung des Blitzes sollten sich dann für die spätere Deutung der Metapher des Blitzes als entscheidend erweisen, nämlich als der Blitzableiter erfunden wurde und nun eine Gewalt zu bändigen schien, die eben stets im Zusammenhang mit göttlichen Mächten stand. Der Blitzableiter, dessen symbolische Bedeutung im Kontext der Amerikanischen und Französischen Revolution wuchs, veränderte letztlich auch grundlegend die Bedeutung des Blitzes, der selbst dann zu einer expressiven Metapher einer souveränen, quasi-göttlichen Subjektivität wurde, die sich dem Fortschritt bzw. dem Neuen zuwendete. Diese Expressivität der Blitz-Metapher hat sich allerdings bis heute stark abgenutzt; bahnbrechende Erfindungen im Zusammenhang mit der Beherrschung des Blitzes hat es seit der Erfindung des Blitzableiters jedenfalls nicht gegeben, die ihn semantisch hätte verjüngen können. In diesem Sinne ist die Metapher des Blitzes einschließlich des Geistesblitzes verbraucht, und hat, dem Genie-Begriff vergleichbar, einen verkitschten, ironischen Beiklang. Um eine neue Expressivität zu erlangen, bedürfte es hier eines besonderen Ereignisses: Vielleicht müsste man es mit einer neuartigen Technologie zu tun haben, die es erlaubt, die Energie des Blitzes sinnvoll einzufangen und zu gebrauchen, also etwas, das auch unter den heutigen technischen Bedingungen immer noch unvorstellbar zu sein scheint – also so ähnlich unvorstellbar, wie der klassische Blitzableiter es einst gewesen ist.

Philip J. Nickel

A Pluralistic Model of Technology-Driven Value Change

Abstract

The pluralistic model of value change and technology holds that technology induces value change in multiple ways and patterns in society, essentially involving different individual experiences of new contexts of judgment and action to which innovative technologies give rise. It contrasts with a *Simple Change Model* according to which value change consists in a change within an entire society from one dominant value scheme to another. I argue that by adding *emergent* and *differential* value change to the standard model, we gain explanatory power. *Emergent* value change occurs when a substantial group of individuals within society adopts values specific to a new technological context. These values do not displace values that those specific individuals possessed earlier. *Differential* value change is where two or more groups undergo value change in ways that differ with one another due to contrasting experiences of novel technologies.

Das pluralistische Modell des Wertewandels und der Technologie geht davon aus, dass Technologie auf vielfältige Weise und in verschiedenen Mustern Werteveränderungen in der Gesellschaft herbeiführt. Dies beinhaltet im Wesentlichen unterschiedliche individuelle Erfahrungen mit neuen Kontexten des Urteilens und Handelns, die durch innovative Technologien entstehen. Es steht im Gegensatz zu einem *einfachen Transformationsmodell*, demzufolge der Wertewandel in einer Veränderung innerhalb der gesamten Gesellschaft von einem dominanten Wertesystem zu einem anderen besteht. Ich argumentiere, dass wir durch die Ergänzung des *emergenten* und *differentiellen* Wandels von Werten zum Standardmodell an Erklärungskraft gewinnen. *Emergenter* Wertewandel tritt auf, wenn eine beträchtliche Gruppe von Individuen innerhalb der Gesellschaft Werte annimmt, die für einen neuen technologischen Kontext spezifisch sind. Diese Werte verdrängen nicht die Werte, die diese spezifischen Individuen zuvor besaßen. *Differentieller* Wertewandel liegt vor, wenn zwei oder mehr Gruppen aufgrund unterschiedlicher Erfahrungen mit neuen Technologien einen Wertewandel auf unterschiedliche Weise durchlaufen.

I. Introduction

More than five decades ago, Rescher set out a pluralistic account of how value schemes change within society, with specific attention to technology's role in producing this change. He makes a case for multiple factors within value change: acquisition and abandonment of values; redistribution of particular values within society; rescaling of some values in relation to others; redeployment of values by expanding them to include new things; and 'restandardization' of values, meaning changes to the scale we use to assess achievement of the value.[1] The resulting pluralism allows for a dynamic account of value change, providing conceptual categories that help explain differential change, disagreement and controversy. Although Rescher's paper did not have much direct impact on ethics scholarship, in recent decades several related areas of research have emerged, such as anthropology of ethics, theories of norms, and theories of moral progress. In this paper I will highlight two dynamic aspects of technology and value change that can be discerned within Rescher's view, but which are less visible in these other lines of research: emergent and differential value change. I also make a case for the importance of individual experiences of ethical uncertainty and disruption in response to technology, as part of the explanation of value change.

As I define it, the pluralistic account of value change and technology holds that technology induces value change in multiple ways and patterns in society, crucially involving different individual experiences of new contexts of judgment and action to which innovative technologies give rise. It contrasts with what I will call the *Simple Change Model*, the idea that values normally change within a whole society and its individuals from one dominant value scheme to another. Consider the transition from a value scheme (VS1) including chastity and fidelity to another (VS2) including values of sexual freedom and expression. Within what I will call simple value change, both internal forces (the need for practical consistency, rejection of oppressive systems) and external forces (the role of women in wartime production, the birth control pill, religion's loss of authority) cause the dominant values in a given society to shift from VS1 to VS2. The Simple Change Model understands this in terms of *value replacement in individuals across society*: the vast majority of individuals give up old values and adopt new ones. Although I argue against the Simple Change Model, I do assume that values tend to group together, and change, in more-or-less coherent value schemes, rather than *à la carte*. I also observe thatcoherence is a weak requirement, since we seem to be able to live with quite a bit of incoherence in our values across contexts and times.

My central argument is that by adding *emergent* and *differential* value change alongside simple change, we stand to gain explanatory power in two ways: first, individual-level change is worth explaining in its own right because individual-level value disruptions are impactful; and second, the

1 N. Rescher: "The Study of Value Change," *Journal of Value Inquiry* 1 (1967), pp. 12–23.

heterogeneity of value change at the individual level helps to differentiate distinctive impacts involving stalemate, collective uncertainty, controversy, and resolution over time on a social level. *Emergent* value change is defined as a situation where a substantial group of individuals within society adopts values specific to a new activity or context. These values do not displace values that these very individuals possessed earlier within a comparable context, because the context itself is highly novel, and the participants are often young. Examples include the values that emerged alongside the Industrial Revolution (efficiency, individualism) or the early use of the Internet (accessibility, informational privacy). It is typical for these examples to involve emerging technologies and emerging generations. *Differential* value change is where two or more groups of individuals within society undergo value change in ways that differ substantially from one another, due to factors affecting subgroups differentially. This can be a matter of either emergent value change or value replacement within the subgroup. An example is the sexual revolution in the United States, in which significant groups (many African Americans and evangelicals) did not transition from VS1 to VS2, but instead underwent different value shifts, e.g., from VS3 to VS4. In the case of African Americans, for example, the transition was from a situation in which reproduction and procreation had recently, and tenuously, been "taken back" by Black Americans after the end of legalized enslavement, to a situation in which a battery of birth-limiting technologies such as forced sterilization and the Pill played a role in stigmatizing Black fertility and reproduction. Although it may be difficult to place precise labels on the value schemes (VS3 and VS4) involved, they clearly involve a different transition than the one discussed in the dominant narrative of the birth control revolution.[2]

In section II, I sketch some recent lines of research on value change and show that the Simple Change Model is at least weakly assumed by some of these lines of research and is occasionally affirmed explicitly by scholars. In section III, I introduce differential and emergent value change and give empirical and theoretical reasons for distinguishing them from Simple Change. In section IV, I take on what I call the *Bypass Model* of value change, which posits that technology and other external forces bring about value change, and which downplays the role of individual experience.

2 M. Parry: *Broadcasting Birth Control: Mass Media and Family Planning*, Rutgers University Press 2013, p. 7; A. Y. Davis: *Women, Race & Class*, Random House, Inc. 1981, pp. 182–199.

I argue that experiences of value change in response to technology are interesting and important, not merely for their own sake, but also for being associated with distinctive patterns of disruption, controversy, and uncertainty.

The argumentation in what follows concerns how interpretive or "descriptive" configurations of value change are helpful in providing explanations of social phenomena such as conflict, controversy, collective choice, and the settling of value questions over time in response to new technologies. I adopt a pragmatic view of philosophical questions about what it is to hold, or change, a value, such that we adjust our interpretive concepts in order to provide differentiated, individualized building blocks for an explanation of social-level phenomena. The account is not meant to imply that normative values change metaphysically in response to technology.[3]

Throughout the paper, I discuss historical and current examples. My account of these examples relies on my reading of historical scholarship. I mean to offer only enough detail and background sources to make the examples plausible and highlight their distinctive features. If readers contest my historical reading but can construct plausible examples of their own, in turn — whatever they might be — my aim in presenting the examples will have been achieved. In any case, the topic suggests a new alliance between ethics and history of technology.

II. Recent scholarship on value change

Several recent lines of scholarship have highlighted the importance of value change. Here I briefly summarize each of them and indicate how it would view the Simple Change Model. The purpose is to highlight the possibilities for incorporating a more explicitly pluralistic view of value change like Rescher's. Although the account of each field will be sketchy, the main lines should be sufficient to provide background for a pluralistic view.

First, a vibrant field of *anthropology of ethics* has explored the ways that humans experience value uncertainty, conflict, and transition as part of cultural change and adaptation. For example, Robbins examines how

3 I. van de Poel: "Understanding Value Change," *Prometheus* 38 (2022), pp. 7–24. I provide a defense of the pragmatic approach to social concepts in P.J. Nickel: "Being Pragmatic about Trust," in P. Faulkner and T. Simpson, eds., *The Philosophy of Trust*, Oxford: Oxford University Press 2017, pp. 195–213.

the introduction of Christianity created conflict between high-level values of individualism and relationality in the Urapmin people of Papua New Guinea, a society of about 400 individuals.[4] He relates this to individual experiences of perplexity of Urapmin people making decisions about how to share communal tasks. In general, literature in this field is grounded in ethnographic observations of how particular individuals and small groups negotiate value deliberation and choice: how those observed "are not only *embedded* in social practices [but also] respond to them" ethically.[5] When the community of people belonging to the culture and adhering to its norms and values is well-defined, as is the case with the Urapmin, we can make generalizations to value change in society as a whole. However, the anthropology of ethics, because of its methodology in detailed, embedded observations, does not focus much on the dynamics of values in large, complex societies, as Rescher does. For that reason, its case studies can give the impression of Simple Change, even though the field as a whole does not take a clear stand on the Simple Change Model.

Second, research on *moral progress* has explored how societies gradually broaden the scope of moral sensitivity and consideration to accord moral status to more humans as well as to animals and the environment. For example, Kitcher considers moral progress as the creation of increasingly stable and societally acceptable moral arrangements over time. His "democratic contractualism" implies that as a value scheme becomes more widely acceptable to dissidents in an "ideal conversation" or discourse, this constitutes moral progress. Because of the conceptual connection of moral progress to acceptance and stability, Kitcher views the persistence of serious moral differences as a lack of progress. This implies that morally ideal change is essentially a matter of convergence. Other theories of moral progress have taken a realist rather than a pragmatist approach, claiming that humans throughout history have gradually come to approximate universal moral truths in their value schemes. In these theories, there is some-

4 J. Robbins: *Becoming Sinners: Christianity and Moral Torment in a Papua New Guinea Society*, Berkeley: University of California Press 2004.

5 C. Mattingley: "Ordinary Possibility: Transcendent Immanence and Responsive Ethics," in C. Eriksen & N. Hämäläinen, eds., *New Perspectives on Moral Change: Anthropologists and Philosophers Engage with Transformations of Life Worlds.* WYSE Series in Social Anthropology 13. 2022, p. 104. For an overview of this research from a philosophical point of view, see M. Klenk: "Moral Philosophy and the 'Ethical Turn' in Anthropology" *ZEMO* 2 (2019), pp. 331–353. https://doi.org/10.1007/s42048-019-00040-9

times an implicit suggestion of a Simple Change Model in thinking about particular examples such as the increasing acceptance of women's rights, the moral status of animals, and same-gender relationships. As Jamieson writes, "moral progress involves moving from a tribal morality, for example, to a more universal one, and this can be seen as a move towards greater objectivity, impersonality, and so forth."[6] Pluralism and disagreement about values are assumed by theories of moral progress, but they are seen as a backdrop out of which stable value schemes emerge.[7]

Third, a related body of literature explores moral revolutions, by analogy to Kuhn's conception of scientific revolutions. Some of this work appears to weakly assume the Simple Change Model. It emphasizes factors that "catalyze" the attitudes of individuals, fomenting a "paradigm shift" in which most individuals replace old values with new ones. Baker describes how the use of human cadavers for scientific research and medical training brought about a critical conflict in the status quo of Nineteenth Century England. The status quo of avoidance of desecration came into increasing conflict with new values of modernity and scientific knowledge, resulting in an anomalous market for human cadavers that was both profitable and illegal. According to Baker, this crisis led to a paradigm shift in which England's Anatomy Acts catalyzed value change at the individual level. According to Baker, "Paradigm shifts ... alter the way we perceive our world—in this case, the way opinion leaders and cultural power brokers perceived the human corpse".[8] Baker uses an expression from Kuhn to describe what happened next: "after the implementation of the anatomy acts, the treatment of the dead was transformed 'as if people were responding to a different world'".[9] The implication is that this quasi-perceptual change affected individuals more broadly: "communal acceptance" is one of the characteristics of moral revolutions highlighted by Baker.[10] Individual value change, in which the "old paradigm and associated terminology"

---

6 D. Jamieson: *Morality's Progress*, Oxford: Clarendon Press 2002, p. 10.

7 P. Kitcher: *Moral Progress*, New York: Oxford University Press 2021.

8 R. Baker: *The Structure of Moral Revolutions: Studies of Changes in the Morality of Abortion, Death, and the Bioethics Revolution*, MIT Press 2019, p. 75. See also A. Appiah: *The Honor Code: How Moral Revolutions Happen*, New York: W. Norton & Co. 2010.

9 Baker: *Structure*, p. 77. Baker quotes T. Kuhn: The Structure of Scientific Revolutions, 50th anniv. ed. Chicago: University of Chicago Press, 2012, p. 111.

10 Baker: *Structure*, p. 152.

goes out of existence, must happen broadly in order to constitute a moral revolution.[11]

A fourth area of research relevant to value change is the application of theories of social norms to account for changes in values. In their book *Explaining Norms*, Brennan and colleagues affirm the Simple Change Model regarding norm change.[12] They say that explaining norm change is more important than explaining norm emergence: "A new norm does not emerge out of a vacuum. There were behaviours there before, behaviours that the new norm may change. It therefore often makes more sense to speak of norm change than norm emergence: how and why the old norm changed into the new one".[13] Moreover, norm change means *changing individual minds*: in cases where there is no institutional or legislative authority, "the only way rule change can happen is by some people beginning to accept different primary rules of conduct, and enough other people eventually coming to do likewise".[14] What tends to interest researchers of norm change is the way that the existence of a norm, although in itself conventional, changes the incentives for individuals in such a way that they tend to become compliant.[15] In this way, norm change propagates itself across society.

Brennan et al.'s central example is useful for seeing the relationship between norm change and value change. According to the authors, in Norway in the 1970s, people shifted from using the formal second person pronoun 'Ni' to the informal 'Du' in most contexts. In such a case, a value change is likely to correlate roughly with the norm change: a movement from a value scheme of formality and hierarchy to one of informality and equality. It could be that some people adopt the new way of speaking even though they personally value formality and hierarchy, simply because they can no longer communicate naturally without conforming to the new norm. There may be significant subgroups that do not adopt the new values, yet must at least partially abide by the changed norms, for example by not correcting

11 Baker: *Structure.* Pleasants contests the view that moral revolutions involve changing individual minds. See N.J. Pleasants: "The Structure of Moral Revolutions," *Social Theory and Practice* 44 (2018), pp. 567–592.

12 G. Brennan, L. Eriksson, R. E. Goodin & N. Southwood: *Explaining Norms,* Oxford University Press 2013.

13 Brennan et al.: *Explaining Norms*, p. 107.

14 Brennan et al.: *Explaining Norms*, p. 108.

15 C. Bicchieri: *Norms in the Wild: How to Diagnose, Measure, and Change Social Norms,* Oxford: Oxford University Press 2017; A. Marmor: *Social Conventions: From Language to Law*, Princeton University Press 2009.

others for using 'Du'. As Marmor writes in *Social Conventions*, "we should not assume that participation in a conventional social practice [including norms] is necessarily voluntary".[16] Even so, it is likely that over time, a nearly universal change in norms will reflect a corresponding change in values.

Finally, work on technomoral change has focused on the specific role of technology in disrupting values and causing value change. This work affirms a widespread individual shift from one value scheme to another, brought about by technology. For example, Swierstra et al.'s NEST theory explains this in terms of how technology disturbs 'moral routines'. "We constantly see NEST [new and emerging science and technology] uprooting established moral routines. These disturbances manifest themselves as controversies about how to re-establish a fit between NEST, our moral world, and us. [For example,] the pill could uproot traditional sexual morals by providing women with the technological means to actually practice their sexual autonomy".[17] The controversies in question end when society establishes a new set of routines. The implicit assumption is that this is a widespread, if not universal, process within society.

In multiple fields, then, theoretical explanations of value change sometimes assume or suggest a Simple Change Model of how societies change their values in response to external changes such as technology, climate, etc., although this is only occasionally an explicit commitment of the theory. Although this scholarship often mentions specific technologies and technological innovation more generally as important ingredients in bringing about value change, only a few scholars give technology a special status in accounting for value change. For these select few, what is distinctive about technology as an explanatory factor in value change is personal experience with technologies which facilitate moral questions and decisions that did not occur previously. In the case of the birth control pill, women gained access to relatively private, direct control over their reproductive choices to

16 Marmor: *Social*, p. 55.

17 T. Swierstra, D. Stemerding & M. Boenink: "Exploring Techno-Moral Change: The Case of the Obesity Pill," in P. Sollie & M. Düwell, eds., *Evaluating New Technologies: Methodological Problems for the Ethical Assessment of Technology Developments*, Dordrecht, Netherlands: Springer 2009, p. 120. For a recent elaboration, see J. Danaher & H. Sætra: "Mechanisms of Techno-Moral Change: A Taxonomy and Overview," *Ethical Theory and Moral Practice* 26 (2023), pp. 763–784. https://doi.org/10.1007/s10677-023-10397-x

a degree that was not previously possible.[18] In the case of mechanical ventilation, moral questions about terminating life support of living individuals, and organ transplantation, arose for clinicians and families of patients in ways that they had never experienced before.[19] The distinctive way that technological innovation can bring up such new moral issues for its "users" makes it worth focusing specifically on its role in value change. In the next section I introduce cases that help uncover some of the dynamics of emergent value change related to novel technology. I leave it open that other factors such as novel religions, political movements, and economic developments could also lead to value change in a comparable way, but I hold that there is something distinctive about the newness of possibilities introduced through technological innovation in fomenting change.

III. Emergent and differential value change

In this section, I argue that there are examples and mechanisms of individual value change that do not fit the Simple Change Model. *If* we are interested in the dynamics over time of values within complex societies, then we must accept multiple ways by which individual and group values come to be different from what they were. The spread and widespread use of novel technologies brings about emergent and differential change. This is because their novelty partly consists of confronting users with new options and decisions, and of opening up new horizons of value.

It is useful to start with a picture of the Simple Change Model. For simplicity of exposition, suppose there are just five people in society, and some stimulus such as the introduction of a technology causes them to abandon an old value scheme VS1 and adopt a new one VS2. In Figure 1, this is depicted in terms of a uniform change at the point when the technology is introduced. Of course, in reality it may take more time for the value change to catch on, and there may be a period of uncertainty in which people are reacting to the situation and feeling their way toward a new scheme.

18 Van de Poel: "Understanding," p. 17.

19 R. Baker: *Before Bioethics: A History of American Medical Ethics from the Colonial Period to the Bioethics Revolution*, Oxford: Oxford University Press 2013.

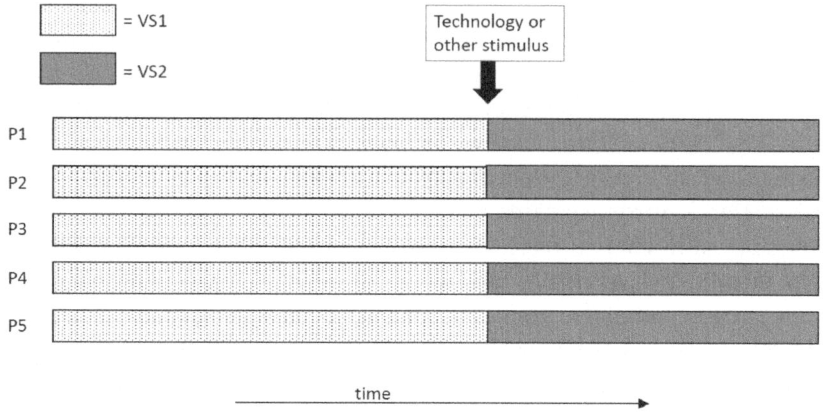

Figure 1: The standard variety of value change

Emergent value change is a situation where a substantial group of people within society adopts values, sometimes specific to a new activity or context, that do not displace or conflict with old values at the individual level. There is no value replacement among a broad group of individuals and institutions. Here is an example to motivate the idea.

> [*Internet*] Jones, a teenager in Sacramento, California, in the 1990s, has been saving up money to buy computer equipment and games and recently discovered ways of communicating with other people all over the world on the Internet. Jones' parents do not understand computers. The anonymity and freedom of online exchange are attractive, and Jones, along with many others like him, develops a second life online with its own ethos and values, such as playful affiliation and the importance of open access.

This example contains two mechanisms of emergent value change that are significant and distinct enough to warrant our attention. The first is generational experience. "People born in the same time-period experience events that occur in the same historical phase in the same specific biographical phase; they experience earlier or later historical events in a different specific biographical phase. For example, people who were born in Germany in 1940 experienced the Second World War in early childhood, whereas the early childhood experience of people born 10 years later was the period of reconstruction and returning prosperity".[20] In [*Internet*], we expect people of Jones' generation to share early experiences of the Internet. Generational experience with computing gave rise to a worldwide cyberpunk and hacker culture with distinctive values that continued to influence the development of technology at least through the 2000s.[21] Crucially, these values do not replace different values that the individuals had previously, because they were either not born yet, or had not developed to the point that their values were already established. The values emerged as part of the user's own development and acculturation to the technology. The technology itself produces a novel context of action, opening up horizons of value and choice that are not clearly comparable to what came before (e.g., virtual entities, cyberspace, avatars) even for older users.

A second mechanism in [*Internet*] is *niches* of rapid technological change, especially new contexts on a mass scale that influence the values of those who engage with them, but are somewhat insulated from the value schemes of other contexts.[22] The experience of (generational) communities of users of a mass scale technology, such as workers participating in the Industrial Revolution, or early communities using social media, can create a niche in which a new value scheme is rapidly incubated in individuals on a mass scale. [*Internet*] suggests that new value schemes can be compartmentalized within individuals, and emerge relative to a new activity, community, and/or technology, without necessarily displacing the values the person holds outside that context. Such niches can be related to work, recreation, or social interaction.

Emergent change is interesting in that it does not initially involve moral disruption *within* individuals. Individuals adopt the relevant value schemes *without displacing their existing valuing attitudes*. This means that emergent value change is not initially disruptive within individuals in the sense that they react to the loss of an old moral routine.[23] The disruptive aspects of emergent change, if they occur, happen between individuals, between

20 M. Corsten: "The Time of Generations," *Time & Society* 8 (1999), pp. 249–272.

21 J. Ryan: *A History of the Internet and the Digital Future*, London: Reaktion Books 2010; C. Dunbar-Hester: *Hacking Diversity: The Politics of Inclusion in Open Technology Cultures*, Princeton University Press 2019.

22 D. Cocking: "Plural Selves and Relational Identity," in J. van den Hoven and J. Weckert, eds., *Information Technology and Moral Philosophy*, Cambridge University Press 2008, pp. 123–141; J.W. Schot & F.W. Geels: "Niches in evolutionary theories of technical change: a critical survey of the literature," *Journal of Evolutionary Economics* 17, 5 (2007), pp. 605–22.

23 Swierstra et al.: "Exploring."

contexts, or over time when individuals interpret, discuss and reflect on patterns of experience.

In Figure 2, this is modeled in a simple way, similarly to how standard value change is modeled in Figure 1. The figure is simplified in that it assumes that there is no period of consolidation of values, nor does it depict any later interaction between P1–3 and P4–5, which one would eventually expect when the emergent values are brought into dialogue with other contexts and values.

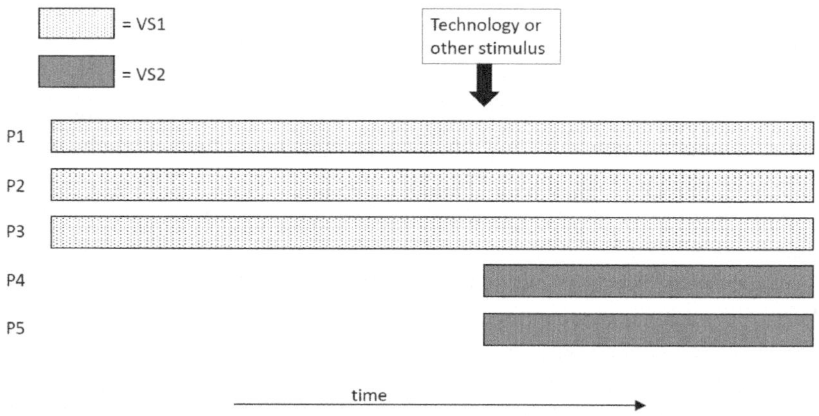

Figure 2: Emergent value change

Van de Poel & Kudina recall a useful distinction from Dewey that helps give structure to this point.[24] *Valuing* and *values* distinguish two layers of emergent evaluative phenomena: initial value experiences, on the one hand, and what happens downstream from those experiences when they conceptually crystallize, on the other. *Valuing* is a matter of having first-order positive or negative attitudes in response to a situation or stimulus, whereas *values* are artifacts of a different order, with their own interpretive and inferential roles in social discourse about what to do and think. Van de Poel & Kudina give the example of the right to be forgotten as an emergent value born out of negative attitudes toward recorded photos, videos, and texts held indefinitely in the unlimited "memory" of the Internet. Once this value and its associated terminology are articulated explicitly, it serves as a focal

24 I. van de Poel & O. Kudina: "Understanding technology-induced value change: a pragmatist proposal," *Philosophy & Technology* 35 (2022).

point of categorization, discourse, and argumentation. The generational experience of a technology niche can lead to emergent forms of valuing; for example, positive or negative attitudes toward the unlimited storage of people's timeline or feed on social media. With additional social inquiry and reflection, these attitudes of valuing can crystallize into a new value. In emergent value change, the initial experience of valuing leads to the adoption of a distinctive value perspective that does not displace other schemes. When this value scheme is made explicit and is discussed, and when the technology niche is brought into contact with the broader culture, conflict and confusion can result (toward the right side of Figure 2) if there is an inability to find concepts that reconcile emergent values with those of other contexts and people.

I now turn to another variety of individual value change in society. *Differential* value change in its simplest form is the process by which one part of a population (P1) undergoes a value change from VS1 to VS2, and a second part of the population (P2) undergoes a different change, from VS3 to VS4. Consider as an example the process of *network polarization*, by which personalization of the Internet and the self-selection of affiliations on social media platforms lead to the formation of echo chambers and filter bubbles in which people mainly encounter points of view similar to their own, ultimately leading to the polarization of groups. People who started out as adhering to moderately different value schemes gradually become more extremely different from one another.[25] Although the exact mechanisms are the subject of scholarly discussion,[26] network polarization seems a plausible case where technology has the effect of differentially affecting the values of different individuals.

Moreover, unlike in the case of value change brought about by the birth control pill,[27] in network polarization individuals do not seem initially to notice that their values have changed relative to what they were, or feel much conflict about the change. Their new "moral routines" are adopted without much initial disruption or fuss. The disruptive effects, when they occur, happen at an interpersonal level when individuals with more ex-

25 C. Sunstein: "The Law of Group Polarization," *Journal of Political Philosophy* 10 (2002), pp. 175–195.

26 R. Karlsen, K. Steen-Johnsen, D. Wollebaek, & B. Enjolras: "Echo Chamber and Trench Warfare Dynamics in Online Debates," *European Journal of Communication* 32 (2017), pp. 257–273.

27 P.J. Nickel, O. Kudina, & I. van de Poel: "Moral uncertainty in technomoral change: bridging the explanatory gap," *Perspectives on Science* 30, 2 (2022), pp. 260-283.

treme values confront each other in less civil ways. Depending on the numbers and sociopolitical positions of the people involved, this can result in widespread marginalization of and discrimination against minority groups; or in political splintering, stalemate, and dysfunction.

Figure 3 depicts differential value change in a way similar to Figures 1 and 2. As with Figure 1, the figure does not include the expected period of gradual adjustment, uncertainty, and recalibration that one would expect during the transition between value schemes. Moreover, it does not include the expected development of new interactions between P1–3 and P4–5 as time goes on, such as the development of retrenched conflict or controversy, or the eventual conversion of some people to a different value scheme.

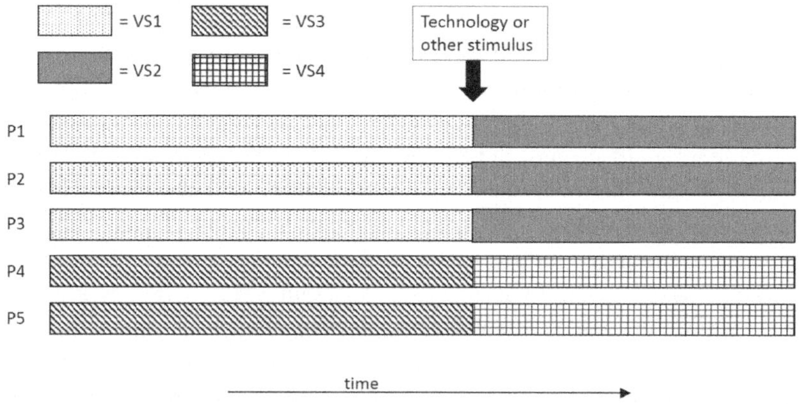

Figure 3: Differential value change

Cases of emergent and differential value change should give us pause before presupposing the Simple Change Model discussed in the previous section. Value change is diverse. In some cases, a number of individuals who adhered to one value scheme switch to a new one. Sometimes this causes a distinctive type of disruption as individuals experience perplexity or uncertainty in the gap between the two schemes,[28] or difficulty in adjusting to the new scheme. This can lead to mass readjustment of values along the lines of the Simple Change Model. However, in other cases, there is either no displacement of an earlier scheme, or there are differential effects on

28 Nickel et al.: "Moral Uncertainty," p. 261.

how different groups' value schemes are changed. In such cases, we expect distinctive effects at the individual and social level.

In emergent value change, the usual kinds of disruption accompanying value change are absent. We expect that conflicts with the new value scheme will be delayed, and that these conflicts will start to occur when the niche of emergent values is no longer insulated from other contexts. In differential value change, in addition to the usual kinds of disruption accompanying value change, we expect social conflict when political discourse between groups takes on new combinations of values. The complexity of the pluralistic model helps illuminate these distinctive effects at different levels over time. The temporal dimensions of value change are not uniform. In cases where conflicting, differential value changes happen in different subgroups in society, there can be a powerful unfolding crystallization of values, materialization of stalemate or controversy, and eventual compromise or resolution, none of which are evident from the Simple Change Model.

IV. The importance of individual value change

The pluralistic model of value change put forward here contrasts not just with the Simple Change Model, but also with a *Bypass Model* that focuses on external forces and takes no particular view of what happens in individuals when societal values change. Some accounts of value change, especially "technological determinism" and Marxist views, bypass individuals almost entirely in their explanations of societal-level value change. For example, one might explain value change in terms of affordances, utility, or political power, without mentioning individuals' responses to those factors. This explanatory point could be further grounded in an ontological point: social ontology theorists often maintain that properties of social groups and properties of individuals are only loosely related to one another.[29] In the study of value change at a societal level, then, one might be led to assume that individual value change does not help explain societal value change. According to Winner, for example, some technologies such as nuclear power have inherent political properties that "require... particular

29 C. List and P. Pettit: *Group Agency: The Possibility, Design, and Status of Corporate Agents*, Oxford UP 2011, pp. 76–77.

kinds of political relationships" such as hierarchical power structures.[30] The Bypass Model holds that value change occurs at the level of value schemes of society, and that it is explained not by individual experience, but rather by external forces. The Bypass Model is logically independent of the Simple Change Model, at least *prima facie*, because it can accommodate some of the pluralism that we discussed in the previous section. However, knock-on external forces seem to support the likelihood of simple change rather than differential value change.

Pleasants provides an explicit argument against the sufficiency of individual-level experiences of change in accounting for revolutionary value change, based on the observation that people rarely can pinpoint a specific experience of their own value change. Having grown up in Britain in the 1960s and 1970s, Pleasants says he had internalized many racist and homophobic attitudes but cannot remember a specific moment or experience in which these attitudes disappeared, and he gave them up. Although he concedes that such experiences with the explicit content of change are possible, he argues that they cannot be what *explains* value change, given that they are so sporadic and unmemorable. Instead, he locates the explanation mainly at the level of "social structure in which individual moral psychology is planted."[31] This structure is what makes individual change possible, hence it is the primary focus of an explanation of radical value change.

In this section, I give two arguments against a Bypass Model of value change. First, individual experiences of value change may have more explanatory salience than Pleasants' argument suggests. Second, when new technologies create the circumstances of moral ambiguity, individual experiences of and responses to that moral ambiguity are crucial to the explanation of stalemate and arbitrary outcomes.

In many cases, the individual experience of value change is distress, perplexity, or breakdown as evidenced by case studies from the anthropology of ethics. When one value scheme replaces another suddenly and noticeably, people often experience epistemic and/or affective uncertainty about what moral norms apply or what values have the most weight in a given situation. For example, MacDougall documents women in Jordan making "accommodations" to their changing world in the context of mas-

30 L. Winner: "Do Artifacts Have Politics?" *Daedalus* 109 (1980), pp. 121–136.

31 Pleasants: "Structure," p. 569.

sive economic modernization and technological change, responding with moral perplexity about the appropriate norms of courtship and marriage,. In contrast to the first-person, memory-based evidence from Pleasants' argument, her observations are ethnographic. She writes that "[d]uring the period that I spent time there, from 2009 to 2015, this accommodation was most evident in conversations about ordinary domestic affairs, such as housekeeping, child-rearing and marriage..."[32] The fact that Pleasants cannot pinpoint a change in his own attitudes could reflect the "ordinariness" of the accommodations he was making when he dropped his racist and homophobic attitudes, or it could be that he simply did not need to make such accommodations. There are certainly more dramatic accounts of moral breakdown as a response to change, such as Lear's account of the destruction of the moral world of the Native American Crow leader Plenty Coups.[33] But we need not make the case that all experience of value change is dramatic and memorable to ascribe it explanatory importance.

One of the reasons that moral uncertainty is salient is because it is a source of hazard in a person's own decisions about what to do and in her moral judgments and attitudes toward others. There is a serious risk that a person experiencing moral uncertainty will make the wrong moral decisions, form the wrong moral attitudes of blame, guilt, trust, and esteem, or fail to experience apt moral emotions. Because of this hazard, the transitions involved in value change, insofar as they bring uncertainty and perplexity, are internally disruptive for moral agents. The Bypass Model does not register these internal, epistemic, and affective effects of value change; in fact, they are what is bypassed.

My second argument is that the Bypass Model cannot fulfill the aim of predicting and explaining value change and its social effects when these effects themselves are arbitrary or tentative. When an external stimulus such as a new technology destabilizes a value scheme, the particular experience of uncertainty and perplexity that sometimes results can help explain how new value schemes are *not* adopted, or how adoption proceeds in a tentative or arbitrary way. For example, although users of social media platforms might not notice the effects of network polarization initially as their own value commitments become more extreme, over time with reflection

32 S. MacDougall: "Moral Change through the Lens of Marriage," in Eriksen & Hämäläinen eds., *New Perspectives*, p. 41.

33 J. Lear: *Radical Hope: Ethics in the Face of Cultural Devastation.* Cambridge, MA: Harvard University Press 2008.

and experience, the macro effects of polarization lead to uncertainty about the appropriate response. There is perplexity about whether the algorithms that drive network polarization should be regulated in some way, and about whether the current business model of social media, in which user engagement is the fundamental currency, can and should be tinkered with. At the personal level, some users have reluctantly abandoned social media platforms or treated them ambivalently because of concerns about their societal effects (e.g., Twitter in the wake of the Musk takeover). Stalemate, inaction, and arbitrary responses — with some individuals jurisdictions going one way, some another — are expected so long as this perplexity extends into the future unresolved. The Bypass Model has no easy way to explain cases where the outcome is arbitrary, conflicted, or tentative.

The experience of value change at the individual-level value change also plays a role in explaining how individual leadership can catalyze the adoption of new value schemes. On Baker's view of moral reform and moral revolutions, for example, individual "dissidents" play a key role. In cases of moral revolutions, dissidents do more than merely respond to a perceived moral injustice; they are creative, helping to find a new interpretive paradigm for understanding moral experience. In Baker's case of decriminalizing the acquisition of cadavers for science, for example, Jeremy Bentham and Thomas Southwood Smith found a way to make legislators and the public see this treatment of dead bodies in a completely new way. According to Baker, they "decided on an act of moral theater. The aging Bentham modified his will with a special request" of a public dissection of his corpse after his death.[34] In such a case, the dissident helps "alter the way we perceive our world".[35] This creative leadership is not a simple knock-on conclusion of external forces, but has its origin partly in the conceptual, moral, or political imagination of individuals who experience the displacement of an older value system and are positioned to guide others toward a new model.

Because of the individual-level phenomena discussed here — the individual experience of moral change, the individual origins of societal outcomes of stalemate and indecision, and the potential role of leadership in moral revolutions — we should not be content with the Bypass Model. By remaining true to the complexity of value change, an experientially-focused

34 Baker: *Structure*, p. 73.
35 Baker: *Structure*, p. 75.

pluralistic model adds to our understanding by taking a view of the causal interplay of technology and individual-level factors in value change. One consequence of this is an avoidance of strong technological determinism. Technological determinism, in its most plausible form, is the two-fold view that technological development is somewhat independent of control by social forces, and that technology shapes society, including societal values.[36] We might call the first claim *autonomy* and the second claim *determinacy*. The pluralistic model constrains the second part of the thesis: it leaves room for diverse cases in which determinacy does not obtain because of the individual experience of uncertainty resulting from technological change.[37]

V. Conclusion

I conclude by summarizing and highlighting some features of the argumentation above. In previous philosophical literature on value change, moral progress, moral revolutions, norm change, and technomoral change, there has been little attention to the multiple processes by which value changes come about, which Rescher usefully distinguished in his article more than a half century ago. Assumptions about how value change occurs have not been made explicit, and to the extent that they have, they have tended to suggest the Simple Change Model and/or the Bypass Model of value change. In this article I have defended an alternative, pluralistic model of value change at the individual level. This model is meant to explain the differences in individual and social cases of value change in terms of differences in how change comes about: whether it displaces earlier value schemes; whether it is noticed and experienced as perplexing, stressful, or hazardous by individuals; and whether it is specific to one group within society, leading to societal controversy and stalemate.

Some limitations of the model developed here are that it stylizes and groups examples into a few categories. Although this is potentially useful for developing a typology of kinds of change, the empirical validity of

36 A. Dafoe: "On Technological Determinism: A Typology, Scope, Conditions, and a Mechanism," *Science, Technology, & Human Values* 40 (2015), pp. 1047–1076.

37 Technological determinism is also challenged by differential value change. In differential value change involving technology, a given technology such as the birth control pill has differential effects on the value systems of different groups within society. Although we can defend a version of *determinacy* that allows for differential effects, it must be a version that explicitly takes into account existing value systems and historical facts about different groups. This waters down the determinacy.

these categories needs to be proven. The varieties of change are useful for the development of hypotheses about technomoral change, for example, but these hypotheses need to be tested against historical and future cases. What factors are truly explanatory at an individual level, and to what extent the individual level is really needed, are questions subject to empirical confirmation.

Another limitation of the model is that it is left unclear whether value change — in particular emergent change — is something that happens within *persons*, or within *contexts*. For example, in the case of [*Internet*], we can imagine a relationship with either two or three variables. We can imagine that Jones adopts an emergent value scheme *tout court*, or we can imagine, alternatively, that Jones adopts a value scheme in a context, but can hold a different (even a conflicting) value scheme in a different context. The first option gives the variables {person, value scheme} and the second {person, value scheme, context}. The second option allows us to explain how even within a person, the convergence of contexts creates internal value conflicts and raises issues of consistency. For example, in work contexts it is increasingly common to accept a level of intensive (automated) technological surveillance of employees. Yet this type of surveillance is not well accepted in a home setting. When work and home contexts converge (as in working from home), these values-at-a-context seem to become incompatible. In future philosophical research, it would be worth spelling out the two-variable and three-variable versions of the pluralistic theory of value change in more detail.

Clarissa Ai Ling Lee

From Mundane 'Nuclear' Solutions to Novelty

Instrumental Rationality in Making Technoscientific Cultures

Abstract

Novelty, as mediated through use and temporal novelty, is positioned beyond the usual focus on competition-oriented science discoveries or aesthetically appealing technologies. The novelty discussed here is about bringing a fresh position to the mundane, yet difficult ('wicked') problems faced by late-modernizing and developing economies.

Novelty in this instance is affected through instrumental rationality, representing means-ends coherence within technoscientific policy making, where developing technoeconomies would use whatever means possible to 'short-cut' the process of catching up with more advanced technoeconomies. The means-ends coherence of instrumental rationality provides the philosophical impetus to reframing the maker culture against the ethos of 'making' something new or a solution, leading to the development of the concept of maker ethos as a contribution to the philosophy of technoscience.

Three examples from Malaysia's nuclear technology are developed to demonstrate how different forms of novelty, in conjunction with the maker ethos, operate through a framework David Edgerton refers to as creole technologies. Creole technologies are deployed in still-developing techno-economies to facilitate innovative interventions and not to replicate the development steps of advanced techno-economies. The realities of policy and implementation constraints within localized contexts are also considered. The concluding section argues for a philosophy of maker ethos that reconsiders the pursuit of novelty in technologically- originating and curiosity-driven research.

»Neuheit« – durch Gebrauch und zeitliche Neuheit – ist über den üblichen Fokus auf wettbewerbsorientierte wissenschaftliche Entdeckungen oder die Produktion ästhetisch ansprechender Technologien hinaus situiert. Stattdessen wird Neuheit hier als ein weiteres Mittel betrachtet, um frische Ansätze zur Lösung alltäglicher, aber schwieriger Probleme zu entwickeln, mit denen wirtschaftlich aufstrebende Staaten konfrontiert sind.

Neuheit wird in diesem Fall durch instrumentelle Rationalität geprägt, die Mittel-Zweck-Kohärenz innerhalb technowissenschaftlicher Politikgestaltung repräsentiert, wobei aufstrebende Technoökonomien jegliche mögliche »Abkürzung« nutzen, um gegenüber den weiterentwickelten Technoökonomien aufzuholen. Die Mittel-Zweck-Kohärenz instrumenteller Rationalität gibt den philosophischen Anstoß, die Maker-Kultur neu zu fassen, in Abgrenzung zu einem Ethos des ›Machens‹ von Neuem oder von Lösungen. Dies führt zur Entwicklung des Begriffs des Maker-Ethos als Beitrag zur Philosophie der Technowissenschaften.

Drei Beispiele aus der malaysischen Nukleartechnowissenschaft werden entwickelt, um zu demonstrieren, wie die verschiedenen Formen der Neuheit in Verbindung mit dem Maker-Ethos unter Bedingungen funktionieren, die David Edgerton als kreolische Technologien bezeichnet – Technologien, die in wirtschaftlich schwächeren Regionen eingesetzt werden, um innovative Interventionen zu erleichtern, anstelle einer Replikation der Entwicklungsschritte, die wohlhabendere Volkswirtschaften durchlaufen haben. Die Realitäten von politischen und Umsetzungseinschränkungen innerhalb lokalisierter Kontexte werden ebenfalls berücksichtigt. Der abschließende Abschnitt liefert ein Argument für eine Philosophie des Maker-Ethos, die das Streben nach

Neuheit sowohl in technologisch begründeter als auch in neugiergetriebener Forschung neu überdenkt.

1. Introduction

In a matter of decades, nuclear knowledge has been so thoroughly localized that its presence is largely mundane to any sovereign state's science and technology policies, save for the occasional controversies around the management of nuclear power plants and radioactive waste disposals. Even knowledge actors occupying the bottom rung of the knowledge hierarchy have developed agency over what they could do with the nuclear knowledge they have access to, notwithstanding tight international controls. Nuclear knowledge, which started as an encounter with the alien and alienating, could either open new vistas of unprecedented knowledge scale to its recipient or merely serve a utilitarian purpose. In the case of nuclear knowledge in Malaysia, there is awareness within a literate public of its existence in the period following the Second World War, as reported by the press.

A nation state with a profile such as Malaya/Malaysia, a middle-income developing state situated in a Southeast Asia, is at once socio-politically and culturally heterogenous. Malaysia shares overlapping heritage and epistemic inheritance with the other states in the region, particularly in the area of agriculture, crafts, and mining. As a matter of fact, the spread of nuclear technology outside of energy or weapons use (neither of which exists in Southeast Asia) had much in common in terms of early-stage adoption, the details of which is covered in another article.[1] However, I will not be discussing other Southeast Asian countries with any specificity, as presently available documents do not suggest a radically divergent situation from the cases I explore within the Malaysian context. Malaysia, as a representative of nuclear technology in the Southeast Asian context, is fertile for considering a philosophy of technoscience that reconvenes the present criteria for enlisting novelty in technoscientific production. Furthermore, the perspectives emanating from the Malaysia context has always been transnational.[2]

1 Clarissa Ai Ling Lee: "Nuclear science and technology in the Malaysian context: Three phases of technoscientific knowledge transfer (ETTLG)," *Studies in History and Philosophy of Science Part A*, 77 (2019), p. 130–140, http://www.sciencedirect.com/science/article/pii/S0039368117302431.

2 I published a separate paper relating to scientific novelty by using science fiction as a platform for 'modelling' speculative-creative thinking in science while putting that in

Malaysia, whether in its precolonial or postcolonial configuration, was never a blank slate. Located within a region that had hitherto embraced centuries of cosmopolitanism which saw the ebb and flow of migration and colonization, it is not unfathomable for residents from centuries past to be exposed to the technical arts of different civilizations and historic city-states. Despite the lack of scholarship around how, prior to the 20th century, we could extrapolate that the territory now known as Malaysia, had engaged with science internationally through the lens of economic histories. In effect, its historic involvement with agriculture, trade, and crafts, among others, demonstrate knowledge of science with *universal* qualities that could be translated to a locationally-situated Maslowian hierarchy of socio-cultural and economic needs. With the diffusion/transfer, and the process of familiarization, communities with 'novel' technoscience involve multiple actors from the top management of international agencies and governments to those whose jobs involve implementing the knowledge and support system for said knowledge.[3]

Novelty does not need to be either cutting-edge or disruptive, but merely new solutions to old and mundane problems that could also take up new forms due to changes in the environment. Malaysia, as a small postcolonial state, could be viewed as a *laboratory state* for the localization of nuclear technological knowledge that came to the Southeast Asia region, specifically from the second half of the twentieth century. As will be demonstrated throughout this article, a process that began from the localization of alien nuclear technologies before becoming constrained *maker ethos*, represented a pursuit of novel nuclear knowledge. The *maker ethos*, which would be gradually unpacked over the sections, is contributory to enabling novelty even within a regime of *standardization* and constraints undergirded by safeguard procedures. These procedural frameworks aimed at exerting control over who has the *unwritten* right to nuclear weaponization. The possibility of making novel knowledge out of heavily regimented technology,

---

conversation with how the 'discovery mode' in science straddles the speculative and the novel. See Clarissa Ai Ling Lee: "What Science Fiction Can Demonstrate About Novelty in the Context of Discovery and Scientific Creativity," *Foundations of Science*, 24.2 (2019), p. 705–725, https://doi.org/10.1007/s10699-019-09615-6.

3 Peter Cartwright: "International Nuclear Technology Transfer," *Power Engineering*, 82.8 (1978), p. 62–64; Alexis de Greiff and Mauricio Nieto Olarte: "What we still do not know about South-North technoscientific exchange. North-centrism, scientific diffusion and the social studies of science: North-centrism, scientific diffusion, and the social studies of science," *The Historiography of Contemporary Science, Technology, and Medicine: Writing Recent Science*, London & New York: Routledge 2006, p. 239–259.

with limited resources and ability to influence decisions from the top, is illustrated through instrumental rationality.

Instrumental rationality is associated with how the ends justify the means (means-ends coherence), through a variety of possible directions, even in contradiction to moral normativity.[4] The inverse of instrumental rationality is irrationality stemming from rational and logical incoherence between stated objective and choice of means, regardless of whether the stated goal makes realistic sense or not. If coherence is a necessity for rationality, then coherence represents a norm. However, responses that are locally coherent do not transfer into global coherence, in the sense that certain actions may be rendered globally incoherent while fulfilling local desires.[5] These are further clarified through case examples taken from research development around nuclear knowledge. Instrumental rationality enables justification along the lines of utilitarian technoscience policies for bringing onboard novel and potentially resource-intensive technologies, while grappling with the maintenance, technical upgrades, and flexible implementation of basic and applied research. However, there is another aspect of instrumental rationality that permeates the technoscientific legacies and agendas of developing economies, which is that of aspiration, and how that aspiration is located or given shape within the technoscientific policies. This will be briefly considered in the penultimate section of this article.

As Carrier and Nordmann acknowledge in *Science in the Context of Application*, there are different flavors that could emerge from the complex interactions within science in the context of research, where most would not adhere to any orthodox representations of basic and applied science: science that creates new technical possibilities that could then be operationalized through engineering practices, technological practices that may get ahead of one's scientific understanding, and piece-meal research activities aimed at tackling issues arising from complex socio-technical conditions with no expectation of a comprehensive understanding.[6] One

4 John Brunero: *Instrumental Rationality: The Normativity of Means-Ends Coherence*, Oxford & New York: Oxford UP 2020.

5 Niko Kolodny and John Brunero: "Instrumental Rationality," *The Stanford Encyclopedia of Philosophy*, eds. Edward N. Zalta & Uri Nodelman, Spring 2023 Edition. https://plato.stanford.edu/archives/spr2023/entries/rationality-instrumental/.

6 Martin Carrier and Alfred Nordmann: "Science in the Context of Application: Methodological Change, Conceptual Transformation, Cultural Reorientation," *Science in the Context of Application*, eds. Alfred Nordmann and Martin Carrier Dordrecht: Springer Science+Business Media, B.V. 2011, p. 1–7. See p. 3–4.

might view the latter two points as the most likely outcome of instrumental rationality, but I will show through the selected cases that they have implications for the first point.

Instrumental rationality is best illustrated through the idea of the laboratory, a setting for experimental conduct within the constraints of different physical settings (indoors or outdoors), containing different props and instruments for the support of observation, data collection, and measurement of a reality instigating insights for choreographing the actualization of potential. In *World as Laboratory: Experiments with Mice, Mazes, and Men*, Lemov discusses how the laboratory could be appointed in the least likely of spaces. The laboratory, regardless of the original scientific objects of interest, is also where one could track the behavioral and social circumstances giving shape to the narratives of these objects, so that what happens at the laboratory parallels reality.[7] When it comes to technology, the laboratory extends from the bench into the social field.

New knowledge birthed from society's interaction with technology is driven less by lofty goals, detached from real-world relevance, but rather, is conceived from research questions based on finding solutions for social wellbeing. The search for such solutions could necessitate research into scientific fundamentals, therefore justifying the importance of the former in development policies. Consequently, a laboratory is grown out of a need to conduct an experiment for achieving a tangible goal, a goal that is linked to policy and development, and thus bringing about changes for better or worse, into what is referred to by Lemov as a "laboratory of imagination."[8] Through this laboratory of imagination, I will unpack the significance of the laboratory through case examples to be discussed in the following sections.

As will be demonstrated in the examples presented in the following sections, the alien and the novel are connected by *out-of-the-blackbox* tinkering of technological instruments by users not always privy to all necessary technical mechanisms. In other words, during the process of localizing the alien, the unexpected possibilities that could arise led to two conditions of novelty: use novelty and temporal novelty. In the context of science, use novelty refers to predictions surrounding a phenomenon that is already known but not operationalized. Temporal novelty, on the other

7 Rebecca Lemov: *World as Laboratory: Experiments with Mice, Mazes, and Men*, New York: Hill & Wang 2005.

8 Rebecca Lemov: *World as Laboratory*, p. 7.

hand, refers to predictions dealing with unknown phenomenon at the time of the prediction.[9] Although use novelty might more regularly be found in conventional approaches to prediction confirmation, a temporal novelty could be obtained as the outcome of scaling, whereby unorthodox methods are applied to existing technological systems to roll-out alternative imaginaries for the future, and facilitating access to resources. However, such imaginaries are dependent on the social positions and power of relevant actors involved in the construction of these imaginaries and counter-imaginaries.[10]

Within the conventions of an experimental event, novelty is both expected and unexpected. The expected novelty represents a theoretical prediction which is realized through experimental confirmation, and that confirmation unleashes new potentialities requiring a recalibration of the status quo. However, a more interesting kind is the unexpected (temporal) novelty, stemming from how one is able to maneuver resources and technologies to craft new research questions and *techne*, especially when the resources and technologies have become so mundane as to become ubiquitous.[11] Hans-Jörg Rheinberger presents such a case through the example of liquid scintillation counters that were deployed in the advancement of molecular biology due to the latter's development into a generic, multi-purpose technology, one that has evolved into a "sophisticated assemblage of various physical, organic-chemical, and technical components into which biological and a variety of other materials could be inserted in order to be measured." In other words, the radioactive tracers allowed new research positions to be opened and new questions about biology to be asked.[12] These assemblages should also include the social contexts that shape the

9 Timothy D. Lyons: Scientific Realism and the Stratagema de Divide et Impera, *The British Journal for the Philosophy of Science*, 57.3 (2006), p. 537–560. http://www.jstor.org/stable/3873482.

10 Maureen McNeil, Michael Arribas-Ayllon, Joan Haran, Adrian Mackenzie and Richard Tutton: "Conceptualizing Imaginaries of Science, Technology, and Society," *The Handbook of Science and Technology Studies*, eds. Ulrike Felt, Rayvon Fouché, Clark A. Miller and Laurel Smith-Doerr, Cambridge, MA & London, England: MIT Press 2017, p. 435–463.

11 David F. Channell: "Technological Thinking in Science," *The Role of Technology in Science: Philosophical Perspectives*, Dordrecht: Springer Science+Business Media, B.V. 2015, p. 27–53.

12 Hans Jörg Rheinberger: "The Liquid Scintillation Counter: Traces of Radioactivity," *An Epistemology of the Concrete: Twentieth-Century Histories of Life*, Durham and London: Duke UP 2010, p. 170–202.

sciences, determine the direction of research progress, and establish epistemic standards for the familiar Kuhnian framework of normal, extra-normal, and revolutionary science used to evaluate the status of successive discoveries (and what is novel within such discoveries).

The aforementioned *techne*, originally an Aristotelian concept that emphasizes pragmatic skill without noetic potential,[13] is redefined here into a matrix comprising instruments, techniques, phenomena, and the artifact. Historically, *techne* is referred by the process of making, crafting, fabricating, and putting together. However, as the process is iterative, with implications on the product at the end (as well as what could appear together with the product), the techniques used to design an experiment, conduct an observation, or create a particular technological outcome, could produce both phenomena (whether virtual or actual) and artifact. The artifact consists of "substantive and methodological features" that occur during the production of natural phenomena, and therefore, considered as intrusions and distortions to accurate observations.[14]

However, I am extending Lynch's definition of the artifact, just as I had with the original definition of *techne*, to consider all related objects of interest, instruments, and raw materials within the material culture of both a controlled laboratory setting and an open field site. In other words, instead of limiting the artifact to merely traces and marks as a result of imperfections and accidents, I will include with the consideration of an artifact, from its archaeological origin linking objects to human use, to account for a concatenation of objects coming together. These series of objects produce findings that contribute to the practical problems of basic science, therefore taking a symmetrical perspective to what is considered as correct or not. The artifact comprising techniques, expertise, and instruments; radionuclides and machines that mediate the disbursement of the

13 Caleb Murray Cohoe: "Knowing in Aristotle part 2: Technē, phronēsis, sophia, and divine cognitive activities," *Philosophy Compass*, 17.1 (2022), https://doi.org/10.1111/phc3.12799.

14 Michael Lynch: *Art and Artifact in Laboratory Science: A Study of Shop Work and Shop Talk in a Research Laboratory*, London & Boston: Routledge and Kegan Paul 1985. The notion of artifact beyond the one defined would be discussed in the next paragraphs (in other words, I am re-reading it as representing much more than an accidental or incidental co-produced object or trace. While the phenomenon could produce an artifact, the artifact is much more than just the residue produced as a consequence of the phenomenon. The phenomenon that is produced naturally is the phenomenon that arises as a consequence of what goes on within a constrained space (such as a lab) but also when the situation is ripe for certain interactions to take place.

radionuclides; could be applied to disrupt the status quo when producing *new* technology for research.[15]

1.1 Techniques and instruments

The terms techniques and instruments, used interchangeably, refer to methods that act on, and mediate, the end product of a science (i.e. technology). Instruments could be a machine or tool, whereas techniques are usually associated with a system of making and constructing practical knowledge for measurement and detection. Bachelard's concept of *phenomenotechnique* is utilized here to provide two explanations to the proposed *techne*. One concerns the centralization of technology as an important component of science, and the other is about producing phenomena in the course of its work. As Bachelard has observed, contemporary scientific activity consists in the production of phenomenon into independent objects through the use of techniques – in other words, science is made possible because techniques, as part of *techne*, could actualize observer-dependent phenomenon.[16]

The seemingly 'informal' and 'non-standard' articulation of techno-science within a pre-modern history of science and technology complexifies pluralist accounts of history of science and technology. In the history of technology, there is already clear division between the history of technology, with technology being derived from the operationalization of science through the rise of engineering practices, and craft practices that intersect with heritage knowledge.[17] There is long-standing discussions on how applied science is technology (in resonance with the industrialization of science) even as these claims continue to be disputed.[18] Prior to that, ar-

15 Bernward Joerges and Terry Shinn: "A Fresh Look at Instrumentation: An Introduction," *Instrumentation Between Science, State and Industry*, eds. Bernward Joerges and Terry Shinn. Dordrecht, Boston & London: Kluwer Academic Publishers 2001, p. 1–13.

16 Hans Jörg Rheinberger: "The Concept of Phenomenotechnique," p. 25–36.

17 Sven Ove Hansson: "Experiments before science: What Science Learned from Technological Experiments," *The Role of Technology in Science: Philosophical Perspectives*, ed. Sven Ove Hansson, Dordrecht: Springer Science+Business Media, B.V. 2015, p. 81–110.

18 Daian Florez, Carlos Emillio García-Duque, and Juan Camilo Osorio: "Is technology (still) applied science?", *Technology in Society*, 59 (2019). https://www.sciencedirect.com/science/article/pii/S0160791X19300399.

guments were made in the history of science about the so-called distinction between pure and applied science, which had since been demonstrated as problematic.[19] Moreover, within the landscape of emerging economies, the way science (or technoscience) had been perceived as being contributory to the industrialization effort has given way to another view of technology as development-focused technological studies,[20] referred to elsewhere as "action guiding technological experiments."[21]

1.2 Different points of novelty

There are degrees of prestige attached to novelty, based on how disruptive the ensuing novel knowledge is. The loftiest novelty is ontological novelty stemming from the unexpected, such as through the re-derivation of first principles or the realization of a phenomenon that upsets our comprehension of the laws of nature. Then, there is epistemological novelty that is usually associated with obtaining novelty from strategies of technologization and *techne*. The production of novelty is contingent on the value system underpinning technoscientific labor: for instance, there is expectation that the laboratories of primarily curiosity-drive research involving basic science are unchallenged sites for novelty to emerge – an expectation backed by countless sociological and historical exposition on the matter. On the other hand, the process of applying science to technologization is less novel in the ontic sense but could breed new feats of engineering with the potential for creating social impact. However, this constitutes the novelty of techniques resulting from the deployment of a known technology into the production of another technology. Could that novelty have any consequence for the fundamentals of science? This is what the article intends to explore through a framework of instrumental rationality, which, when coupled to *techne*, presents a case of the *maker ethos*.

19 Graeme Gooday: "'Vague and Artificial': The Historically Elusive Distinction between Pure and Applied Science," *Isis*, 103.3 (2012), p. 546–554. https://doi.org/10.1086/667978, p. 546–554. This issue of *Isis* also contains other articles focusing on unpacking misconceptions and over-reductive (mis)representation of the applied sciences.

20 Stefan Ziemski: "The Typology of Scientific Research," *Zeitschrift für allgemeine Wissenschaftstheorie/ Journal for General Philosophy of Science*, 6.2 (1975), p. 276–291. http://www.jstor.org/stable/25170362.

21 Hansson: "Experiments before Science," p. 81.

1.3 Techne, the maker-ethos, and philosophy of instrumentalism

The *maker ethos* allows discovery and curiosity-driven research programs to persevere with the imperative of development prioritizing practical expertise. The scientist trained in a specific area may need to stretch their imagination to expand their expertise and skillsets to the development of technological systems outside their immediate fields of research, which requires translation rather than direct transfer of knowledge. However, it is by engaging in problem-solving unique to the local conditions that these scientists could offer a different take on their own fields of expertise and challenge the hegemonic rule of elitist science at the first worlds' centers of actions.

That said, the instrumental philosophy of making as a way of engaging with questions of understanding (and apprehension) within the higher domains of knowledge breeds an emergent kind of novelty that could resituate current understanding of ontological novelty, where 'craft' knowledge gains the same standing as lofty 'fundamental' research. The maker ethos has been discussed elsewhere through a focus on physics research in the Malaysian context (although the arguments could be applied to small states with similar constraints even if not similar political regiment), and it had been stimulated by a maker-like philosophy that allows physicists to 'hack' through constraints placed on their work, while taking advantage of opportunities for developing their own research programs.[22]

Such advantages could be in the form of acquisition of new techniques or knowledge acquired through collaboration with other scientific knowledge centers. The 'dual-use' deployment of instruments has three instances: translating the original limited use into a more open-ended deployment; or for utilization toward another disciplinary problem such as the case with the liquid scintillation counter, deploying *techne* within an established and standard setup allowing for new research questions to emerge (even if not immediately followed-up on), and development-based problem-solving that translates into experiments for producing new approaches and applications to new problems. All the above converge on a thesis of instrumental rationality, in the context of resource-poor emerging economies, for describing technoscientific novelty through means that are not directly expected to instigate the emergence of novelty. It is through an instrumental

22 Clarissa Ai Ling Lee: "Malaysian physics and the maker ethos" *Physics Today*, 76.2 (2023), p. 32–38 https://doi.org/10.1063/PT.3.5175.

rationality, coupled to the philosophy of making, that I intend to demonstrate how responsible innovation would be achievable within a highly regulated industry such as nuclear technoscience.

Beginning from the second section, I will unpack two types of novelty within the context of epistemological novelty: use novelty and temporal novelty, where use novelty would be the more extensively discussed because the mechanisms behind the technologies are largely well-understood, with possibilities for more speculative exploration dependent on policy choices and research priorities. It is also in this section that I will discuss radionuclides, the key materials player that is the key (and medium) to all the technologies discussed. This section will focus primarily on how a radionuclide is the medium of conveyance across a range of nuclear technoscientific activities such as data collections, technological deployment, as well as research design in the arena of nuclear medicine, rice cultivation, and collection of fallout data. At the same time, the multiple potentialities of the radionuclides are apt for demonstrating how novelty is obtained through a maker mindset.

The third section shifts toward a more direct discussion on the role of instrumental rationality, within the framework of policy, for enabling not just the microworld of research development, but also choices in infrastructural development and policy direction that could augment or obstruct technoscientific goals. I will use the Malaysian Nuclear Agency as an institutional example while alluding briefly to the role of high-level technoscientific diplomacy involving the IAEA (International Atomic Energy Agency) and the Malaysian government. This section will enter in a brief discussion on the disjunction between intentions and outcomes when goals do not translate well to reality. The fourth and concluding section will consider briefly how all of these contribute philosophically to delineating the 'maker culture' as epistemic agency for emerging technoscientific states, and to reconcile the ethos of the 'maker' with the empirical and political turn in the philosophy of technoscience.[23]

---

23 Vincent B. Bensaude and S. Loeve: "Toward a Philosophy of Technosciences," *French Philosophy of Technology. Classical Readings and Contemporary Approaches*, Cham: Springer 2018, p. 169–186.

2. Every novelty has its place

Nuclear technology is primarily represented by how nuclear fusion, neutron activation, radioactivity, and all interactions happening at the nuclear level are mediated through particular instruments and infrastructures (such as reactors, imaging machines, detectors, and radioactive therapy equipment) to solve a mundane problem (usually a scientific one though not necessarily within the delimitations of nuclear science) or to fulfill a policy/socio-economic development edict. Most emphases have been put on the establishment of standards relating to safeguards (as a consequent of dual-use through potential for weaponization), safety standards (for controlling radioactive exposure, as well as in maintaining facilities and equipment for the safe deployment of radioactive materials), and risks (when the long-term impact of exposure to radioactivity could not be easily ascertained).

Even if most studies into nuclear knowledge had been focused on its dual use potential for weaponization and civilian deployment,[24] the arguments developed here will move away from an emphasis on harm vis-à-vis good to a focus on intent vis-à-vis choice, without either exceeding or deviating from standards of safety or pre-determined agreements. A broad-view, detailed presentation of nuclear technoscience's introduction and localization in Malaysia, over several decades, had been discussed elsewhere.[25] The diffusion of nuclear technoscience for peaceful purposes through the Atoms for Peace project was institutionally supported and politically significant. Within the Atoms for Peace project, among the most important material actors, are the radionuclides (used interchangeably with radioisotopes).

Radionuclides/radioisotopes were the earliest nuclear materials to enter the economically emerging states because they were also the most easily controlled and least threatening form of nuclear technology transfer compared to other fissile materials such as uranium. Moreover, radionuclides are the most easily reproducible material even within a limited technology environment. However, as Angela Creager has detailed in *Life Atomic*, the US government, as the main supplier of these materials in the decades preceding the Cold War, managed to politicize the global dissemination of these radionuclides. The authorized circulation of radioisotopes led to

24 Lalit Kant and D.T. Mourya: "Managing dual use technology: it takes two to tango," *Science and Engineering Ethics*, 16.1 (2010), p. 77–83.

25 Lee: "Nuclear science and technology in the Malaysian context," p. 130–140.

considerable political disagreements in the US. But in the end, the radioisotopes would become more freely available under the Truman administration.[26]

The history of radionuclides provides one of the earliest ethical considerations of nuclear technology due to the *blackboxes* associated with how knowledge of this technology had been transmitted. In Southeast Asia, radionuclides were primarily utilized to fulfil various development needs such as health security, food security, and non-destructive testing of the environment, hydrological systems, and manufactured products. Not all Southeast Asian countries have equally developed usage of radionuclides, since continuing use necessitates a localized ecosystem that could consistently support their deployment, such as by having adequate technoscientific expertise.

Documents from the IAEA indicate that the 1970s represented the earliest decade where infrastructures for supporting nuclear knowledge were built from the ground up. These documents were also quite revealing of what was taking place around that time: the need to develop basic research facilities and expertise in a whole range of scientific expertise to support the sustenance and development of nuclear knowledge in the fields of nuclear science (usually in physics or chemistry), neutron physics, radiation science, hot atom chemistry (a subspecialty in physical chemistry), healthy physics, and laser physics. Nuclear science is not merely a self-contained area of knowledge; if it contains multitudes even within the science, the possibilities are even more vast when developed as *techne* in fields that are several degrees removed from the fundamentals of nuclear science.[27]Moreover, neither military nor political interests interfered with the circulation of the earliest forms of radiation technologies: the x-ray machines and their concomitant equipment for medical deployment as part of colonial

26 Angela N. H. Creager: *Life Atomic: A History of Radioisotopes in Science and Medicine*, Chicago & London: U of Chicago Press 2013.

27 While radioisotopes are produced synthetically with reactors and accelerators, the originating raw materials still have to be mined. Hence, the irony of exporting radioisotopes to the recipient countries is when the same recipient countries are the sources of ores needed for the production of the radionuclides, even if at the same time, some of these providers did not themselves have access to well-developed or sustainable nuclear technology program (even in the form of low-level non-nuclear power programs). Such a situation runs parallel across other technological sectors where impoverished states are the ones providing the raw materials (or become sites of waste disposal) to more technologically and economically able states. However, I will leave the further discussion of such labor to another article.

technoscience. This explicit instance of use novelty is mediated through the x-ray machine. However, there is not much recorded details concerning the use of x-ray machines in the colony (before the formation of Malaysia in 1963), and one could suspect that the use was likely limited in the period between the end of the Second World War and the end of the 1950s. Nuclear medicine as an independent practice did not quite come into being until at least the early 1960s. Documents from the IAEA suggest that, in 1964, the Philippines had been selected as the site for regional training in the medical use of radioisotopes to promote nuclear medicine. Even then, the IAEA did not yet have a dedicated center for supporting nuclear medicine in the 1960s. Within the Asian region, Japan contributed the most to the training and capacity building effort, especially for establishing nuclear diplomacy within a region that is necessary to nuclear institutional building within Southeast Asia, and Malaysia.[28]

For one of the earliest Malaysian nuclear medicine practitioners, S.K. Dharmalingam, nuclear medicine was a catalyst to "leapfrog from the age of Geiger counters to computerized tomography and short-lived radiopharmaceuticals".[29] He documented the four phases of development in nuclear medicine's role in the medical detection and imaging industry. The first phase took place when radiated iodine and phosphorus were used as radiation therapy for previously incurable illnesses such as thyrotoxicosis (hypothyroidism and hyperthyroidism) and polycythemia (over-concentration of red blood cells due to overproduction, leading to blood cancer), although the attempt in using radiation therapy for leukemia produced mixed results. During this phase, outside of x-ray technologies, no other body scanners were used, at least not until the second phase of development. Other 'sealed' radionuclides (self-contained but does not interact with target) in the form of caesium-137 (Cs-137), cobalt (primarily cobalt-60), and radium had already been in use as anatomical image markers since the 1940s, using whatever radioactive imaging devices available (such as the various x-ray instruments). As Malaysia had not acquired the technology

28 IAEA Archives, Courses, Philippines, Regional Courses on the Use of Radioisotopes in Medicine, SC217-Phi-1(1), 1962–1966, Box 35712.

29 S.K. Dharmalingam: "Past, Current, and Future Aspects of Nuclear Medicine in Malaysia" *Application of Nuclear Techniques in Medical Sciences Kuala Lumpur*, 1980, p. 20.

to generate its own isotopes, it was still reliant on imports.[30]The second phase came about in 1964 when body scanners were finally deployed for the purpose of organ imaging, although the resolution was poor. Nonetheless, the turning point was in the third phase (which begun around 1970) and fourth phase (from around the early 1980s, which coincided with the official launch of the Malaysian Nuclear Agency), when short-lived radionuclides were used. Although scanners had been used to illuminate the tissue functions, these radionuclides were used as radiopharmaceuticals to illuminate physiological functions, and pave the way for the use of gamma ray cameras and scintillation counters, particularly during the fourth phase of development where radiopharmaceuticals were added into the mix – in fact, one of the radio-isotopes developed for use, technetium-99_m (known as Tc-99_m), produced out of molybdenum-99 (Mo-99), was important not only to nuclear medicine but also to other areas of testing and detection. Moreover, it was also around the same time period that the radiation technologies developed for use were considered 'safer' for mundane medical deployment.

Between 1973 and 1980, the Malaysian government had requested for assistance twice: in 1973, it was for training in the use of radioisotopes as a diagnostic tool, to assist in the establishment of nuclear medicine as an essential aspect of medical service and research, and to ensure the adequate maintenance of available equipment. Although there was all-round novelty in terms of *techne* that made its way into medical practice (not unique to Malaysia), the 1980s was a decade when Malaysian technoscientists were not only dependent on imported technologies but were able to gain increased agency in their participation in technical innovation; novelty came from deploying these new technologies to work with long-standing problems. There is ample documentation of how the IAEA has operated as the medium for facilitating the transfer and localization of medical radiation technologies and services.

Given that Malaysia's Nuclear Agency's facilities were developed throughout the 1970s, and preparation for future expertise in nuclear was still underway, one could consider that the development of nuclear medicine is a bridge as well as testbed for assessing the potential deployment of nuclear in other areas. Therefore, by the 1980s, the deployment

30 "Malaya Now Imports U.K. Isotope Consignments," *The Straits Times*, January 18, 1957, p. 12. http://eresources.nlb.gov.sg/newspapers/Digitised/Article/straitstimes1957 0118-1.2.125.

of nuclear medical services equipment had been advanced to include more sophisticated detectors (in the form of gamma-ray cameras), which meant that the maintenance requirements for the upkeep of both older and newer equipment became more complex.[31] The nuclear medicine example presents a case of use novelty where knowledge of what could be expected from interaction with the radionuclides had led to optimization in the expected outcomes of the interactions. The maker ethos around it involved the localization of the technology to answer to a need, then expanding usage through innovation in medical therapeutics and expertise development in medical physics and nuclear medicine, especially for oncology research.[32]

The next use case is taken from agriculture. Around the same time that nuclear medicine was being developed in the early 1960s, a 1963 report by the Center for Southeast Asian Studies in Kyoto, Japan showed that only 65 % of the total amount of rice needed were produced locally – even an increase in production did nothing to make up for the short-fall. Next to rubber, rice had consistently been the most produced commodity since 1954. However, despite the tropical weather of Malaysia that had been largely suited to growing rice, the choice of rice species would have to contend with both the temperatures of day and night, and therefore, with whatever variations there may be with daylight. Then, there were rainfall, soil composition, and topography to work around. Beyond these, rice cultivation was also affected by pests, diseases, and the types of fertilizers used. While the Japanese experts had helped to identify the best cultivation methods

31 See IAEA Archives, K.E. Britton, Use of Radioisotopes in Medicine, IAEA-TA-852, End-of-Mission Report to the Government of Malaysia, June 12, 1973, p. 1–27 and IAEA Archives, D. Brykalski, *Nuclear Medicine Services*, TA-MAL-6–007, End-of-Mission Report to the Government of Malaysia, July 5, 1983, p. 1 – 36. Both documents were quite revealing of the process involved in the localization of nuclear medical techniques and innovations made by the Malaysian users, including their awareness and compliance with international safeguard and radiation risk-reduction guidelines. Although the number of physicians and technicians with the necessary skills were limited due to structural and bureaucratic obstacles, that serious attempts were still made among high-level state actors to ensure that Malaysia did not fall behind in the latest healthcare technology, and nuclear medicine was viewed as one of the major feats that could reduce risky procedures and elevate the public's assurance over safety issues (see "Kempen bantu pesakit2 barah meluas ka-kampong2" [Campaign to assist cancer patients has reached the villages], *Berita Harian*, 1966, p. 5. http://eresources.nlb.gov.sg/newspapers/Digitised/Article/beritaharian19661123-1.2.52.

32 S. Suppiah: "Nuclear medicine in Malaysia – Strengths and challenges for physicians after more than half a century of experience," *The Medical Journal of Malaysia*, 76.4 (2021), p. 451–453.

through agronomy research that they had conducted in Malaya in the early 1960s, much of these methods were centered on the basic science of the plant species and experiments relating to the morphology and physiology of the plants in relation to particular environmental conditions.[33]

Given that food security is a continuing issue to this day, research and development (R&D) in all areas relating to food and agriculture was deemed extremely important, which was also why the agricultural sector received the most technical cooperation through the IAEA (at 26.4 % between 1984 and 1994, compared to the 6.6 % channeled to nuclear medicine in the same period).[34] In 1975, it was found that agriculture contributed at least 45 % to the export market, and 35 % of the GDP. In that year, 70 % of impoverished households derived their income from agriculture. External experts were brought in to assess the situation and to introduce the method of radioisotope irradiation treatment to Malaysia's agricultural products. However, it was not a simple matter of merely introducing the technology, but also to find what agricultural produces could be the showcase sample. Rice was selected as one of the samples.[35]

However, as had been detailed above about agronomy research, a knowledge of the pain points relating to soil, physiological resilience and fertilization would become useful for identifying particular technological interventions. Moreover, techno-economic needs required not merely improvements at the point of cultivation, but also during storage and transportation. Hence, nuclear technology, especially radionuclides, was able to contribute in each of these areas, specifically in improvements to fertilization, types of pesticides, and most importantly, the genetic resilience of the plants. Of course, the innovative deployment of *techne* is done not by the nuclear scientists themselves, but by agricultural scientists who had been given sufficient understanding of the potential of these technologies as primary contributors to the development of nuclear techniques for integration into problem-solving in agricultural sciences. For the technology to work, there would need to be increasing uptake by those involved in the sector, as well as the establishment and maintenance of a facility for contributing to the development of suitable techniques of irradiation that could meet

33 Japanese Experts: *Rice Culture in Malaya: Improvements in Rice Culture in Malaya*, Kyoto: Kyoto University, 1965.

34 *Evaluation Section: Department of Technical Co-operation: The Agency's Technical Co-operation Programme with Malaysia: 1984–1994*, Vienna: IAEA 1994, p. 6.

35 IAEA Archives, K. Kawashima, *Food Preservation*, TA-MAL-007-RP-1980, End of Mission Report to the Government of Malaysia, June 9, 1982, p. 1–41.

the specific needs of the produce. In the case of rice, there was a need to decide on the kinds of irradiation methods would be the least toxic and most optimal for maintaining the quality and durability of the rice.

Therefore, rice cultivation became one of the earliest food commodities to benefit from the study and development of this technology. As was noted in the report by the Malaysian Nuclear Agency (known in the 1980s as the Malaysian Institute for Nuclear Technology Research or MINT), in 1984, the National Committee on the Use of Induced Mutations in Plant Breeding was set up to facilitate development in this area, and in 1986, MINT collaborated with the IAEA to produce 101 mutant lines of rice of varying resilience. MINT had also established a division of agrotechnology and bioscience and worked collaboratively with some of Malaysia's public universities that had developed specializations in these areas, in collaboration with the Malaysian Agricultural Research and Development Institute (MARDI).[36] One of the outcomes is the development of the MINTec-SINAGAMA gamma irradiation plant facility. This plant resulted from the successful localization of novel radionuclide irradiation technology that was fully operational by 1989. A few years later, in 1995, the Gamma Greenhouse, of 30 meters in diameter, was constructed to provide chronic irradiation (exposure to small doses of radiation over a medium-to-long term time frame) services, using the aforementioned Cs-137 radionuclide.[37] The radioisotopes were not only meant to be deployed for use on produces but also for tracking the toxicity of pesticides through use as a radioactive tracer.[38] To establish these facilities, local experts worked with imported

---

36 National Committee on the Use of Induced Mutations in Plant Breeding, *Research Highlights on the Use of Induced Mutations for Plant Improvement in Malaysia*, Bangi: MINT 1998.

37 See Badd: "This building in Selangor has been using radiation to make mutant plants since 1995," 2021. https://cilisos.my/nuklear-malaysia-plant-mutagenesis-radiation-gamma-greenhouse/ and R. Ibrahim: "Malaysian Nuclear Agency Gamma Greenhouse," Vienna: IAEA 2010, p. 52–54. http://inis.iaea.org/search/search.aspx?orig_q=RN:42080084, for more information on this facility. The author had the privilege of visiting this facility located on the sprawling grounds of the Nuclear Agency, at a semi-rural urban space in the state of Selangor, right next to the National University of Malaysia (UKM). The facilities co-exist with the village of an indigenous tribe of the area, the Temuans, who are themselves engaged in subsistence agricultural practices and foraging (the latter activity has become increasingly difficult due to land disputes and encroaching urbanization).

38 IAEA Archives, F.S. Tanaka, *Radioisotopes in Agriculture*, TA-MAL-5–006, Report to the Government of Malaysia, December 1, 1983, p. 1–20.

expertise to develop a sufficient system that could be sustainable for the long-term.

To get to epistemological novelty, one has to level up from the abovementioned base-level 'calibrative' technology. While the base-level technology is useful for gauging acceptance and eliciting interest not only from the users but also decision-makers who provide the resources for knowledge acquisition and infrastructural maintenance, to arrive at the next stage, one has to look into how a synthesis of known techniques to a known problem could produce an emergent outcome. An example of one such synthesis is the combination between techniques in nuclear science with genetic science which led to the production of induced mutation for plant improvement. While the Malaysian experts might have learnt how to bring together these two areas of knowledge through available research found elsewhere, their contribution lies in how they could develop the technology to a patentable level to work with the different unique produces. Here, we have an example of use-novelty, where well-established knowledge of the radionuclides is deployed in an open-ended manner for the purpose of technological use in another discipline, with the potential for contributing to both applied and basic scientific findings of said discipline. Hence use novelty and temporal novelty co-exist through the varying deployment of the radionuclides. I have already introduced Cs-137, one of the most ubiquitous and technologically useful radioisotopes that could be produced through the process of fission. However, Cs-137 also abounds in an environment through radioactive fallout because of nuclear weapons testing or reactor accidents, and this represents my third and final case example for this section. This radionuclide has an interesting history for Malaysia: the country first encountered it as a by-product of nuclear fallout back in the 1950s, but only from a distance, through newspapers rather than a realization of being similarly implicated in the dangers of these fallouts.[39] There is much that could be said about scientific realism in this instance (such as when an independent reality becomes a part of an observer's universe) but I will focus instead, on how the presence of a relevant *techne*, being the setup for making observations of the fallout, is able to make the invisible traces visible to the experts (although the rest of the public were not made equally aware). This came about in 2009, about 11 years after Malaysia signed the Comprehensive Nuclear Ban Treaty in 1998 and

39 Lee: "Nuclear science and technology in the Malaysian context," p. 135.

became a part of a network of monitoring stations for radioactive fallout, representing a form of big data collaboration that collects radioactive and other atmospheric data. The radionuclide monitoring station (known as RN42) was located by the mountainous range of the west coast of the peninsula.[40]

On the outset, the work of data collection appears to be mundane and insignificant, a technologically generic endeavor requiring no highly specialized systems compared to other kinds of high-stakes data collection such as that in high-energy particle physics. However, such a setup enables both use and temporal novelty to emerge together. *Techne* brought Malaysia into the folds of an ongoing, international network of decades-long fallout studies surrounding the production and repercussions of the production of fallout radionuclides. Use novelty could be said to develop during the early days of the design, construction, and preparations for commencing operations of RN42, demonstrated here through two instances. The first instance concerns how the already-available domestic technological infrastructures were made novel when they were reappropriated and reconfigured in combination with explicitly 'new' technologies brought into the local space through collaboration; the second instance consists of preventative and corrective maintenance that would require inventive ways of working with local conditions even if pre-defined standards of quality are retained. Temporal novelty comes out of the open-endedness and unexpected ways of doing more with the data collected. The data could be used as a starting point to form new research questions and therefore, to redesign/recalibrate existing infrastructures to answer those questions with the intention of detecting either previously unnoticed or unobserved phenomena.

For controlling hidden costs that could arise when working with the most mundane, standard equipment, stringent attention has to be paid to local conditions – there is only so much control one could exert over the housing environment of the instruments. Hence, the maintenance requires accounting for both probabilistic (range of likelihoods of any possible event taking place) and deterministic (the likelihood of a certain event taking place) risks that could become problematic to the instruments because of prolonged exposure. In the process of working around these risks, new

40 Faizal Azrin Abdul Razalim, Bashillah Baharuddin, Nur Khairunisa Zahidi, Yapp, Raymond Tze Loong and Mohamad Suhaimi Yahaya: *Radionuclide Monitoring Station (RN42), Tanah Rata, Cameron Highlands as Part of CTBT Gizmo*. https://www.nuclearmalaysia.gov.my/penerbitan/ebook/fileAttach/RN42STATION.pdf.

techne would have to be developed for troubleshooting and resolving problems arising without prior solutions as references. Moreover, one should not underestimate the role of maintenance in enabling a tinkering and maker culture that would be contributory to new ways of solving existing problems, to the point where it becomes possible to fabricate new utility out of existing instruments, or to produce 'off-label' usage of these instruments for serving other legitimate research purposes.

A 2010 survey by the Malaysian Nuclear Agency, and the then Malaysian Ministry of Science and Technology, into the different sectors that nuclear technology had contributed to, showed that public agencies tasked with developing Malaysia's agricultural technoscience had between 100 to 400 square feet allocated to non-hazardous nuclear equipment (about 64 % of these agencies had assets valued less than 1 million/USD 263.158 in Malaysian currency, ringgit (RM), with nine percent owning more than RM 10 million/USD 2.63 million).[41] More than two-thirds of these agencies had spent RM5.000/USD1.315 and above on the maintenance of nuclear equipment. In terms of human resource, high-level specialists/experts made up about only one-third of the skilled workforce, with the rest being general technicians. Further, it also appeared that not much funds had been allotted to training or skills upgrading, when it came to nuclear technology, during the first half of the twenty-first century (a paltry amount averaging at RM25.000/USD6.579). The same applies to R&D, where it was found that despite claims, only about a third of the activities of the agencies were defined as R&D. Between 2006 and 2008, it was estimated that RM4.3 to RM 5.2 million (about a little over USD 1 million) were spent on research, which would not be considered substantial in the bigger scheme of things, with much of the research being focused on making incremental improvements and contributions to existing technologies.[42]

Given the extensive resources that had been expended towards finding more novel approaches to agricultural technoscience in the Malaysian context, one may ask if the survey represents a failure of the sector to live up to expectations, or if much of the innovations taking place were happening outside the purview of these agencies, and therefore not documented. In addition, the under-deployment of nuclear technologies to the agricultur-

41 Just a note that the conversion rate is based on the pegged rate at that time of 3.8 ringgit to a USD.

42 Hazmimi Kassim, Ainul Hayati Daud, Jamal Khaer Ibrahim and Alawiah Musa. *The Impact of Nuclear Technology to the National Socio-Economy*, Bangi: Malaysian Nuclear Agency 2010, p. 143–152.

al industry over time also points to how use novelty, or valorization of new techniques, had failed to sustain its presence over time, perhaps the consequence of insufficient integration and realization of the technology's promise.

While not particularly emphasized in this section, the impetus for existence in each of the cases mentioned is also driven by instrumental rationality – policy needs had dictated the development of each of the technological imperative, while allowing for different instances of novelty to still emerge. In the next section, the focus will be specifically on the normative means-ends coherence of instrumental rationality, and how this contributes to creating a responsible research environment within the constraints of politics and economics. The localization of nuclear technologies that could generate new knowledge requires sufficient rationalization for the actors involved to justify the need for these technologies, whether the rationalization is done as part of the planning process or as an extension from the original rationale. At the same time, instrumental rationality becomes a way for obtaining the transmission of 'novel' technology during the first stage because the rationale is packaged as problems in need of a good solution fit.

3. *Rationalizing Nuclear Technoscience in Practice*

From the second half of the 1970s, the Malaysian government had increased the annual budget for the development of the Nuclear Agency's infrastructure and human resource. It was also noted in its 1978 budget report that nuclear power and energy had its own separate department under the then Ministry of Science and Technology.[43] Although nuclear energy has been circulating around in the media as a possibility for Malaya/Malaysia[44], outside of nuclear medicine, interest in nuclear technology's other potentiality came about only in 1972, in response to a need to increase production and its quality in the agricultural sector – however, the government at that time, for the most part, had skirted on the issue of nuclear energy. It was suggested elsewhere that the Malaysian government began to consider

43 Kementerian Kewangan Malaysia: *Anggaran Belanjawan 1978*, Kuala Lumpur: Government of Malaysia 1977.

44 See "A 3-Point Plan for A-Power," *The Straits Times* Kuala Lumpur, April 14, 1960, p. 18; "Malaya Eyes Nuclear Power," *The Straits Times*, Kuala Lumpur, June 3, 1957, p. 5.

nuclear energy as a possible candidate for its energy mix when the then Deputy Prime Minister Tun Dr Ismail, under the second Prime Minister, Tun Abdul Razak, noted the possible deployment of irradiation methods for improving rice cultivation to feed its growing population.[45] The deployment of nuclear technology to agriculture represents a different kind of novelty infusion which is not specific to Malaysia but illustrates the coming together of traditional-heritage technology (rice cultivation) and 'modern' technology. Instrumental rationality could be used to explain how policy influenced the uptake of new technology, and how that uptake would also influence the programming and resource allocation in R&D across the basic and applied sciences.

However, this did not prevent policies from being designed from an instrumental rationalization perspective, even if instrumental coherence may not always be achieved due to an insufficiency of intention in the deployment of the instrument (perhaps after realizing that the instrument is not easily deployable and that there are too many obstacles to its deployment).[46] At the same time, the means to an end does not translate to a successful end, given that the motivation for instrumentally transmitting the means to the ends could be abandoned partway, therefore leading to a miss in expectations. Moreover, the incoherence between intention and design implementation could hinder successful implementation of the means to a successful end – in a real-life situation, conditions of sufficiency do not always apply, especially when there is no precedence acting as an exemplar. I will use examples from institutional practices (reason and sufficiency) and policies (intentions) governing the sustenance of *techne*; while considering the myriad ways in which instrumental rationality as a principle of technoscientific management fails when policies are absent of clear directions, such as in how to obtain the necessary resources or in providing sufficient motivation (reason) for the realization of intentions key to outcomes. I will provide two examples: one involving institution building through diplomatic negotiation (through resource/expertise dissemination) and the other being institutional building at a local level. Neither is better than the other, and each presents different stakes in the political economy.

45 Lee: "Nuclear science and technology in the Malaysian context," p. 136–137. More is discussed in another article that is still in revision even as this article is published.

46 Kolodny, Niko and John Brunero, "Instrumental Rationality," *The Stanford Encyclopedia of Philosophy,* eds. Edward N. Zalta & Uri Nodelman, Spring 2023 Edition. https://plato.stanford.edu/archives/spr2023/entries/rationality-instrumental/.

The first example I will discuss concerns the Malaysian government's request to the IAEA to assist them with developing radioisotopes, a necessary move for long-term maintenance of the local nuclear program. In 1984, the Malaysian government had requested the IAEA to supply them with experts who can assist the Isotope Division and the Directors of Operations and Planning, as well as International Affairs, with the production of the previously mentioned Tc-99m and its compounds from Mo-99. The consultation focused on a series of 'ought' practices to attain the satisfaction of improvements that technobureaucrats aspire to attain: the documentation of the production processes, necessary upgrades to improve services offered, increase in staff numbers, verification of methods for quality replication in the radioisotope production, and provision of intensive training over a period of three to four months.

The IAEA's assistance was also sought for the procurement of an electrophoresis unit, a telethermometer that could test for a toxic substance (pyrogen) in pharmaceuticals, and radiometric sterility testing equipment.[47] The desire for these instruments indirectly contributed to a strong reason sufficiency for fulfilling Malaysia's technocratic policies. However, there was still instrumental incoherence along the way, in that the means did not appear to have succeeded in attaining the end goal, which could also mean that not all the intended actions (the recommendations) were followed through. For instance, in 1987, three years after all that concentrated activity, it was found that only 14 variations of radioisotopes were produced, which was considered as an underachievement. There was even a suggestion that Malaysia may have to revert to imports (with increment in quantities) to fulfil its insufficient production of the radionuclides to focus more on chemical 'labeled compounds' that are made up of specific activated chemical elements (such as carbide, hydrogen, iodide, and phosphorus; all non-radionuclides).

The other option would be to upgrade the reactor they had,[48] although the reactor procured (which was the TRIGA MARK II) was never up-

47 IAEA Archives, *Radioisotope Production:Tc-99m Production from Low-Specific Activity Mo-99*, Mani, R.S., TA-MAL-2–002, End of Mission Report to the Government of Malaysia, December 12, 1984, p. 1–10.

48 Roanah Mohd Janer: *Lapuran Kajiselidik Penggunaan Bahan-Bahan Radioaktif Yang Digunakan Dalam Penyelidikan di Malaysia (Tidak Termasuk Penggunaan di UTN)*, Kuala Lumpur: Nuclear Energy Unit, Prime Minister Department 1987.

graded.[49] However, rather than assuming that this setback is a failure of instrumental rationality, it should instead be considered as a failure of maintenance within the system of knowledge transfer and circulation. The failure of maintenance is correlated to a failure of resource stemming from constraints in *techne*. This is not a failure of instrumental rationality in technobureaucratic decision-making as there is intent to overcome the shortcomings of institutional situation, which meant that the technobureaucrats were not complacent but were instead, faced with a bottleneck. The consequence of a failure to maintenance could lead to a situation of means-ends incoherence when intention is circumscribed by a lack of resource or process to mediate the realization of intent. This failure of maintenance is itself a failure of the maker ethos to take flight, for reasons ranging from inadequate innovation culture within the institution, lack of clear strategies, to obstacles posed by the administration or management of the institution. When knowledge transfer took place, inadequate attention was paid to how the recommendations should be taken up beyond the point of transfer. Of course, the limited control and purview international bodies could have over a sovereign state also contributed to incoherence between means (coming from the international agency such as the IAEA) and ends (the recipient state which was Malaysia). Each party contributed to a failure in proper technological implementation.

In the years leading up to 1987, the various divisions at the Malaysian Nuclear Agency had been collaborating to develop more instruments that enabled gradual expanded use of the radionuclides, such as the introduction of neutron radiography for non-destructive testing, constructed over a period of time to work around financial shortcomings. The facility was even designed to operate well within the specific conditions of its environment for projects intended to be developed out of the environment.[50] Moreover, as the instruments were constructed for fulfilling nation-building purposes, it was noted in a bibliography of publications of the Agency that applied sciences was counted within the nation-building enterprise of development and industrialization. As the Agency began full operations by the final quarter of the 1980s, it also became necessary for it to start having appropriate planning, which is the next example I will be discussing.

---

49 Lee, Clarissa Ai Ling: "Nuclear science and technology in the Malaysian context", p. 137.

50 Abdul Nasir Ibrahim: *Lapuran Perkembangan Projek Pembinaan Kemudahan Radiografi Neutron*, Bangi: MINT 1983.

The planning practice of Malaysia's Nuclear Agency includes the development of a corporate plan every few years. This practice is in line with the national-level five-year development plan crafted by Malaysia's policymakers to spell out its current priorities and plans of action. For each strategic priority, that would be a long list of actions to be taken for the strategic priority to be realized. For instance, in its 2006 to 2010 corporate plan,[51] there was much aspirational language used when the intent was spelt out clearly, but the reason and sufficiency were disjointed from the intent. Even within the instrumentality of the aspirational language, there was no indication of how one would measure the outcome, or how to decide if a particular outcome had sufficiently fulfilled the intended objective. Therefore, the burden of interpreting the aspirational language into an operational action plan was placed on various divisional heads, with little indication as to whom these same managers could expect support from, or how should their performances be evaluated. Without concrete milestone deliverables noted in such plans, we are left with the annual reports of the Agency as the only documented evidence.

The use cases and examples offered in this, and the previous, sections are important considerations in the design of science policies that should pay close attention to technoscientific cultures as they are practiced, as well as to the still unrealized possibilities in the under-explored areas of these cultures. As Arie Rip suggests, the complexities of research and its ensuing knowledge production are insufficiently recognized in science policy design, largely because science policy might not have recognized that knowledge could never be completely codified and are open-ended in a way that transcends their explicitly known goals, as the above examples of instrumental rationality have shown.[52] Therefore, science policies would have to be amenable to the repair of shortcomings stemming from the failure of foresight and the lack of flexibility in their design.

Instrumental rationality as policy approach is not exceptional to Malaysia but could be found in much of what is deemed as the Global South (in the economic rather than merely geographic sense), although each country would have their own priorities and development strategies, depending on the leadership as well as technoscientific cultures involved. In

---

51 Malaysia Institute for Nuclear Technology Research (MINT): *Pelan Korporat 2006–2010*, Bangi: MINT 2006.

52 Arie Rip: "The importance of post-modern science policy," *Political Science and Public Policy 2022*, Cheltenham: Edward Elgar Publishing 2022, p. 48–58. https://www.elgaronline.com/view/book/9781788970815/book-part-9781788970815-8.xml.

addition, the situation of Malaysia would be different from states that had never experienced direct colonialism or imperialism, because colonialism and imperialism impacted in a major way, the formation of indigenous knowledge cultures and the relationship of these cultures to modernity. Countries with well-developed indigenous modern scientific cultures are more steeped in certain knowledge traditions, which could make them more secure in their knowledge as they move forward. Or these traditions could become an obstacle to change and guard against a maker ethos that transforms regular technical/crafting skills, and *techne*, into novel research design and research questions.

Although there is a somewhat universal understanding of what counts for science in the present time, the process of enculturation and localization practices are more subjective, therefore informative of how objective scientific knowledge is valued and utilized. As the example with rice cultivation has shown, the objective scientific knowledge relating to agronomy science and the use of nuclear scientific knowledge for improving the quality of yield, would not provide insight into why the state's technoscientific policy chose to focus on the development of the crop over any other equally productive, and potentially even more productive, crop. The policy choice to channel resources toward the development of this crop is driven by subjective factors such as how rice is intrinsic to the food cultures of societies in Malaysia. Use and temporal novelty could emerge from Edgerton's creole technology when combined with indigenous innovations, and this holds true even for nuclear technologies. Technology of emerging economies, one that is referred to as the 'poor world', should be viewed as distinctive from the dominant narratives of the high-technology industry. This distinction extends to what is recognized as a legitimate scientific culture, and the order of scientific events needed for producing discoveries.[53]

4. Making as Technoscientific Intervening: Concluding Thoughts

The configurations of Malaysian scientific practice positions it explicitly within the material realm of the technoscientific where "the interpretive idealist stances and the material-epistemic practices of (techno)science

53 David Edgerton: "Creole technologies and global histories: Rethinking how things travel in space and time," *History of Science and Technology*, 1 (2007), p. 75–112.

do not inhibit totally separate worlds."[54] The normative-ontic idea of a sound science that sits on an exclusive pedestal, overlooking the world with objective neutrality devoid of interference from subjective material effects, has never been true. The Malaysian context illustrated here amplifies the futility of an objective-realist stance, and perhaps tilts somewhat into Bloor's Strong program argument of symmetry and reflexivity in ways of determining scientific knowing, but with good reason because of how tightly intertwined the social is to the technological choices made, even in the vocabulary used to give meaning to the novelty being constructed. Even so, as the nuclear technoscience narrative here had shown repeatedly, no amount of social subjectivity interferes with one's capacity for rigorous epistemic practices, and that science as "representing and intervening"[55] do not stand as separate idea(l)s but are concurrent – the idea that there is a 'pure' science devoid of any socio-political imperative in its 'curiosity-driven' practice is false.

Drawing on the classical Hacking illustration of science as intervention, I depart from the post hoc assumption that technology follows science by offering another view that does away with the cycle of organizing the order of technology vis-à-vis science, through an epistemically freeing practice that is part of the maker ethos that borrows from a tinkerer culture, where one's specialization matters less than one's ability to pick up the requisite knowledge for overcoming a problematic resistance. In science and technology studies, there are considerations of the process of making and doing within the context of techniques, devices, infrastructures, expertise, feedback and reframing,[56] which shares the same spirit with what is being proposed here, but the maker culture in this instance reframes the context of making-and-doing within the organizational vision of technoscience, of making science by inventing, and maintaining through the practice of innovating around scarcity. I would argue that the maker ethos is already embedded within the acts of interventions when faced with policy, bureau-

54 Karen Kastenhofer and Jan C. Schmidt: "Technoscientia est Potentia?" *Poiesis & Praxis*, 8.2 (2011), p. 125–149, https://doi.org/10.1007/s10202-011-0101-2. See p. 128.

55 Ian Hacking: *Representing and Intervening: Introductory Topics in the Philosophy of Natural Science*, Cambridge & London: Cambridge UP 1983.

56 Gary Lee Downey and Teun Zuiderent-Jerak: "Making and Doing: Engagement and Reflexive Learning in STS", *The Handbook of Science and Technology Studies*, eds. Ulrike Felt, Rayvon Fouché, Clark A. Miller, Laurel Smith-Doerr, Cambridge & London: MIT P 2017, p. 223–251.

cratic, and economic constraints to how one could revolutionize indigenous technoscientific knowledge-making.

The maker ethos allows both discovery and curiosity-driven research programs to persevere together with the imperative of development where scientists trained in a specific area may find themselves having to expand their expertise and skillsets to the development of technological systems outside their immediate fields of research. However, it is by engaging in solving problems that are unique to the local conditions that these scientists could offer a different perspective to their own field of expertise and challenge the hegemonic rule of elitist science in the industrialized worlds' *centers of actions*. That said, the instrumental philosophy of making as a way of engaging with questions of understanding (and apprehension) within higher domains of knowledge breeds an emerging kind of novelty that could potentially resituate current understanding of ontological novelty, once 'craft' knowledge gains the same standing as lofty 'fundamental' research into nature.

Nuclear technoscience in the Malaysian context requires managing hereditary and heritage 'technical' knowledge (such as when nuclear technologies are being applied to centuries old agricultural practices) and the localization of 'alien' knowledge – this management requires the actors involved to be actually active in the background, rather than being passive recipients of pre-determined standards, because even the act of receiving such knowledge requires one to prepare the way by building an indigenous technoscientific culture that knows what to do with such knowledge. Being a 'maker' also means being privy to the ecosystem and extant culture one is operating from, and this means navigating policy shortcomings and loopholes to advance a knowledge goal. We have seen these practices even in the centuries prior to the establishment of contemporary technoscientific practices, therefore this is a return to the time before the fragmentation of scientific knowledge production of the present generation due to arguments over disciplinary territories and specializations. I aspire to contribute to opening a discussion into how the maker-culture, even if the culture may articulate an instrumental philosophy, could contribute not only to a project of 'decolonizing' technoscience, but also in giving more agency to 'late-blooming' participants of the present dominant practice in technoscience by allowing them the opportunity to carve up their own 'best practices' for shoring up epistemic agency.

Jan Cornelius Schmidt

Künstliche Intelligenz und komplexe Forschungsobjekte

Wissenschafts- und technikphilosophische Reflexionen über KI-unterstützte Forschung

Abstract

Wie kann der Erfolg von KI in Wissenschaft und Forschung beschrieben oder gar erklärt werden? Dieser Beitrag schlägt vor, nicht alleine KI-Verfahren zu betrachten, wie in der derzeit boomenden Wissenschaftsphilosophie der KI üblich. Vielmehr soll die Objekt- oder Gegenstandsseite in den Blick genommen werden. Gefragt wird, ob die Gegenstände, Objekte und Forschungsfelder der recht unterschiedlichen Wissenschaftsdisziplinen, an denen KI-Verfahren erfolgreich verwendet werden, nicht weitreichende Gemeinsamkeiten aufweisen. – Es wird gezeigt, dass das gemeinsame Charakteristikum dieser Objektsysteme in ihrer *dynamischen Komplexität* liegt. Diese wird durch zugrundliegende *Instabilitäten* generiert. Um die These zu belegen, werden Fallbeispiele aus Klimaforschung, Neurowissenschaft, Astrophysik und Biomedizin präsentiert. Vor dem Hintergrund kann offengelegt werden, warum bisherige (*klassisch-moderne*) Wissenschaften nur einen begrenzten Zugang zu dynamisch komplexen Objekten hatten. Diese Limitierungen können von KI-unterstützten (*nachmodernen*) Wissenschaften zwar nicht umfassend überwunden werden, doch finden sie neue Zugänge und weisen partiell beeindruckende Erfolge auf.

How can the success of AI in science and research be described or explained? This article proposes not to consider primarily AI techniques and tools alone, as is common in the currently booming philosophy of science of AI. Rather, the focus will be on the object side. The question is whether the objects and research fields of the very different scientific disciplines in which AI methods are being used do not have far-reaching common features. It is argued that the joint characteristic of these object systems is their dynamic complexity. The latter is generated by underlying instabilities. To substantiate the thesis, this paper presents case studies from climate research, neuroscience, astrophysics and biomedicine. Against this background, it becomes clear why the previous (*classic-modern*) sciences only had limited access to dynamical complex objects. Although these limitations cannot be completely overcome by AI-assisted (*late-modern*) sciences, they are opening up new approaches and in some respects showing impressive success.

Vor lauter Methodenreflexion sieht man die Objekte nicht …

Schon heute spielt KI in Wissenschaft und Forschung eine zentrale Rolle. KI hat die schnelle Entwicklung von Corona-Impfstoffen ermöglicht. Meteorologische Prognosen des Wetters haben durch KI eine neue Präzision erhalten. Die Erforschung des Klimasystems wird durch KI ebenso vorangetrieben wie die des menschlichen Gehirns oder komplexer Ökosysteme. In der Teilchen- und Astrophysik werden riesige Datenreihen auf Signaturen hin untersucht, um neue Elementarteilchen oder Planeten zu identifizieren. In den Lebenswissenschaften und der Medizin hilft KI, um die räumliche Struktur und Faltung von Proteinen als zentrale Bausteine des Lebens zu analysieren.

Doch der aktuelle Hype geht darüber hinaus. Dass in naher Zukunft ein KI-System den Nobelpreis gewinnen könne, glaubt der Informatiker und Robotiker Hiroaki Kitano: Wir sind auf »dem Weg, eine Maschine für wissenschaftliche Entdeckungen« zu konstruieren.[1] Der *Science*-Journal Editor Tim Appenzeller meint, dass »KI [...] die Wissenschaften grundlegend transformiert«.[2] Und Jim Gray, ein Turing-Preis Gewinner, sieht eine Daten- und KI-basierte »E-Science« heraufziehen: ein »viertes Methodenparadigma« beginne sich zu etablieren – neben Theorie, Experiment und Computersimulation.[3] Das sind nur einige wenige Stimmen, die behaupten, dass sich Wissenschaft an einer wegweisenden Epochenschwelle befindet. Aber sind diese Stimmen nicht bloße Stimmungen, die sich dem *Sog des* vermeintlich *Neuen* und Innovativen hingeben?[4]

Spät, dafür umso deutlicher hat sich nicht nur Ethik und Technikphilosophie, sondern auch die Wissenschaftsphilosophie KI-getriebener Entwicklungen und Anwendungen angenommen. Nachdem KI boomt, boomt auch die Wissenschaftsphilosophie der KI. Methodologische und wissenschaftstheoretische Fragen stehen im Fokus, Begriffe werden sondiert und sortiert. Sind KI-Verfahren eine *Black Box* und ist diese opak? Was kann als Interpretierbarkeit und was als Erklärung – zumal welcher Typ von Erklärung – bezeichnet werden? Wie könnte eine erklärende KI (XAI) ausgerichtet sein? Was kann da noch Kausalität heißen – oder dominieren Korrelationen? Welche Rolle spielen noch Theorien, Modelle und Konzepte? Welcher Typ von Deduktion, Induktion oder Abduktion findet sich

---

1 Hiroaki Kitano: »Artificial Intelligence to Win the Nobel Prize and Beyond. Creating the Engine for Scientific Discovery«, in: *AI Magazine* 37 (2016), Heft 1, S. 39–49.

2 Tim Appenzeller: »The AI Revolution in Science«, in: *Science*, 02.07.2017, https://www.science.org/content/article/ai-revolution-science (aufgerufen: 8.1.2024).

3 Jim Gray: »Jim Gray on eScience. A Transformed Scientific Method«, in: Tony Hey u.a. (Hg.): *The Fourth Paradigm. Data-Intensive Scientific Discovery*, Redmond, WA 2009, S. xvii–xxxi.

4 Dass derartige technikvisionäre Stimmen vielfach technikoptimistische Stimmungen einer vermeintlich blühenden Zukunft der Wissenschaften produzieren, die auch schnell wieder verschwinden könnten, zeigt sich rückblickend an den Hypes um Nanoforschung, Synthetische Biologie, CRISP-Cas oder Neuroenhancement. Zurück bleiben kleine und mühsame Schritte des normalen Forschungsgeschäfts – also: eher Evolution als Revolution. Jedoch, bei KI und Maschinellem Lernen könnte es anders sein.

im Maschinellen Lernen? Wie ist die vermeintliche Kreativität und Produktivität von ›Neuem‹ einzuschätzen, welche KI zugeschrieben wird? Und in welcher Hinsicht kann, wenn überhaupt, von ›Intelligenz‹ gesprochen werden?[5]

Das sind natürlich gute und solide wissenschaftsphilosophische Fragen. Und allzu verständlich war und ist auch die Skepsis der Wissenschaftsphilosophie gegenüber KI-Verfahren. Nicht zu Unrecht wird ein Verlust einer fundamentalen Theorie- und Erkenntnisorientierung befürchtet, die traditionell der Grundlagenforschung, etwa der Physik oder Biologie, attestiert wird. Manche Skeptiker sehen gar ein »Ende der Theorie« heraufziehen.[6] Nun, was auffällt, ist, dass primär KI-Verfahren und -Methoden philosophisch wahrgenommen und reflektiert werden. Die Objekt- oder Gegenstandsseite KI-getriebener Wissenschaft wird hingegen selten in den Blick genommen. Sicherlich, es gibt reichhaltige und illustrative Fallstudien, die durchaus einzelne Charakteristika der Objekte exemplarisch offenlegen und veränderte Forschungspraktiken beleuchten. Aber man fragt sich doch, ob die Gegenstände, Objekte und Forschungsfelder der recht unterschiedlichen Wissenschaftsdisziplinen, an denen KI-Verfahren ihre Erfolge feiern, nicht weitreichende Gemeinsamkeiten aufweisen. Was sind das für Gegen-

5 Einige dieser Fragen werden angegangen u.a. von: Claus Beisbart: »Opacity Thought Through. On the Intransparency of Computer Simulations«, in: *Synthese* 199 (2021), S. 11643–11666; Claus Beisbart und Tim Räz: »Philosophy of Science at Sea. Clarifying the Interpretability of Machine Learning«, in: *Philosophy Compass* 17 (2022), Heft 6, e12830, https://doi.org/10.1111/phc3.12830; Florian J. Boge: »Two Dimensions of Opacity and the Deep Learning Predicament«, in: *Minds and Machines* 32 (2022), S. 43–75; Florian J. Boge u.a.: »Machine Learning. Prediction Without Explanation?«, in: *Minds and Machines* 32 (2022), S. 1–9; Wolfgang Pietsch: *Big Data*, Cambridge 2021; Cynthia Rudin: »Stop Explaining Black Box Machine Learning Models for High Stakes Decisions and Use Interpretable Models Instead«, in: *Nature Machine Intelligence* 1 (2019), S. 206–215; Carlos Zednik: »Solving the Black Box problem. A Normative Framework for Explainable Artificial Intelligence«, in: *Philosophy & Technology* 34 (2021), S. 265–288. Hintergründig und einschlägig sind hier insbesondere die Werke von Judea Pearl, wie z.B.: Judea Pearl und Dana MacKenzie: *The Book of Why. The New Science of Cause and Effect*, New York 2018. Eine allgemeine Diskussion findet sich in: Carl Friedrich Gethmann u.a.: *Künstliche Intelligenz in der Forschung. Neue Möglichkeiten und Herausforderungen für die Wissenschaft*, Berlin 2021. Als Klassiker grundlegender Reflexion und Kritik sei an dieser Stelle verwiesen auf: John R. Searle: »Minds, Brains, and Programs«, in: *Behavioral and Brain Sciences* 3 (1980), Heft 3, S. 417–457.

6 Z.B. Chris Anderson: »The End of Theory. The Data Deluge Makes the Scientific Method Obsolete«, in: *WIRED Magazine*, 27.06.2008, https://www.wired.com/2008/06/pb-theory/ (aufgerufen: 20.12.2023).

stände? Und was kann man aus diesen lernen? Wie wirken hier neue (KI-)Techniken, Verfahren und Instrumente einerseits und (gegebene, konstituierte oder konstruierte) Objektsysteme andererseits zusammen? – Das sind Fragestellungen, die nicht nur für die Wissenschaftsphilosophie, sondern auch aus Perspektive der Technikphilosophie und insbesondere der Technowissenschaftsphilosophie weithin ein Desiderat darstellen. Die breite Nutzung von KI-Verfahren in der Forschung treibt offenkundig den *Engineering Turn* der Wissenschaften weiter voran, sie weitet das Regime der Technowissenschaften aus.[7] Damit ist Wissenschaftsphilosophie im Kern auf Technikreflexion, d.h. auch auf Technikphilosophie angewiesen; und umgekehrt ist Technikphilosophie ohne grundlegende Berücksichtigung der Wissenschaften, mithin von Wissenschaftsphilosophie, unmöglich, wie dieser Beitrag unterstreicht.

Der Blick auf die Gegenstandsseite des Erfolges von KI-Verfahren könnte auch hilfreich sein, um zu verstehen, warum bisherige (*klassisch-moderne*) Wissenschaften bei diesen Gegenständen limitiert waren, während KI-Verfahren zu diesen Objektsystemen einen Zugang finden – und Auswege aus den Limitierungen weisen, teilweise zumindest.[8] So gilt es, ausgehend von den Gegenständen »the unreasonable effectiveness of machine learning«, wie es Terrence Sejnowski in Anspielung an Eugene Wigners großen Aufsatz mit dem Titel »The Unreasonable Effectiveness of Mathematics in the Natural Sciences« aus dem Jahre 1960 formuliert, zu erörtern.[9] Dann könnte Abhilfe geschaffen werden, dass »wir bislang nicht erklären können, warum sie [d.h. KI-Algorithmen] so effektiv sind.«[10] Dieser Beitrag versucht, sich auf die Erfolgsgeschichte von KI-Verfahren zur Erforschung von natürlichen, technischen und sozialen Objektsystemen einzulassen, um aus dieser Perspektive, durchaus in kritischer Absicht, allgemeine Entwicklungstendenzen der Wissenschaften offenzulegen. Der gewählte Fokus

---

7 Vgl. Alfred Nordmann: »Das Zeitalter der Technowissenschaften«, in: Alfred Nordmann u.a. (Hg.): *Strukturwandel der Wissenschaft. Positionen zum Epochenbruch*, Weilerswirst 2014, S. 24–38.

8 Erfolg meint immer: *relativer* Erfolg, d.h. Erfolg ist mithin ein relationaler Begriff, der vergleichend angelegt ist.

9 Terrence J. Sejnowski: »The Unreasonable Effectiveness of Deep Learning in Artificial Intelligence«, in: *PNAS* 117 (2020), Heft 48, S. 30033–30038. Die klassische Referenz ist: Eugene P. Wigner: »The Unreasonable Effectiveness of Mathematics in the Natural Sciences«, in: *Commun. Pure Appl. Math.* 13 (1960), Heft 1, S. 1–14.

10 Meine Übersetzung des Passus: »[O]ur understanding of why they [= machine learning algorithms] are so effective is lacking«, Sejnowski: »The Unreasonable Effectiveness of Deep Learning«, in: *PNAS* 117, S. 30033.

liegt ganz auf Linie der Hinwendung der neueren Technik- und Technowissenschaftsphilosophie sowie der Science and Technology Studies (STS) zu Dingen, Arte-/Biofakten, materiellen Entitäten, Technoobjekten und Experimentalsystemen. Ein solcher Fokus wird mittlerweile auch von der Wissenschaftsphilosophie anerkannt.

KI entstand im Feld der Erforschung von Komplexität

Will man Objektsysteme und Gegenstände in den Blick nehmen, ist eine kurze Darlegung KI-basierter Verfahren unumgänglich. Schließlich werden durch KI, wie durch Verfahren, Methoden und Techniken allgemein, Objektsysteme erschlossen oder gar als solche konstituiert.

Dabei stößt man auf eine ebenso beeindruckende wie schwindelerregende Heterogenität. KI scheint in erster Linie ein forschungspolitischer Klammerbegriff zu sein, dessen semantischer Kern zunächst unbestimmt oder zumindest unterbestimmt ist. Wegweisend für den Begriff ›Künstliche Intelligenz‹ – als: ›Artificial Intelligence‹ – war ein berühmt gewordener Workshop im Jahre 1956. Ausgehend von der *Dartmouth Conference*[11], die von John McCarthy, Marvin Minski, Allen Newell, Nathaniel Rochester, Claude Shannon, Herbert Simon und anderen organisiert wurde, erlebte der Begriff ›Artificial Intelligence‹ mehrere Hype- und Hoffnungswellen, aber auch Wellen der Ernüchterung und Enttäuschung, sogenannte »KI Winter«. Programmatisch war eine anspruchsvolle Arbeitsdefinition von ›KI‹: »Every aspect of learning or any other feature of intelligence can in principle be so precisely described that a machine can be made to simulate it.«[12] Diese Formulierung rückt in die Nähe der sogenannten *starken* These von KI. Demnach seien intelligente Maschinen möglich, deren Intelligenz sich nicht mehr von Menschen unterscheide.[13] Heute ist man, ganz im Sinne einer *schwachen* oder *schwächeren KI*, zurückhaltender. In den Mittelpunkt rücken einzelne Leistungsmerkmale kognitiver Problemlösungen, die man intelligenten Wesen zuschreibt, also etwa Menschen, aber

---

11 Der genauere Titel ist: *Dartmouth Summer Research Project on Artificial Intelligence.*

12 John McCarthy u.a.: »A Proposal for the Dartmouth Summer Research Project on Artificial Intelligence«; in: http://raysolomonoff.com/dartmouth/boxa/dart564props.pdf (aufgerufen: 16.08.2021) (reprint in: *AI Magazine* 27(4) (2006)).

13 Wegweisend zur Klärung und Kritik war die Rekonstruktion von Searle: »Minds, Brains, and Programs«, in: *Behavioral and Brain Sciences* 3, S. 417–457.

auch höheren Tieren. So heißt es in der Encyclopaedia Britannica: »Artificial intelligence [is ...] the ability of a digital computer or computer-controlled robot to perform *tasks* commonly associated with intelligent beings.«[14] Diese Formulierung stellt einen *allgemeinen* semantischen Kern von KI dar. Sie ist umfassend, aber auch unscharf und unbestimmt genug, um integrierend zu wirken. Viele Forschungsrichtungen der sich sukzessive formierenden Computer Science und Informatik konnten sich seit den 1960er Jahren hierunter versammeln.

Allerdings lenkt die Formulierung, insoweit sie gebunden ist an den Hype-Begriff ›Intelligenz‹, ab. Begrifflicher Anker scheint menschliche Intelligenz zu sein; implizit wird Anthropologie getrieben. Der Mensch steht im referentiellen Mittelpunkt. Dies reicht dann bis hin zu Fragen der Ersetzbarkeit und Verbesserbarkeit des Menschen durch KI-basierte Maschinen, also bis zum *Transhumanismus* und *Human Enhancement.* Doch ein solch stark technikanthropologischer, ja anthropozentrischer Fokus versperrt den Blick auf das Forschungsfeld. Nicht nur die enormen technischen Funktionalitäten rücken aus dem Fokus, sondern insbesondere die Forschungsobjekte und die konkreten Linien der Wissenschaftsentwicklung KI-unterstützter Forschung. So soll hier ein anderer Weg versucht werden, KI zu charakterisieren – einer, der obige begriffliche *Ad-hoc*-Setzungen und anthropologisch-anthropozentrische Konnotationen weithin vermeidet.

Fragen wir somit: Wie kommt es zum derzeitigen Boom von KI und ihrer Anwendung in vielen Wissenschaftsdisziplinen? Was sind KI-Verfahren und was leisten sie?[15] – Zunächst wirkt alles unspektakulär. Es scheint so, als zeigen sich alte Bekannte. Als geradezu traditionell kann man mathematische Verfahren wie lineare oder logistische Regression ansehen, welche im Kern vieler KI-Verfahren stecken. Diese Regressionstypen sind allen empirischen Wissenschaften wohlbekannt. Auch Entscheidungsbäume oder Nächste-Nachbarn-Verfahren können als einfache mathematische Strukturen angesehen werden. Etwas komplizierter sind Künstliche Neuronale Netze, in denen zumeist logistische Regressionen eingebaut sind; sie

14 https://www.britannica.com/technology/artificial-intelligence (aufgerufen: 16.08.2022) sowie in: Bernhard Humm: *Applied Artificial Intelligence. An Engineering Approach*, in: Lernpub, 12.10.2022, https://leanpub.com/AAI (aufgerufen: 16.11.2022).

15 Stuart J. Russell und Peter Norvig: *Artificial Intelligence. A Modern Approach* (4th Edition), Harlow 2022; Ian Goodfellow u.a.: *Deep Learning. Das umfassende Handbuch* (dt. Version), Frechen 2018; vgl. auch die umfassende Systematik: Humm: *Applied Artificial Intelligence.*

wurden im Kern bereits in den 1940er und 1950er Jahren entwickelt. Ähnlich kompliziert sind auch die in den 1990er Jahren entwickelten Support Vector Machines, die auf statistischen Lern- und Optimierungsverfahren beruhen. Wenn man nun aber Zeitlichkeit und Prozesshaftigkeit der Algorithmen hinzunimmt – also die konkrete numerisch-iterative Berechnung, verbunden mit hoher Verarbeitungsgeschwindigkeit, vielen verfügbaren Daten sowie großer Speicherfähigkeit –, zeigen diese Algorithmen ihre eigentlich neue Qualität. Das sind Randbedingungen, die erst seit einigen Jahren zur Verfügung stehen. Erst mit diesen Randbedingungen können KI-Algorithmen mit komplexen Phänomenen natürlicher, technischer und sozialer Objektsysteme in Verbindung gebracht werden. Und nur so leisten sie einiges für die Erforschung dieser Objekte.[16]

Die Leistungsfähigkeit von KI-Algorithmen zeigt sich nun in erster Linie in konkreten Anwendungskontexten,[17] etwa darin,

- *Klassifikationen* und *Sortierungen* vorzunehmen (z.B. Hautbilder klassifizieren hinsichtlich schwarzen Hautkrebses; allgemein Signal-Rauschen-Unterscheidung zur Identifikation exzeptioneller Ereignisse in der Klimaforschung oder der Astro- oder Teilchenphysik),
- *Regressionen* auszuführen (z.B. Prognosen von El Niño-Ereignissen im Pazifik oder des Monsuns in Indien, oder auch Finanzdaten; aber auch allgemeine Zukünfte können prognostiziert werden, etwa auch Muster/Graphen/Bilder, Zeichen/Symbole/Wörter),
- *Eigenschaften* und *Attribute* zu selektieren (z.B. aussagekräftige Parameter oder Dimensionen des Zustandsraums oder der Unterräume von Klimamodellen zu bestimmen; Eigenschaften zu selektieren und zu Er-

16 Man muss sagen, dass KI eine geringe theoretische Fundierung hat. Im Anwendungskontext werden KI-Algorithmen als Tools entworfen, die in einer Art Werkzeugkasten koexistieren; bei konkreten Fragen muss der Informatiker oder die Datenanalystin jeweils mit den Tools fallspezifisch versuchen, die jeweiligen Ziele zu erreichen. Es gibt derzeit kein Rahmenkonzept, in dem die Anwendungskontexte, z.B. über Fragestellungen und Zielsetzungen, kanonisiert sind bzw. die Informatikerin anleitet, welchen KI-Algorithmus sie verwenden kann. Gewissermaßen ist es ein *Trial-and-Error* oder eine *Bricolage*, was KI zu einem Feld der *Technowissenschaften* macht. Vor dem Hintergrund großer Erwartungen, mutet dieses basale, weithin theorie- und konzeptfreie Herumprobieren doch ernüchternd und enttäuschend an. Avancierte Wissenschaft und Forschung scheint hier derzeit noch nicht einmal ein hinreichend operationales Kochbuchwissen zur Verfügung stellen zu können. Doch, genau genommen, mindert das nicht die beeindruckenden technowissenschaftliche Erfolge von KI und Maschinellem Lernen in bestimmten Anwendungskontexten.

17 Vgl. Humm: *Applied Artificial Intelligence*, S. 15ff.

eignissen zuzuordnen, etwa welche Eigenschaften der Daten und korrespondierende Phänomene für Hitzewellen charakteristisch, d.h. aussagekräftig sind und somit im zeitlichen Vorfeld diagnostisch/prognostisch verwendet werden können) und

- *Cluster* zu bilden und *Gruppierungen* vorzunehmen (z.B. Unterscheidungen von klimawirksamen Gasen und solchen, die nicht oder sehr wenig zur globalen Erwärmung beitragen; in der Hochenergie- und Teilchenphysik die Suche nach einer ›Physik jenseits des Standardmodells‹ durch die theorieunabhängige Durchforstung von Datenreihen auf Ereignissignaturen).[18]

Für alle vier Leistungsmerkmale sind lediglich Daten als Eingangs-, Lern- oder Trainingsgrößen notwendig – nichts weiter, auch kein sonstiges Wissen über die Gegenstände, keine Theorien oder Modelle über die Objekte. KI-Verfahren werden deshalb als ›Daten-getrieben‹ bezeichnet.[19] Entscheidend ist die vorausgehende Lern- und Trainingsphase, in der ein KI-System, wie beispielsweise ein Künstliches Neuronales Netz, trainiert wird und seine inneren Strukturen, d.h. seine mathematischen Funktionen verändert, angepasst und optimiert werden. Die ersten beiden (o.g.) Leistungsmerkmale werden oftmals mit dem sogenannten ›überwachten Lernen‹ verbunden, wo die Zielgröße von einem menschlichen Trainer gewählt und somit bekannt ist. Im Fall des ›unüberwachten Lernens‹, welches für das dritte und vierte Leistungsmerkmal typisch ist, gibt es keine vorab definierte Zielgröße, sondern es werden allgemein Muster, Cluster, Strukturen, Regelmäßigkeiten und Ähnlichkeiten identifiziert. Natürlich sind auch hier bestimmte Größen und allgemeine Metriken vorgegeben, etwa was als Ähnlichkeit oder Muster gelten kann – und was nicht.

Vor dem Hintergrund der vier Leistungsmerkmale ist auch das, was neuerdings mit dem Modebegriff ›generative KI‹ zu fassen versucht wird,

18 KI wird hier also primär mit Maschinellem Lernen und insbesondere Künstlichen Neuronalen Netzen, Support Vector Machines, Random Forrest Verfahren, Regressionen u.a. identifiziert – und weniger mit Entscheidungsbäumen oder symbolischen Verfahren.

19 Im Detail ist indes die Entwicklung geeigneter KI-Verfahren, die für einen Anwendungskontext eine Leistungsfähigkeit entfalten können, nicht trivial. Sie ist verbunden mit vielfältigen Entscheidungen, die in die Entwicklung und Implementierung eingehen. D.h. die Entwicklung von KI-Verfahren ist selbst nicht als automatisch oder maschinell anzusehen.

zu sehen.[20] Vordergründig scheinen *generative* KI-Verfahren *kreativ* am Werke zu sein; sie scheinen *Neues* zu produzieren und *Neues* zu erkennen. Doch genau genommen sind sie nichts anderes als generalisierte Prognose-Instrumente, die auch Muster-/Bild- sowie Wort-/Text-Prognosen ermöglichen. Zu Recht wurden sie als »stochastische Papageien« bezeichnet,[21] deren Neuartigkeitsschein im trickreichen kombinatorischen Umgang mit historischen Daten liegt. Für generative KI stellt sich Zukunft und deren vermeintliche Neuartigkeit – fast wie im Laplaceschen Dämon und universellen Prognosefantasien des neunzehnten Jahrhunderts – im Spiegel der Vergangenheit dar: Das *Neue* ist durch die Vergangenheit (zumindest stochastisch) determiniert. So geht das, was als ›generative KI‹ bezeichnet ist, nicht über obige vier Leistungsmerkmale hinaus. Und diese können jeweils als unterschiedliche Typen von *Prognosen* angesehen werden. Prognosen sind, wie Wolfgang Pietsch treffend sagt, die eigentliche Pointe von KI.[22]

Mit obiger Erörterung sind schon einige Felder und Objekte angedeutet, etwa in der Klimaforschung. Will man über diese Darlegung hinausgehen und verstehen, welche Objekte von KI-basierten Wissenschaften primär in den Blick genommen werden, lohnt es, in die Wissenschaftsgeschichte von KI zu schauen. Zunächst ist das menschliche Gehirn, verbunden mit dem Zauberbegriff ›Intelligenz‹, *das* zentrale traditionelle Objekt der KI. Doch darüber hinaus deuteten sich andere und allgemeinere Objektsysteme schon in der Gründungszeit von KI an – insbesondere auch im Spiegel wesentlicher Referenztheorien (und ihre paradigmatischen Forschungsfelder), die sich im konzeptionellen Umfeld befinden: Informationstheorie, Kybernetik,[23] Systemtheorie, verbunden mit allgemeinen Evolutionstheorien, Entwicklungs- und Lernkonzepten. Diese Referenztheorien wurden von den KI-Gründern als konstitutiv angesehen für das damals ebenso visionäre wie offene KI-Forschungsprogramm.[24] Dazu gesellen sich Be-

---

20 Ajay Bandi u.a.: »The Power of Generative AI«, in: *Future Internet* 15 (2023), Heft 260, https://doi.org/10.3390/fi15080260. Klassiker sind: Goodfellow u.a.: *Deep Learning*, S. 737f.

21 Emily M. Bender u.a.: »On the Dangers of Stochastic Parrots. Can Language Models Be Too Big?«, in: *FAccT '21* (2021), S. 610–623, https://doi.org/10.1145/3442188.3445922.

22 Vgl. Pietsch: *Big Data*, S. 35.

23 Unter Einschluss des Konnektionismus und konnektionistischer Netze.

24 Dies spiegelte sich auch in den beteiligten Personen in der Gründungsphase von KI wider. So war etwa Claude Shannon Informationstheoretiker; Warren McCulloch, der wesentliche Grundlagen der Künstlichen Neuronalen Netze und der KI legte, verstand sich als Kybernetiker. Das zentrale Objektsystem von KI war und ist das

rechenbarkeits- sowie alsbald algorithmische Komplexitätstheorien. Das sind allesamt Theorien, die von Carl Friedrich von Weizsäcker als ›Strukturtheorien‹ oder ›Strukturwissenschaft‹ bezeichnet werden.[25] Diese sind stark mathematisiert und beziehen sich auf allgemeine Strukturen von diversen Gegenständen und unterschiedlichen Objektsystemen, unabhängig von ihrem disziplinären Ursprung. Heutzutage hat sich die Theoriefamilie, die unter das Label ›Strukturwissenschaften‹ gefasst wird, deutlich erweitert und wird unter das sich neu herauskristallisierende, heterogene Programm der Komplexitätsforschung gestellt. Zu dieser zählen insbesondere auch: Theorien nichtlinearer dynamischer Systeme, Komplexitäts-, Selbstorganisations-, Chaos- und Katastrophentheorien, Synergetik, Dissipative Strukturbildung sowie Autopoiesis-Konzepte.[26] Erst letztere Theorien werden dem (schon von Kybernetikern, Informationstheoretikern und KI-Gründern formulierten) Anspruch gerecht, komplexe Objektsysteme modellieren zu können. So kann man sagen, dass aus Perspektive der Wissenschaftsgeschichte KI in Verbindung steht zu den Strukturwissenschaften und somit zur Komplexitätsforschung.

Die Verbindung kann in zweierlei Hinsicht präzisiert werden. *Einmal* ermöglicht KI, wie noch zu zeigen sein wird, einen Zugang zu jenen Objektsystemen, welche von der strukturwissenschaftlichen Komplexitätsforschung untersucht und beschrieben werden, nämlich zu komplexen Objekten. KI tritt als Verfahren, also als Instrument, Methode, Technik auf. *Zum anderen* kann ein KI-System auch als Modell *über* (reale) komplexe Phänomene angesehen werden, beispielsweise über Teilprozesse des menschlichen Gehirns oder anderer kognitiver oder Bio-Systeme: Es kann komplexe Phänomene repräsentieren, darstellen, modellieren. Als beschreibender Theoriebaustein sind KI-Systeme beispielsweise in den Neurowissenschaften fest etabliert. Künstliche Neuronale Netze gelten hier als Klassiker. Sie vermögen Aspekte biologisch-neuronaler Prozesse nachzubilden und ermöglichen damit *In-Silico*-Untersuchungen durch Computerexperimente

---

menschliche Gehirn bzw. allgemeine Phänomene der menschlichen Intelligenz. Daran wird deutlich, dass es der Sache nach um Komplexität (der Begriff wurde später eingeführt) geht.

25 Carl Friedrich von Weizsäcker: *Die Einheit der Natur*, München 1971, S. 22f; Bernd-Olaf Küppers: »Die Strukturwissenschaften als Bindeglied zwischen Natur- und Geisteswissenschaften«, in: Bernd-Olaf Küppers (Hg.): *Die Einheit der Wirklichkeit. Zum Wissenschaftsverständnis der Gegenwart*, München 2000, S. 89–105.

26 Siehe z.B..: Klaus Mainzer: *Thinking in Complexity*, Heidelberg 1996; Cliff Hooker (Hg.): *Philosophy of Complex Systems*, Amsterdam 2011; Stefan Thurner u.a.: *Introduction to the Theory of Complex Systems*, Oxford 2018.

– auch wenn strittig ist, ob etwaige Analogien mehr sind als nur metaphorische Anleihen. Das Gehirn kann also als paradigmatisches Objektsystem der Komplexitätsforschung angesehen werden.

Es zeigt sich mithin eine doppelte Verbindung, die sich im Titel dieses Beitrags wiederfindet: KI und Komplexität. Was sind nun wesentliche Objektsysteme der Forschung, an denen KI-Verfahren ihre besondere Leistungsfähigkeit zeigen? Betrachten wir im Folgenden vier Fallbeispiele natur- und technowissenschaftlicher Forschung. In diesem Rahmen wird zudem der Begriff der Komplexität, der später definitorisch zu fassen sein wird, illustriert und anhand von Phänomenen, mithin phänomenologisch, eingeführt.[27]

KI bietet einen Zugang zu komplexen Objekten

1. Klimaforschung und Earth Systems Science

Neben dem Gehirn – wie soeben angedeutet – ist das Klimasystem geradezu ein paradigmatisches Objekt KI-basierter Forschung.[28] Zwar sind Atmosphärenphysik, Meteorologie, Geophysik und Physikalische Chemie der Atmosphäre wohletablierte Teildisziplinen der exakten Naturwissenschaften, verbunden mit Kenntnis aller fundamentalen Gesetzmäßigkeiten und allgemeinen Prinzipien[29] – was grundlegend ist für die Klimaforschung.

---

27 Deutlich wird schon in den Fallbeispielen, dass Komplexität nichts mit der Anzahl der Komponenten oder Teile zu tun hat. Eine phänomenologische, d.h. nicht-definitorische Einführung des Begriffs ›Komplexität‹ (über die Darstellung von Phänomenen) ist schon deshalb angezeigt, weil dieser so schillernd und vielfältig ist – unterschiedliche Definitionen koexistieren. Mit anderen Worten: Man wird diesen Phänomenen – und den sich anschließenden Diskussionen – über eine *ex ante* Definition nicht gerecht.

28 Hans von Storch: *Künstliche Intelligenz in der Klimaforschung*, Vortrag, 02.07.2019, Institut für qualifizierende Innovationsforschung und -beratung, Bad Neuenahr-Ahrweiler 2019, unveröffentlicht; Anuj Karpatne u.a.: »Machine Learning for the Geosciences: Challenges and Opportunities«, in: *IEEE Transactions on Knowledge and Data Engineering* 31 (2019), Heft 8, S. 1544–1554; Gustau Camps-Valls u.a.: *Deep Learning in the Earth Sciences*, Hokoken, NJ 2021. Zudem kann man auf die neue Zeitschrift *Artificial Intelligence in Geosciences* verweisen, die Anwendungen und Weiterentwicklungen von KI in der Klima- und Erdsystemforschung adressiert.

29 Es handelt sich um die Hydrodynamik und Kontinuumsmechanik mit den Navier-Stokes-Gleichungen (partielle Differenzialgleichungen) sowie den entsprechenden Grundgleichungen der (Statistischen) Thermodynamik.

Doch ohne neuere Entwicklungen und Anwendungen von KI-Verfahren hat die Klimaforschung nur einen beschränkten Zugang zum Klimasystem. Das Klimasystem ist aufgrund der hohen dynamischen Komplexität,[30] d.h.

- der vielen Beschreibungs- oder Zustandsgrößen, d.h. der vielen Freiheitsgrade und der Hochdimensionalität des Zustandsraumes,
- der Nichtlinearität der raumzeitlichen Interaktionen und Kopplungen,
- der Instabilität und Sensitivität in dynamischer und struktureller Hinsicht,
- der Selbstorganisationsfähigkeit und der Erzeugung nicht-trivialer Muster,
- der Offenheit und reduzierten Isolierbarkeit des Systems von der Umwelt,

schwer zugänglich für klassisch-moderne Naturwissenschaften. Dazu kommt, dass man mit dem Klimasystem nicht, wie in traditioneller Laborwissenschaft, experimentieren kann. Insbesondere limitieren Nichtlinearität und Instabilität den methodologischen Zugang. Effektiv limitiert sind Berechenbarkeit, Reproduzierbarkeit, Testbarkeit und Erklärbarkeit. Spezieller finden sich damit auch Begrenzungen bezüglich Modellierung und Simulation.[31] All diese Erkenntnisse haben in den letzten drei Jahrzehnten dazu geführt, den *systemischen* Charakter des Klimasystems stärker zu berücksichtigen, sodass aktuelle Klimaforschung eingebunden ist in die sogenannte Earth System Science.

Was leisten KI-Verfahren für die Klimaforschung? – Ziemlich viel. Sie helfen in der Modellbildung durch Aufbereitung und Analyse der Messdaten, insbesondere durch Klassifikation und Clustering sowie in der Daten-basierten direkten Prognose. Ziel der Klimaforschung ist es, einerseits ein besseres Systemverständnis zu erlangen, sowie andererseits konkrete Prognosen des Klimas sowie des lokalen Wetters zu ermöglichen. – Das Klimasystem hat viele Freiheitsgrade, weshalb die Modelle der Klimaforschung groß sind und viele Messdaten benötigen. KI-Verfahren tragen dazu bei, die Freiheitsgrade effektiv zu reduzieren; relevante Zustandsgrößen,

30 In einem späteren Abschnitt wird der Begriff der Komplexität zu fassen versucht. An dieser Stelle werden allerdings schon fünf zentrale Eigenschaften genannt, welche mitunter jeweils als Definitionskriterien herangezogen werden. Historisch findet man schon frühzeitig Hinweise auf epistemische Probleme der Meteorologie, insbesondere auf »unstabile« »Gleichgewichte«, z.B. bei: Henri Poincaré: *Wissenschaft und Methode*; Leipzig 1914 (1908), S. 57.

31 Herausforderungen und Grenzen gibt es beispielsweise im Forschungsfeld der atmosphärischen Konvektionen, der Wolkenbildungsphänomene, der Konvektion und Durchmischung der Ozeane, aber auch allgemein bei den Luft-Wasser- sowie Wolken-Aerosol-Interaktionen, siehe z.B. Richard B. Alley u.a.: »Advances in Weather Prediction«, in: *Science* 363 (2019), S. 342–344.

die das zu modellierende Klimasystem im Kern charakterisieren, können identifiziert werden. Man spricht von einer Rekonstruktion des Zustandsraumes. Zuvor helfen KI-Verfahren, in den Messdaten das Signal von dem stets auftretenden Hintergrundrauschen zu separieren, etwa durch Clustering oder Attribut-Selektionen. Es können ferner Unterräume des sehr großen Gesamt-Zustandsraums identifiziert werden, in welchen sich relevante Dynamiken abspielen. Die Unterräume werden im Anschluss genauer betrachtet, untersucht und modelliert. Diese Teilmodelle sind vielfach feingranularer darstellbar; sie haben eine höhere Auflösung und weisen andere Skalierungseigenschaften auf, was zur Modellierung der Gesamtdynamik beiträgt.

KI-Verfahren ermöglichen es also, Klimamodelle zu verbessern und damit das Verständnis sowie die Erklärungsleistung zu erhöhen. Neben Erklärung und Verständnis liegt ein weiteres Ziel der Klimaforschung in der Verbesserung der Prognoseleistung. KI-Verfahren haben hier ihre Stärke, teilweise modellbasiert, teilweise modellfrei. Ein Beispiel ist die Verbesserung der Wettervorhersage von Starkregen, welche auf Wettermodellen basiert.[32] Wettermodelle sind – wie angedeutet – bezüglich des Zustandsraumes groß, was zu Problemen der numerischen Behandlung und Simulation führt. Daher werden die Modelle oft auf diskreten Gittern mit endlicher Auflösung dargestellt und simuliert, obwohl die realen Dynamiken und ihre Modelle eigentlich physikalisch kontinuierlich sind, wofür man eine unendliche Auflösung benötigen würde. Das zugrundeliegende physikalische Realsystem, also das Wetter, weist hohe Nichtlinearitäten und Instabilitäten, d.h. empfindliche Abhängigkeiten, auf. So spielen kleinräumige Dynamiken eine zentrale Rolle für das Gesamtwetter. In der Praxis können diese Prozesse jedoch nicht explizit behandelt werden und müssen parametrisiert werden, d.h. es müssen empirische Funktionen oder gar feste Parameter eingesetzt werden. Dies »erzeugt oftmals Modellverzerrungen, die zu einer Unter- oder Überschätzung von Starkregenereignissen führen können.«[33] Abhilfe ermöglichen KI-Verfahren, beispielsweise ein tiefes neuronales Netz, um »Verzerrungen in der Niederschlagsvorhersage des Modells zu korrigieren«. Das neuronale Netz kann mit einer sogenannten »Verlustfunktion optimiert werden, welche die Gewichte zur Berücksichti-

32 Philipp Hess und Niklas Boers: »Deep Learning for Improving Numerical Weather Prediction of Heavy Rainfall«, in: *Journal of Advances in Modeling Earth Systems* 14 (2022), e2021MS002765, S. 1–11, https://doi.org/10.1029/2021MS002765.

33 Ebd., S. 1.

gung von Starkregenereignissen schon enthält«. Es »zeigt eine erheblich verbesserte Leistung bei der Vorhersage.«[34]

Zusammengenommen ist das Klimasystem typisch für dynamische Komplexität, welche durch Instabilitäten generiert wird – wie systematisch weiter unten zu zeigen sein wird. Erklärungen und Vorhersagen sind im Kern limitiert, können aber durch KI-Verfahren unterstützt und verbessert werden.

2. Neurowissenschaften und Hirnforschung

Das Gehirn des Menschen ist eines der komplexesten Objektsysteme im Kosmos, das wir kennen. Es kann Bewusstsein, Intentionalität, Erste-Person-Perspektive und vieles mehr hervorbringen. Neurowissenschaftliche Systeme sind paradigmatische Gegenstandsfelder der Komplexitätsforschung.

Nun ist die Komplexität von Gehirnprozessen – anders als im Fallbeispiel des Klimasystems – zwar intuitiv erfahrbar, aber nicht leicht zu beschreiben. Eine erste Möglichkeit dazu ist, dasjenige in den Blick zu nehmen, was der Komplexität (und seiner dynamischen Ordnung, seiner prozessualen Strukturbildung und selbstorganisationsbasierten Stabilität) zugrunde liegt: Lokale Instabilitäten sind, ganz ähnlich wie beim Klimasystem, entscheidend.[35] Seit Jahrzehnten gibt es aus empirischer wie aus modellorientiert-simulationsbasierter Perspektive Hinweise auf Instabilitäten in neurophysiologischen Prozessen. Dies ist früh (a) empirisch von der Epilepsieforschung sowie der sinnesphysiologischen Forschung gezeigt

34 Ebd., S. 1. KI und Machine Learning finden beispielsweise Einsatz zur Verbesserung von El-Niño-Prognosen. El-Niño-Ereignisse werden hauptsächlich durch die interannuelle globale Klimavariabilität bestimmt (Henk A. Dijkstra u.a.: »The Application of Machine Learning Techniques to Improve El Niño Prediction Skill«, in: *Front. Phys.* 7 (2019), S. 1–13, doi: 10.3389/fphy.2019.00153). Diese Oszillation kann »als ein selbstorganisiertes dynamisches Wippmuster im tropischen pazifischen Ozean-Atmosphären-System betrachtet werden, das eher unregelmäßige warme (›El Nino‹) und kalte (›La Nina‹) Ausschläge vom langfristigen Mittelwert aufweist«, wie Josef Ludescher u.a. betonen (meine Übersetzung von: Josef Ludescher u.a.: »Network-based Forecasting of Climate Phenomena«, in: *PNAS* 118 (2021), Heft 47, e1922872118, https://doi.org/10.1073/pnas.1922872118).

35 Die Begriffe wie Komplexität und Instabilität werden weiter unten geklärt.

worden;[36] weitere neurowissenschaftliche Forschungsfelder folgten. Seither gilt: »[There are strong] arguments that support the existence of chaos [and thus, of instability] at all levels from the simplest to the most complex forms of organization of the nervous system.«[37] Besonders eindrücklich ist das Vorliegen von Instabilität zudem (b) aus modellorientiert-simulationsbasierter Perspektive dargelegt worden – wobei dieser Zugang heterogene Ansätze auf verschiedenen Abstraktionslevels umfasst. Instabile Phasen, also chaotische Dynamiken, können als vorherrschende Komplexitäts-Merkmale vieler neurowissenschaftlicher Modelle angesehen werden: »The existence of a chaotic phase is a common property of large networks of neurons with random connectivity.«[38] Neben empirischen und modellorientiert-simulationsbasierten Argumenten ist (c) ein funktionalistisches Argument weit verbreitet, das eine Erklärung der Existenz und Relevanz von Instabilitäten liefert: »The benefit of the instability inherent to chaotic motions facilitates the ability of neural systems to rapidly adapt and to make transitions

36 Zwei Beispiele können das belegen: Schon vor über zwei Jahrzehnten wurde erkannt, dass eine Absenkung dynamischer Instabilität und damit ein wesentlicher Komplexitätsparameter während und kurz vor epileptischen Anfällen vorliegt. Dies kann als ein »graduelle[r] Anstieg der Synchronisation zwischen sich pathologisch entladenden Neuronen« interpretiert werden (Jochen Arnhold u.a.: »Chaos im Kopf«, in: *Phys. Blätt.* 56 (2000), Heft 4, S 27–32). D.h., das Vorliegen von Periodizität (und allzu einfacher Ordnung) in Gehirnaktivitäten ist gerade kein Indikator für Gesundheit. – Nicht nur in der Epilepsieforschung, auch in der Wahrnehmungsforschung spielen dynamisch-instabile komplexe Hirnattraktoren eine Rolle. Für Kaninchen ist seit den 1980er Jahren bekannt, dass ihre Riechkolben im entspannten Zustand eine hohe dynamisch-instabile Gehirnaktivität aufweisen (Christine A. Skarda und Walter Freeman: »How the Brain Makes Chaos in Order to Make Sense of the World«, in: *Behavioral and Brain Science* 10 (1987), Heft 2, S. 161–195). Während des Wahrnehmungsprozesses eines bekannten Geruchs verringert sich die Instabilität sprunghaft; es bildet sich ein Attraktor niedrigerer dynamischer Komplexität aus. Wenn das Kaninchen hingegen lernt, neue Gerüche zu erkennen und zu klassifizieren, entsteht eine größere dynamische Komplexität, d.h. insbesondere neue Attraktoren in der neuronalen Energielandschaft. Alle anderen bereits existierenden Gehirnattraktoren werden modifiziert. Die hohe dynamische Instabilität im entspannten Zustand ist für Wahrnehmungsprozesse zentral; das Wahrnehmungssystem ist somit sensitiv und für kleinste Stimuli hochgradig empfänglich.

37 Henri Korn und Philippe Faure: »Is There Chaos in the Brain? II. Experimental Evidence and Related Models«, in: *C. R. Biologies* 326 (2003), S. 787–840, hier S. 787.

38 Samuel P. Muscinelli u.a.: »How Single Neuron Properties Shape Chaotic Dynamics and Signal Transmission in Random Neural Networks«, in: *PLoS Computational Biology* 15 (2019), Heft 6, S. 1–35, e1007122, https://doi.org/10.1371/journal.pcbi.1007122, hier S. 2.

from one pattern to another when the environment is altered.«[39] Das heißt, instabile Dynamiken, die der Komplexität von Gehirnprozessen zugrunde liegen, sind grundlegend, um globale Stabilität, dynamische Adaptivität und Flexibilität für schnelle Interaktionen mit der Umwelt sicherzustellen.

Zur Erforschung derart komplexer Objektsysteme sind nun KI-Verfahren in den Neurowissenschaften in mindestens vierfacher Hinsicht relevant.[40] – KI-Systeme wie Künstliche Neuronale Netze können, *erstens*, als beschreibende oder repräsentierende Modelle realer Gehirnprozesse angesehen werden: Sie sind Konzepte, Theorieelemente oder Modelle *vom* oder *über das* Gehirn. In den theoretischen Neurowissenschaften werden anhand dieser Modelle Computerexperimente und Simulationen durchgeführt, um generische Eigenschaften der realen biologisch-neuronalen Hirndynamiken abbilden und untersuchen zu können.[41] Diese Modelle werden aber auch, wo immer möglich, aus mathematischer Perspektive teil-analytisch betrachtet; so können allgemeine Eigenschaften gewonnen werden, die für Gehirndynamiken charakteristisch sind. Dabei gilt: »In biology [and theoretical neuroscience], as opposed to physics, there are good reasons to assume that truly meaningful models must be fairly *complex.*«[42]

KI-Verfahren spielen, *zweitens*, in der Datenanalyse eine Rolle, beispielsweise von MRT- oder EEG-Daten. Damit verbunden sind zumeist Ziele wie Vorhersage, Klassifizierung und Clustering – also Aspekte, die grundlegend sind für neurowissenschaftliche Bildgebungs- bzw. *Neuroimaging*-Verfahren. Das hilft in der Diagnose in frühen Stadien oder gar im Vorfeld von Erkrankungen wie Epilepsie: Prädiktive Variablen können von KI-Verfahren identifiziert werden. KI-basierte *Neuroimaging*-Zugänge tragen auch zur Lokalisierung von Epilepsie und deren räumliche Reichweite im Gehirn bei, was für eine prä- oder postoperative Einschätzung von Bedeutung ist und therapeutische Interventionen unterstützt.[43] So kann man sagen: »Ma-

39 Korn: »Is There Chaos in the Brain? «, in: *Biologies* 326, S. 807.

40 Siehe hierzu auch den Überblicksartikel: Josua I. Glaser u.a.: »The Roles of Supervised Machine Learning in Systems Neuroscience«, in: *Prog Neurobiol* 175 (2019), S. 126–137.

41 Z.B. Muscinelli: »How Single Neuron Properties Shape Chaotic Dynamics and Signal Transmission in Random Neural Networks«, in: *PLoS Computational Biology* 15.

42 Glaser: »The Roles of Supervised Machine Learning«, in: *Prog Neurobiol* 175, S. 133.

43 Jie Yuan u.a.: »Machine Learning Applications on Neuroimaging for Diagnosis and Prognosis of Epilepsy: A review«, in: *Journal of Neuroscience Methods* 368 (2022), 109441, https://doi.org/10.1016/j.jneumeth.2021.109441. Weitere Beispiele umfassen die Diagnose von Alzheimer und Schizophrenie.

chine learning is playing an increasing important role in medical image analysis, spawning new advances in neuroimaging clinical applications.«[44]

Auch zur Verbesserung der Modelle und Konzepte über neuronale Hirndynamiken sind, *drittens*, KI-Verfahren in der Datenanalyse relevant – ähnlich wie in der Klimaforschung. Sie tragen zur Signal-Rauschen-Trennung und allgemein zur Gewinnung von Informationen aus Messdaten bei, die in die Modellierung und anschließende Untersuchung oder Simulation eingehen. Das hilft bei der Analyse von Lern- und Wahrnehmungsprozessen, etwa der Geruchs- oder visuellen Wahrnehmung. Um die für die Modellierung notwendigen Parameter oder Hyperparameter aus Messdaten bestimmen zu können, gelten KI-Verfahren heute als unabkömmliches Hilfsmittel.[45] – Und in einer *vierten*, nämlich medizintechnologischen Hinsicht der prothetischen Mensch-Computer-Interaktionen sind KI-Verfahren ebenfalls nicht mehr wegzudenken.[46] Für die Prothetik sind schnelle, d.h. in Echtzeit vorgenommene Analysen von Körpersensor- sowie von Gehirnaktivitäts-Daten notwendig: KI trägt dazu bei, die Steuerung einer Gliedmaßen-Prothese auf Basis der Daten der Gehirnaktivität und entsprechender Rückkopplungen zu ermöglichen.

3. Astrophysik und Planetendynamik

Die Dynamiken von Muttersternen und Planeten, d.h. die Objektsysteme der Astrophysik gelten ebenfalls als komplex. Schon Issac Newton ahnte, dass drei Körper – Sonne, Erde und Mond – komplexe Bewegungsbahnen einschlagen können, mitunter instabil sind und analytisch nicht zu beschreiben sind. Ende des neunzehnten Jahrhunderts konnte Henri Poincaré eine umfassende mathematische Analyse der Instabilität des Planetensystems vorlegen.[47] Betrachtet man, wie in der Astrophysik üblich, sehr viele Planetensysteme, verbunden mit der kosmischen Evolution, so ist die Lage nochmals unübersichtlicher.

---

44 Ebd.

45 Zudem: KI-Verfahren bilden mittlerweile eine wesentliche Grundlage, um die Leistungsfähigkeit (›Güte‹, ›Validität‹) von Modellen bewerten zu können. Hierzu ist eine vergleichende Datenanalyse von Modell-basiert generierten Daten einerseits und Mess-Daten realer Hirndynamiken andererseits vorzunehmen.

46 Vgl. z.B. Glaser: »The Roles of Supervised Machine Learning«, in: *Prog Neurobiol* 175.

47 Henri Poincaré: *Les méthodes nouvelles de la mécanique celeste* (Bd. 1/2/3), Paris 1892/1893/1899.

In der Astrophysik sind KI-Verfahren heutzutage kaum mehr wegzudenken. Vor einigen Jahren waren sie zentral in der Analyse der sehr großen Datenmengen des Kepler-Weltraumteleskops der NASA. Die Daten, die vor dem raumzeitlichen Hintergrund eines Sternenhimmels mit fast 200.000 Sternen gewonnen wurden, beschreiben Planeten- und Sterndynamiken, welche durch Helligkeitsverteilungen repräsentiert werden. »The data measure stellar brightness for near 200.000 stars for a period of 4 years.«[48] Ziel der Datengewinnung war die Untersuchung der Planetendynamiken und insbesondere Fragen hinsichtlich extrasolarer Planeten, kurz: Exoplaneten. Mit anderen Worten, es sollte die Existenz von Planeten diagnostiziert werden – und nicht primär Planetenbewegungen prognostiziert werden. Methodisch wurde die *Transitmethode* verwendet: Der Planet wird nicht selbst direkt beobachtet, sondern lediglich die Helligkeitsunterschiede seines Muttersterns. Denn während des Transits der Planeten ist die Helligkeit des Sterns effektiv verringert. So kann indirekt auf die Existenz des extrasolaren Planeten und auf einige seiner Eigenschaften geschlossen werden. Als KI-Verfahren wurde das Maschinelle Lernen unter Verwendung des sogenannten ›Gaussian Process Classifier‹ und des ›Multilayer Perceptron‹ herangezogen.[49] Die konkrete mathematische Struktur des KI-Verfahrens, die die Astrophysiker auch ›Modell‹ nennen, musste erst in einem Trainings- und Lernprozess gewonnen und sodann optimiert werden. Die finale Selektion basierte sodann auf acht Modellen und einer Vielzahl von Parameter- und Hyperparameterkombinationen. »We implement eight models with a range of parameters, testing a total of 822 combinations, using the SCIKIT-LEARN PYTHON module. The best parameters for each algorithm were selected by comparing scores on the validation set.«[50] D.h. erst im Anschluss schloss sich ein zweiter Lernprozess an, den man Validierung nennt. Unter Verwendung des finalen Modells konnten sodann aus den großen Datenreihen des Kepler-Weltraumteleskops 50 neue extrasolare (Kepler-) Planeten identifiziert werden.

Doch handelt es sich hier wirklich um ein komplexes (und nicht nur um ein kompliziertes) Objektsystem, mag man kritisch einwenden? Sind nicht die Kepler-Planeten und ihre Bewegungen ein geradezu klassisches Gegenstandsfeld der Himmelsmechanik, welche von der klassischen Mechanik

48 David J. Armstrong u.a.: »Exoplanet Validation With Machine Learning: 50 New Validated Kepler Planets«, in: *Monthly Notices of the Royal Astronomical Society* 504 (2021), Heft 4, S. 5327–5344, https://doi.org/10.1093/mnras/staa2498, hier S. 5329.

49 Ebd., S. 5328.

50 Ebd., S. 5332.

und sodann von der Astrophysik beschrieben werden? Demnach wäre die Rede von Komplexität kaum zu rechtfertigen. – Doch der Einwand geht fehl. Denn es geht nicht um Planeten als solche; auch ihre Anzahl ist nicht entscheidend. Relevant sind vielmehr die Bewegungen der Planeten: ihre Langzeit-Dynamiken und Interaktionen sowie die raumzeitlichen Manifestationen in Mustern, Strukturen und Ordnungen. Die Planetenbewegungen werden, ähnlich wie das Klimasystem, im Kern durch nichtlineare Gleichungssysteme beschrieben, die vielfältige Instabilitäten aufweisen. Diese Komplexität des Objektsystems wird allgemein in den Daten repräsentiert, aus welchen Muster rekonstruiert werden können. Dabei sind die Daten sehr umfangreich, da sie sich auf die teils irregulär erscheinenden Bewegungen von 200.000 Muttersternen mit ihren Planeten beziehen, die über vier Jahre hinweg gemessen wurden. All dies, insbesondere die Bewegungsformen, sind Indizien für eine hohe dynamische Komplexität.

4. Lebenswissenschaften und Proteinfaltung

Nicht nur Lebens- und metabolische Prozesse allgemein, auch viele konkrete Objektsysteme der Lebenswissenschaften sind als komplex anzusehen – das gilt insbesondere für Proteine. So spielen in den gegenwärtigen Lebenswissenschaften KI-Verfahren eine wesentliche Rolle. Die Bioinformatik und mit ihr KI-Zugänge bilden eine methodische Grundlage der Life Sciences. Nun ist ein großes und altes Problem von Biologie, Chemie und Medizin mit der dreidimensionalen Proteinstruktur und -faltung verbunden. »Das Verständnis und die Kontrolle der Proteinfaltung« wird als »wichtigste Herausforderung« der Struktur- und Systembiologie sowie der Lebenswissenschaften allgemein angesehen.[51]

Proteine bilden *den* Grundbaustein aller Lebensfunktionen einer Zelle und damit des Organismus insgesamt. Die funktionale Eigenschaft eines Proteins wird durch seine dreidimensionale Struktur bestimmt. Zwar ist die Struktur durch die Aminosäuresequenz eindeutig kodiert. Aber wie sich aus der Sequenz (a) die dreidimensionale Proteinstruktur und aus ihr (b) die

51 Stefan-Bogdan Marcu u.a.: »An Overview of Alphafold's Breakthrough«, in: *Frontiers in Artificial Intelligence* 5 (2022), 875587, doi: 10.3389/frai.2022.875587, hier S. 1; vgl. auch: Ewen Callaway: »Protein-Folding Contest Seels Next Big Breakthrough«, in: *Nature* 613 (2023), S. 13–14; Ruth Nussinov u.a.: »AlphaFold, Artificial Intelligence, and Allostery«, in: *J. Phys. Chem. B* 126 (2022), S. 6372–6383, doi.org/10.1021/acs.jpcb.2c04346).

spezifischen funktionalen Eigenschaften des jeweiligen Proteins ergeben, ist schwer vorherzusagen. Das gilt auch hinsichtlich der Frage, (c) wie sich ein Protein und seine Eigenschaften verändern, wenn sich kleine Teile der Aminosäuresequenz verändern. Kleinste Variationen können größte Relevanz hinsichtlich der funktionalen Eigenschaften haben. Nun sind die Faltungsregeln an sich jeweils einfach und weitgehend bekannt. Allerdings werden diese Regeln sehr häufig, d.h. iterativ hintereinander vielfach angewendet. Mit diesem Prozess geht eine hohe Sensitivität oder Instabilität einher: die sich daraus schließlich entwickelnde dreidimensionale Struktur eines Proteins ist schwer vorhersehbar. Damit ist die Proteinentstehung, d.h. der iterative Faltungsprozess des Proteins aus der Aminosäuresequenz heraus als ein Prozess mit einer hohen dynamischen Komplexität zu begreifen.

Um die dreidimensionale Struktur zu bestimmen, wurden traditionell experimentell-empirische Verfahren wie die Röntgenkristallografie verwendet. Dafür ist viel Aufwand notwendig. Zudem muss man diese Struktur dann mit entsprechenden, zugrundeliegenden Aminosäuresequenzen zusammenführen, die diese generiert. Das ist methodisch herausfordernd: Unzählige potentielle Kombinationen sind durchzugehen – ein riesiges Puzzle der Kombinatorik. Viele Forscherteams haben Modelle entwickelt, um zumindest einige Kombinationen auszuprobieren und aus sequentiellen Eigenschaften die Proteinstruktur zu berechnen, genauer: um sie vorherzusagen. Zur Verbesserung dieser Modelle und zur Gewinnung von mehr Daten gibt es seit Mitte der 1990er Jahre einen computerexperimentellen Wettbewerb, den ›Critical Assessment of Protein Structure Prediction‹ (CASP).[52] Die CASP-Programmatik lautet: »Our goal is to help advance the methods of identifying protein structure from sequence.« Dazu werden modellbasierte Prognosedaten mit Messdaten verglichen und die Güte bzw. Abweichung wird bestimmt. Im Anschluss sind alle Forscherteams angehalten, die Ergebnisse zu veröffentlichen, inklusive der Modelle und numerischen Verfahren, so dass von der *Scientific Community* daraus gelernt werden kann. Durch den CASP-Wettbewerb gibt es sehr viele grundlegende Daten, die in einer Proteindatenbank gesammelt werden – und die die Verbindung von Sequenzen zu fast 200.000 experimentell ermittelten Strukturen umfasst. Nun nimmt ab 2018 das Alphabet-Google-Tochterunternehmen DeepMind mit der KI-Software AlphaFold an diesem

52 Siehe: https://predictioncenter.org/index.cgi (aufgerufen: 30.03.2023); vgl. auch: Callaway: »Protein-Folding Contest«, in: *Nature* 613.

Wettbewerb teil. AlphaFold arbeitet weitgehend modellfrei, also primär Daten-bezogen. Als Eingangs- und Trainingsdaten werden jene empirisch-experimentellen Messdaten der Proteindatenbank verwendet, die sich auf den Zusammenhang von Aminosäuresequenzen mit den jeweils im Labor gemessenen dreidimensionalen Proteinstrukturen beziehen. AlphaFold gewann den Wettbewerb und konnte zwei Jahre später etwa zwei Drittel der Proteinstrukturen bzw. -faltungen so präzise vorausberechnen, wie sie im Labor gemessen und verifiziert werden konnten. So titelte das *Science*-Magazin im November 2020: »The Game has changed. AI triumphs at solving protein structures.«[53] Das bestätigen auch Bioinformatikerinnen und Biophysiker: »*AlphaFold* has overcome age-long bottlenecks and forcefully bared the power of artificial intelligence in biological research.«[54] Verbunden mit diesem *Game-Change* sind Hoffnungen, eine umfassende (korrelative) Kenntnis über die Zusammenhänge von Aminosäuresequenz, dreidimensionaler Proteinstruktur und jeweiliger Funktionalität zu erlangen. Die Kenntnis dieser Zusammenhänge ist grundlegend für medizinische Forschung und Entwicklung, etwa in der personalen maßgeschneiderten Medizin: Die Vorhersage und Analyse der Proteinstruktur ist zentral zur Diagnose wie Therapie von vielen Krankheiten. Diese hängen oft damit zusammen, wie Proteine gefaltet sind und welche Funktionalität sie haben. Krebs und Demenz sind Beispiele hierfür, aber auch viele Virenerkrankungen. Beim Coronavirus SARS-CoV-2 haben KI-Verfahren zur Bestimmung der Struktur und Funktionalität der Bindungs- und Hüllenproteine beigetragen.

Die Einschätzung des Erfolgs ist indes bei genauerer Sichtung zweischneidig. *Einerseits* sind Erfolg und Leistungsfähigkeit an sich unbestritten. So benutzt mittlerweile fast jedes Forschungsteam, wie der Computerbiologe Yang Zhang betont, die KI-Software AlphaFold.[55] Bei den aktuellen Prognosewettbewerben der Proteinstruktur CASP waren die erfolgreichsten Teams diejenigen, die AlphaFold verwendeten und jeweils aufgabenspezifisch erweiterten – was allerdings nur zu leichten Verbesserungen bei der Vorhersage der Form einzelner Proteinstrukturen geführt hat. »Die Genau-

53 Robert F. Service: »The Game Has Changed. AI Triumphs at Solving Protein Structures«, in: *Science*, 30.11.2020, 10.1126/science.abf9367 (aufgerufen: 19.10.2023).

54 Nussinov: »AlphaFold, Artificial Intelligence, and Allostery«, in: *J. Phys. Chem. B* 126, S. 6372.

55 Vgl. Callaway: »Protein-Folding Contest«, in: *Nature* 613, S. 13.

igkeit ist bereits so hoch, dass es schwer ist, noch viel besser zu werden.«[56] *Andererseits* – und das macht die Zweischneidigkeit aus – gibt es, was die Erklärungsseite und das grundlegende Verständnis angeht, durchaus skeptische Stimmen: »Der bemerkenswerte Erfolg des [Alphafold-] Algorithmus hat jedoch nicht zu einem tieferen mechanistischen Verständnis der genauen Faltung einer Proteinsequenz geführt.«[57]

Zwischenfazit

Die vier Forschungsfelder sind zwar unterschiedlich, doch nehmen sie stets komplexe Objektsysteme in den Blick. Bei einer breiteren Sichtung weiterer Objektsysteme könnte man freilich auch andere Typen antreffen: Nicht jede Anwendung von KI in Wissenschaft und Forschung hat es mit hoher Komplexität der Objektsysteme zu tun. KI-Verfahren werden auch auf herkömmliche Objektsysteme angewendet, nämlich auf solche der klassisch-modernen Wissenschaften, etwa wenn man schnell und aufwandsarm ohne großes Theoriewissen prognostizieren möchte.[58] KI-Verfahren stellen eine Abkürzung dar, die entsprechend spezifischer Ziele den wissenschaftlichen Aufwand reduzieren.[59] Die hier vertretene These bestreitet das nicht. Sie behauptet allerdings, dass man den Erfolg, insbesondere die Relevanz und Reichweite von KI-Verfahren gerade an komplexen Objektsystemen besonders klar sehen kann. Denn ohne KI-Verfahren ist ein epistemischer Zugang zu den Objektsystemen dieser vier Forschungsfelder – und vieler anderer – nur schwer möglich. KI trägt mithin zur Expansion des wissenschaftlichen Weltzugangs bei, auch wenn sich das Wissenschaftsverständnis verändern mag.

56 Ebd.

57 Nussinov: »AlphaFold, Artificial Intelligence, and Allostery«, in: *J. Phys. Chem. B* 126, S. 6372.

58 Interessanterweise können sich Objektsysteme, die zunächst relativ einfach erscheinen und somit einst Gegenstand herkömmlicher, d.h. klassisch-moderner Wissenschaften waren, bei detaillierter Betrachtung und höherer Auflösung unter Verwendung von Erkenntnissen der Komplexitätsforschung als dynamisch komplex entpuppen, wie am Fallbeispiel der Astrophysik deutlich wurde. Philosophisch und erkenntnistheoretisch gesprochen ist damit ein konstruktiv(istisch)er Aspekt verbunden.

59 Unter Aufwand ist allgemein Zeit- und Ressourcenaufwand gemeint. Dies umfasst auch Aufwand beim Modellieren, Simulieren, Rechnen sowie kognitiven Aufwand der Erarbeitung von Modellen, Theorien und Erklärungen.

Was ist Komplexität?

Mit den Charakteristika hoher Komplexität stehen die oben genannten vier Objektsysteme nicht allein da, im Gegenteil. Dass große Klassen von Objekten in Natur, Technik und Gesellschaft in ihrem Kern diese Charakteristika aufweisen – und dass diese Gegenstandsfelder bislang kaum als hinreichend erforscht gelten können –, legt seit einigen Dekaden die Komplexitätsforschung nahe. Der Begriff ›Komplexitätsforschung‹ ist dabei ein Klammer- und Sammelbegriff. Zur Komplexitätsforschung zählen heterogene Theorien, Konzepte, Methoden und Forschungsfelder wie: Komplexitäts-, Selbstorganisations-, Chaos-, Katastrophen- und Autopoiesis-Theorien, Nichtlineare Dynamik, Synergetik, Theorien dissipativer Strukturbildung, Konzepte des Hyperzyklus und einiges mehr.[60] Diese Konzepte haben wir (mit Carl Friedrich von Weizsäcker[61]) als ›Strukturtheorien‹ oder, umfassender, als ›Strukturwissenschaften‹ bezeichnet. Auch KI-Entwicklung und -Forschungen liegen in diesem Kontext – nicht nur historisch, sondern insbesondere in aktuellen Forschungsrichtungen und Problemstellungen.

Wenn von *komplexen* Objektsystemen die Rede ist, ist zumindest anzudeuten, was der schillernde Begriff ›Komplexität‹ meint. Nun hat sich in der Komplexitätsforschung keine einheitliche Verständnisweise oder ein-

60 Einige Referenzautorinnen und -autoren seien hier genannt: Hermann Haken: *Dynamics of Synergetic Systems*, Berlin 1980; Ilya Prigogine: *Vom Sein zum Werden. Zeit und Komplexität in den Naturwissenschaften*, München 1992; Klaus Mainzer: *Thinking in Complexity. The Computational Dynamics of Matter, Mind, and Mankind*, Berlin 2007; Klaus Mainzer: *Komplexität*, München 2008; Sandra Mitchell: *Komplexitäten. Warum wir erst anfangen, die Welt zu verstehen*, Berlin 2008; Melanie Mitchell: *Complexity. A Guided Tour*, Oxford, New York 2009; Hooker: *Philosophy of Complex Systems*; Jan Cornelius Schmidt: *Das Andere der Natur. Neue Wege zur Naturphilosophie*, Stuttgart 2015; Thurner: *Theory of Complex Systems*. Diese Liste, die sowohl Komplextitätsforscherinnen und -forscher sowie reflektierende Werke umfasst, ist als offen – und durchaus als kontrovers – anzusehen. Natürlich könnte man auch weitergehen und andere nennen: Maturana, Varela, Thom, Wolfram, Lorenz, Li und Yorke, Feigenbaum, Ruelle, Takens, Sauer, Schuster, Peitgen, Rössler, Chua, Kauffman, Gell-Mann, Langton, Krakauer, historisch sogar Poincaré oder Birkhoff, oder aus populärer Perspektive auch Gleick. Ich betone die Breite auch deshalb, weil gelegentlich ›Komplexitätsforschung‹ mit dem verbunden wird, was am berühmten Santa Fe Institute geschieht. Das aber entspricht weder der Praxis der Forschung komplexer Systeme noch jenen vielfältigen Konzepten, die den Begriff ›Komplexität‹ zu definieren und operationalisieren suchen.

61 Weizsäcker: *Einheit der Natur*, S. 22f.

eindeutige Definition durchsetzen können. Das gilt auch für das präzise, aber enge Konzept der theoretischen Informatik und der informatisch-algorithmischen Komplexitätstheorie, nämlich Komplexität im Sinne der Klassifikation von Algorithmen und Berechenbarkeitsproblemen.[62] Mehr als zehn unterschiedliche Komplexitätskonzepte konkurrieren.[63] Doch sie haben Gemeinsamkeiten; die meisten Konzepte beziehen sich *nicht* primär auf die Anzahl der Teile, Elemente oder Komponenten, d.h. nicht auf die *kompositionale Struktur*: Kompliziertheit im Aufbau hat demnach nichts mit jener Komplexität zu tun, die die Forschungsrichtung komplexer Systeme im Blick hat.[64] Vielmehr stehen Phänomene, verbunden mit ihren zeitlichen Verhaltensweisen, im Mittelpunkt. Komplexe Systeme weisen nicht-triviale Muster auf; diese können bei kleinsten Veränderungen von Anfangs- oder Randbedingungen entstehen oder verschwinden. Um diese Phänomene zu generieren, sind nicht viele Komponenten notwendig: Sie können auch durch einfache Arrangements von nichtlinear-interagierenden Elementen erzeugt werden. Komplexität ist im Kern mit Zeitentwicklung – also: mit Zeitlichkeit, Prozessualität und Evolution – verbunden und kann als Selbstorganisationsprozess verstanden werden.[65] D.h. Komplexität ist, recht besehen, ein Prozessbegriff: Ohne Zeitlichkeit keine Komplexität. Durch Selbstorganisation werden Muster, Phänomene, Strukturen oder gar Entitäten erzeugt, die dann – metaphorisch gesprochen – den Prozess *gefroren* darstellen. Komplexität in diesem Sinne ist mithin nicht als *Kompliziertheit* oder *kompositionale Komplexität* eines Systems mit vielen Komponenten anzusehen, sondern als *dynamische Komplexität* eines nichtlinearen dynamischen Systems, welches bestimmte Dynamiken und damit verbundene Muster und Phänomene generiert.[66]

---

62 Vgl. Hooker: *Philosophy of Complex Systems.*

63 Z.B.. Harald Atmanspacher u.a.: »Complexity and Meaning in Nonlinear Dynamical Systems«, in: *Open Syst. Inform. Dyn.* 1 (1992), Heft 2, S. 269–289; Renate Wackerbauer u.a.: »A Comparative Classification of Complexity Measures«, in: *Chaos, Solitons, Fractals* 4 (1994), Heft 1, S. 133–173.

64 Vgl. auch die klare Ausführung von Meinard Kuhlmann: »Mechanisms in Dynamically Complex Systems«, in: Phyllis Illari u.a. (Hg.): *Causality in the Sciences*, Oxford 2011, S. 880–906, an der ich mich orientiere.

65 Vgl. Schmidt: *Andere der Natur*, S. 41f.; allg. Prigogine: *Vom Sein zum Werden.*

66 Das heißt, schon kompositional einfache Systeme, etwa solche, die aus drei Massenkörpern bestehen, wie das System Sonne-Erde-Mond, können eine hohe dynamische Komplexität aufweisen, da die Interaktionen nichtlinear sind und Instabilitäten auftreten. Das ahnte schon Newton in seiner Mondtheorie.

KI-Verfahren sind nun – das ist die These dieses Beitrags – in den empirischen Wissenschaften insbesondere dort erfolgreich, wo es sich um dynamisch komplexe Objektsysteme handelt. Um diese Objektsysteme noch detaillierter beschreiben und erfassen zu können, sollte über obige Charakterisierung hinausgegangen werden. Man sollte tiefer ansetzen und einen Hinweis geben, was als nomologische Quelle oder ontologischer Kern von dynamischer Komplexität angesehen werden kann. Das ist auch deshalb angezeigt, weil *bis dato* selbst für Informatikerinnen und Informatiker offen ist, wie sich der enorme Erfolg der KI-Verfahren erklären lässt.[67] Nun haben wir bereits weiter vorne angedeutet: Notwendige Bedingung für dynamische Komplexität sind nichtlineare Interaktionen der Teile. Doch hinreichend sind diese nicht. Entscheidend sind Instabilitäten oder, synonym, Sensitivitäten – sie bilden Kern und Quelle dynamischer Komplexität. Dabei sind Instabilitäten nicht primär destruktiv zu verstehen, als Strukturzerfall. Vielmehr können sie konstruktiv sein, als Strukturaufbau, -veränderung, -erhalt, also als Quelle von Selbstorganisation und als Kern der Erzeugung und Erhaltung von dynamischer Komplexität: Selbstorganisation wird »in der Regel durch eine Instabilität der ›alten‹ Struktur gegenüber kleinen Schwankungen eingeleitet«, so Werner Ebeling und Rainer Feistel: »Aus diesem Grunde ist das Studium der [...] Instabilitäten von hohem Interesse.«[68] Instabilitäten stellen auch für Wolfgang Krohn und Günter Küppers »den Motor der Systementwicklung« dar und erzeugen komplexe Phänomene.[69] Ohne Instabilität gibt es kein Werden, kein Wachsen, keinen Wandel, also: keine Selbstorganisation, keine Evolution und keine Emergenz. Dieses Faktum macht Instabilität zu einer *ontologischen* Grundlage von Natur.[70] Und neuerdings werden Instabilitäten auch in der Technik geschätzt, etwa in der Nanotechnologie oder der Synthetischen Biologie: als Ermöglichung von flexiblem, adaptivem, autonom erscheinendem Verhalten, was von Vorteil in einer dynamischen Systemumwelt ist, und als Quelle der Selbstorganisation und damit als Grundlage von (Selbst-) Produktivität

---

67 Z.B. Sejnowski: »The Unreasonable Effectiveness of Deep Learning in Artificial Intelligence«, S. 30033.

68 Werner Ebeling und Rainer Feistel: *Chaos und Kosmos. Prinzipien der Evolution*, Heidelberg 1994, S. 46.

69 Wolfgang Krohn und Günter Küppers: *Selbstorganisation. Aspekte einer wissenschaftlichen Revolution*, Wiesbaden 1992, S. 3.

70 Vgl. Schmidt: *Andere der Natur*, S. 15f.

oder gar von Kreativität. Mit anderen Worten: Man will Instabilitäten in der Technik nicht mehr notwendigerweise eliminieren, sondern nutzen.[71]

Instabilitäten im Kern dynamisch komplexer Objekte

Nur dort, wo Instabilitäten präsent sind, kann sich etwas ereignen – nur dort kann dynamische Komplexität entstehen und bestehen. Bei Instabilitäten steht es auf des Messers Schneide: Kipppunkte, Kritizitäten, Bifurkationen, Strukturbrüche, Phasenübergänge. Selbstorganisation wird möglich. Eine chemische Oszillation setzt ein, eine mechanische Ratterschwingung, eine Strudelbildung im Flusswasser. Eine Flüssigkeit wird viskos, ein Festkörper supraleitend, ein Phasenübergang zum Gasförmigen findet statt, kohärentes Laserlicht bildet sich, ein Erdbeben tritt auf, Packeis beginnt zu schmelzen, Gletscher verschwinden, der Golfstrom reißt ab. Eine thermische Konduktion kommt zum Erliegen und eine Konvektionsbewegung beginnt. Ein Stau entsteht vermeintlich aus dem Nichts, der Tod metabolischer Systeme tritt ein, ein See kippt, die Börsen kollabieren, öffentliche Meinungen bilden sich, Bürgerproteste entstehen, Konsumprodukte werden plötzlich gemieden, eine Pandemie entsteht, ein Bild wird wahrgenommen.[72]

In all diesen Fällen wird eine Schwelle überschritten, eine Grenze passiert. Instabilität ist *die* notwendige Bedingung für die Entstehung des Neuen, von neuen Eigenschaften, Funktionalitäten, Strukturen. Domino-, Schneeball-, Schwarm- und Schmetterlingseffekte treten auf: Ein Flügelschlag eines Schmetterlings in Südamerika kann einen Tornado in Nordamerika erzeugen; ebenso kann ein Flügelschlag eines börsendotierten Unternehmens oder einer systemrelevanten Bank die Börsen der globalen Ökonomie auf Talfahrt schicken – ein Phänomen, das als sensitive Abhängigkeit bezeichnet wird: Kleine Ursache, große Wirkung, wobei ähnliche

71 Siehe einführend: Jan Cornelius Schmidt: »Philosophy of Late-Modern Technology. Towards a Clarification and Classification of Synthetic Biology«, in: Joachim Boldt (Hg.) *Synthetic Biology. Metaphors, Worldviews, Ethics, and Law*, Wiesbaden 2016, S. 13–30; Jan Cornelius Schmidt: »Tacing the Technoscientific Core of Late-Modern Technologies in TechnoScienceSocieties«, in: *Sociology of the Sciences Yearbook* 30 (2020), S. 35–56.

72 Vgl. Schmidt: *Andere der Natur*, S. 23f.

Ursachen ganz unterschiedliche Wirkungen nach sich ziehen können.[73] Diese Systeme sind durch eine schwache Form der Gesetzmäßigkeit oder Regelhaftigkeit bestimmt, die man auch als *schwache Kausalität* oder *schwache Regelhaftigkeit* bezeichnet. Das hat zunächst nicht notwendigerweise etwas mit einer deterministischen Welt zu tun, sondern kann sich auch auf probabilistische Wirkungszusammenhänge beziehen.

Instabilität ist also der springende Punkt zur Erzeugung und zur Aufrechterhaltung dynamischer Komplexität. Besonders augenfällig ist das für das menschliche Gehirn. Aber das gilt auch für die anderen drei Objektsysteme, die wir vorne als Fallbeispiele diskutiert haben: Klima und Wetter, Planeten- und Sterndynamiken sowie Proteingenese und dreidimensionale Faltungen. Allgemein sind Instabilitäten grundlegend für metabolische Objektsysteme der Lebenswissenschaften, der Biologie, Ökologie und Medizin. Ihre Systemdynamiken sowie ihre Entstehungsprozesse werden von (probabilistischen oder deterministischen) schwachen Kausalgesetzen bestimmt. Und auch in den Technikwissenschaften gelten technische Anlagen, wie Produktionsprozesse oder Werkzeugmaschinen, als dynamisch komplex.[74] Analoges lässt sich über viele Objektsysteme der Human-, Sozial- und Wirtschaftswissenschaften sagen.[75]

So sollte hinreichend illustriert sein, dass der ontologische Kern der dynamischen Komplexität in Instabilitäten liegt. Natürlich ließe sich detaillierter erläutern, welche unterschiedlichen Typen von Instabilitäten es gibt; hier soll eine kurze Benennung reichen.[76] – Dass kleinste Veränderungen große, unerwartete und neuartige Wirkungen nach sich ziehen können, ist *das* allgemeine Kennzeichen von Instabilität. Der *erste* Typ, die *statische oder Wasserscheiden-Instabilität*, ist der schwächste der drei Instabilitäts-

73 Edward N. Lorenz: »Deterministic Nonperiodic Flow«, in: *J. Atmos. Sci.* 20 (1963), S. 130–141; schon qualitativ im neunzehnten Jahrhundert: James Clerk Maxwell: *Matter and Motion*, New York 1991, S. 13–14, sowie dann im frühen zwanzigsten Jahrhundert: Henri Poincaré: *Wissenschaft und Methode*, Leipzig 1914, S. 56–58.

74 Z.B. frühzeitig: Francis C. Moon (Hg.): *Dynamics and Chaos in Manufacturing Processes*, New York 1998.

75 Vgl. allgemein für die Sozial- und Wirtschaftswissenschaften: Mainzer: *Thinking in Complexity*, S. 311–415; für die Psychologie: Hermann Haken und Günter Schiepek: *Synergetik in der Psychologie*, Göttingen 2010; für die Wirtschafts- und Finanzwissenschaften: Rosario N. Mantegna und H. Eugene Stanley: *An Introduction to Econophysics: Correlations and Complexity in Finance*, Cambridge 2000.

76 Unterschiedliche Typen von Instabilität werden systematisch – auch unter Rekurs auf die Wissenschaftsgeschichte – eingeführt in: Schmidt: *Andere der Natur*, S. 15f.

typen.[77] Henri Poincaré betonte schon im frühen 20. Jahrhundert, dass dieser Instabilitätstyp in der Lebenswelt bekannt ist.[78] Seine Beispiele sind illustrativ, etwa ein auf der Spitze stehender Kegel, welcher schließlich losgelassen wird und auf die eine oder andere Seite kippt. Ähnliches gilt für eine Kugel auf einem Berggrat. Sie wird beim kleinsten Windstoß auf der einen oder anderen Seite des Hanges herunterlaufen. An Punkten statischer Instabilität tritt eine sensitive Abhängigkeit auf; der weitere Verlauf entscheidet sich. Zwei benachbarte Startpunkte entfernen sich im Laufe der Zeit voneinander, ohne sich notwendigerweise wieder anzunähern. Ein Regentropfen fließt in die Nordsee, ein benachbarter ins Mittelmeer oder ins Schwarze Meer. Auch wenn das alles recht mechanistisch klingen mag, gilt es auch für nicht-mechanische und für probabilistische Systeme.

Zweitens, die dynamische Instabilität ist ein stärkerer Instabilitätstyp, der auf der Wasserscheiden-Instabilität aufbaut. Populär wurde dieser Typ unter dem Begriff des (regelbehafteten) Chaos. Chaos wird mit Dynamik, Prozesshaftigkeit und Zeitlichkeit in Verbindung gebracht – und gerade nicht mit Gesetzeslosigkeit. Die zeitliche Zustandsentwicklung steht kontinuierlich auf des Messers Schneide. Sie ähnelt einer instabilen, aperiodischen, unendlichen Bewegung eines Tennisballs auf einem Dachfirst. Doch benachbarte Bewegungsbahnen instabiler Dynamiken entfernen sich nicht fortwährend, wie es bei der statischen Instabilität der Fall ist. Von Zeit zu Zeit nähern sie sich wieder einander an. Ganz ähnliche, niemals aber identische Zustände werden erreicht.[79] Dynamische Instabilität oder Chaos meint zufällig erscheinendes Verhalten eines regelbehafteten Modellsystems. Anders gesagt: wirrer ›Phänotyp‹ trotz gesetzeshaften ›Genotyps‹ einer Differential- oder Differenzengleichung, eines zellulären Automaten oder eines Neuronalen Netzes, also: Rhythmus mit Variabilität, Fluktuationen mit Regelmäßigkeiten, gesetzmäßige Schwankungen. Auf der Ebene der Phänomene – und etwaiger Datenreihen, die von KI-Verfahren analysiert werden – unterscheidet sich dynamische Instabilität unwesentlich von

---

77 Die zeitliche Entwicklung spielt eine untergeordnete Rolle. Sie ist nur dann relevant, wenn viele statische Instabilitäten hintereinander implementiert sind, wie etwa in multiplen Entscheidungssituationen oder in Galtons Brett..

78 Poincaré: *Wissenschaft und Methode*, S. 56f. Bei Poincaré wird dieser Instabilitätstyp mit einem regelbasierten Zufallsverständnis zusammengeführt.

79 Schon Poincaré hatte diese Wiederkehr untersucht. Entfernung und Wiederkehr, Divergenz und Konvergenz wechseln einander ab. So entsteht eine Wollknäuel-ähnliche Struktur der Bewegungsbahn im mathematischen Zustandsraum: der chaotische Attraktor.

zufälligem Verhalten. Der Meteorologe Edward Lorenz prägte in den 1970er Jahren den Begriff des ›Schmetterlingseffekts‹ zur Illustration derartiger Phänomene.[80] Ein Schmetterling am Amazonas kann einen Wirbelsturm in den USA auslösen. Dynamische Instabilitäten sind demnach keine Besonderheit, sondern vielmehr der generische Fall.[81]

Drittens, strukturelle Instabilitäten oder Bifurkationen: Während sich statische und dynamische Instabilitäten auf Startwerte sowie auf die daraus resultierenden Dynamiken beziehen, geht die strukturelle Instabilität tiefer. Sie rekurriert auf das Objektsystem selbst bzw. auf dessen Gesetzmäßigkeiten, Modelle oder Theorien. Die Frage ist, ob und wie stark dieses oder seine mathematische Repräsentation selbst instabil sind. Ein Objektsystem oder dessen Modellsystem wird als strukturell instabil oder als nicht robust bezeichnet, wenn bei seiner kleinsten Veränderung eine vollkommen andere Klasse von Dynamiken entsteht. Was würde beispielsweise mit der Entstehung und Entwicklung unseres Kosmos passieren oder passiert sein, wenn die Protonenmasse oder die Feinstrukturkonstante geringfügig anders wäre? Mit anderen Worten, es wird am Objekt- oder Modellsystem gewackelt wie an einem Fachwerkhaus. Kleinste Veränderungen von Randbedingungen, von Parametern oder Hyperparametern können als Variationen oder Störungen des jeweiligen Systems verstanden werden.[82] Bei struktureller Instabilität tritt eine sogenannte Verzweigung auf. In dieser Bifurkation ändert sich die Klasse der Dynamik abrupt. Neues und anderes kann bei einer solch kleinen Variation entstehen.

Dynamisch komplexe Objekte und die Grenzen klassisch-moderner Wissenschaften

Nimmt man nun den Instabilitäts-Kern von dynamischer Komplexität objektseitig ernst, kann man nicht nur zeigen, warum und in welcher Hinsicht KI-Verfahren zu dynamisch komplexen Objektsystemen einen

80 Edward N. Lorenz verwendete den Begriff ›Schmetterlingseffekt‹ erstmals in einer Vorlesung, die er im Dezember 1972 auf dem Jahrestreffen der American Association for the Advancement of Science (AAAS) gab: »a butterfly flapping its wings in Brazil can produce a tornado in Texas.«

81 Verwandt sind Schwarmeffekte, die neuerdings auch in den Sozialwissenschaften eine Rolle spielen.

82 Im Falle des Modells kann das beispielsweise geschehen durch Veränderungen von Parametern, Hyperparametern oder durch das Hinzufügen von Funktionen.

Zugang finden. Vielmehr kann man auch offenlegen, weshalb bisherige Wissenschaften, die ich als ›klassisch-modern‹ bezeichnen möchte und die KI noch nicht verwendeten, bei dynamisch komplexen Objektsystemen weithin scheiterten. Vor dieser Kontrastfolie der bisherigen Grenzen kann im Anschluss nochmals nach dem Erfolg von KI gefragt werden, also erläutert werden, *warum* KI-Verfahren (teilweise) Auswege weisen, wie schon anhand der vier Fallbeispiele oben angedeutet.[83] Komplexität (der Objektsysteme) lässt sich offenbar nur durch (neue) Komplexität (der Verfahren, wie KI) erforschen und beherrschen. So sind Begrenzungen der *klassisch-modernen* Wissenschaften *und* Erweiterungen durch neue KI-gestützte Verfahren im Rahmen *nachmoderner* Wissenschaften als zwei Seiten *einer* Medaille anzusehen, die den aktuellen Erfolg vor dem Hintergrund des bisherigen Misserfolgs charakterisieren – eine dialektisch anmutende Sichtweise zwischen dem *Sog des Neuen* und dem *Schock des Alten*. Betrachten wir diesen Punkt detaillierter.

Dynamisch komplexe Objektsysteme waren und sind für klassisch-moderne Wissenschaften und ihre etablierten Methoden schwer zugänglich, wie nun zu zeigen ist. Wie können herkömmliche Wissenschaften, also die *klassischen* wie die *modernen* im 20. Jahrhundert, gekennzeichnet werden?[84] – Hierzu bietet der Wissenschaftsphilosoph Peter Janich eine Antwort an. Drei Kennzeichen sind für Wissenschaften allgemein wesentlich, so Janich: Ein »eindrucksvoller technischer, prognostischer und Erklärungs-Erfolg« charakterisiere Wissenschaft.[85] Dabei kann man den Erklärungserfolg noch detaillierter fassen, nämlich sowohl als empirischen *Prüferfolg* von Theorien oder Modellen an Experimenten, als auch als *Reduziererfolg*, nämlich der Beschreibung oder Erklärung von Phänomenen durch kompakte Gesetze, Modelle oder Theorien. Der *technisch-experimentelle Erfolg* liegt in der handelnden und kontrollierten Herstellung reproduzierbarer Ereignisse. Prototyp hierfür ist das Experiment und die technische Präparierung von Objektsystemen. Der *prognostisch-prädiktive Erfolg* weist auf die theoriebasierte Möglichkeit der Vorwegnahme von

83 Mit anderen Worten: Für dynamisch komplexe Objektsysteme ist KI die einzige Chance; der Erfolg von KI-Verfahren ist besonders dort augen- und auffällig, wo bisherige, *klassisch-moderne* Wissenschaften begrenzt waren.

84 Das Wörtchen ›modern‹ zielt darauf ab, auch die modernen Theoriekonzepte der Wissenschaften im zwanzigsten Jahrhundert, etwa die Quantenphysik und Relativitätstheorie, hier mit einzubeziehen (z.B. die ›moderne Physik‹, wie es üblicherweise heißt).

85 Peter Janich: *Kleine Philosophie der Naturwissenschaften*, München 1997, S. 62.

Zukunft hin. Ihm ist eine Zeitstruktur im Zugriff auf die Zukunft eingraviert. Prognostizierbarkeit setzt zudem gesetzmäßige (deterministische oder probabilistische) Eigenschaften der Objektsysteme voraus, womit ein mathematischer Kern als zentral für das Selbstverständnis der klassisch-modernen Wissenschaften anzusehen ist.

Nun werden diese vier Kennzeichen durch die Erkenntnisse der Komplexitätsforschung angesichts offenkundiger Instabilitäten hinterfragt, freilich nicht eliminiert. Denn die Kennzeichen basieren auf der (selten explizit gemachten) Annahme, dass gegebene oder konstruierte Objektsysteme hinreichend stabil(isierbar) sind. Die Stabilitätsannahme wurde rückblickend als »Dogma der Stabilität«[86] bezeichnet. Welche Limitierungen sind mit Instabilitäten verbunden? Anders gefragt: Weshalb waren dynamisch komplexe Objektesysteme für *klassisch-moderne* Wissenschaften so schwer zugänglich? Was ist der Grund für ihren Misserfolg?

Erstens, Limitierung der Reproduzierbarkeit: Seit Beginn der wissenschaftlichen Moderne wird Wissenschaft experimentell-empirisch betrieben. In Experimenten wird versucht, Objektsysteme zu präparieren, um reproduzierbare Effekte zu erzeugen. Instabilitäten sind da ein Dorn im Auge. Denn sie begrenzen die Möglichkeit der Herstellung von Reproduzierbarkeit. Aufgrund von Instabilitäten und mithin von Sensitivitäten sind Mikroeffekte hoch relevant – der berühmte Schmetterlingseffekt. Mikroeffekte in den Rand- und Anfangsbedingungen werden in den Meso- und Makrokosmos transportiert. Das ist experimentell-empirisch nicht kontrollierbar.[87] Der Physikochemiker Ilya Prigogine meint, dass »an Instabilitäten eine Fernordnung beteiligt ist, durch die das System als Ganzes wirkt.«[88]

86 John Guckenheimer und Philip Holmes: *Nonlinear Oscillations, Dynamical Systems, and Bifurcations of Vector Fields*, New York 1983, S. 259f.

87 Die Probleme liegen indes nicht alleine an derzeitigen Begrenzungen und temporären Defiziten. Vielmehr wurzeln sie in den Objektsystemen und ihren Instabilitäten selbst, was also ontologisch anzusehen ist. Im Wesentlichen sind es zwei Grenzen: Die *messtechnische* Grenze ist durch das Messrauschen, durch die Messapparatur mit ihren thermodynamischen Effekten, durch die systematischen und unsystematischen Messfehler gegeben. Diese Grenze markiert zwar keine scharfe Grenzlinie. Doch zeigt sich, dass das zu messende Objektsystem, die Messapparatur und die Umgebung experimentell nur unzureichend voneinander isolierbar sind. Ferner liefert die Quantentheorie mit ihrer Unschärferelation eine *prinzipielle* Grenze. Danach ist es beispielsweise unmöglich, Ort und Impuls gleichzeitig präzise zu bestimmen. – Diese beiden Grenzen machen deutlich, dass der Experimentator Kleinstes nicht im Griff haben kann.

88 Prigogine: *Vom Sein zum Werden*, S. 117.

Kein dynamisch komplexes Objekt lässt sich von der Umgebung vollständig separieren. Es ist dem Experimentator partiell entzogen und nicht *en detail* kontrollierbar.[89]

Zweitens, Herausforderungen der Prognostizierbarkeit: Spiegelbildlich findet sich auf der mathematischen Seite ein komplementäres Problem. Auf die immensen mathematischen Schwierigkeiten, die mit nichtlinearen Gesetzen und instabilen Dynamiken komplexer Objektsysteme verbunden sein können, hat der Wissenschaftsphilosoph Mario Bunge frühzeitig hingewiesen.[90] Die Schwierigkeiten liegen darin, dass mit einer bestimmten mathematischen Gleichung zwar ein Gesetzeskorpus einer Theorie oder eines Modells gegeben sein mag. Doch damit kann man noch nicht viel anfangen. Die Gleichung muss erst gelöst und eine spezielle Lösungsbahn bestimmt werden, um Aussagen treffen und empirische Tests durchführen zu können. Die Lösungsbestimmung ist für lineare Gesetzmäßigkeiten, wie sie in den klassisch-modernen Wissenschaften auftreten, kein Problem. Die Mathematik ist wohlentwickelt. Hingegen können nichtlineare Gesetzmäßigkeiten mit Papier und Bleistift i.A. nicht gelöst werden. Die Probleme verschärfen sich, wenn über die Nichtlinearität hinaus noch Instabilität hinzutritt. Die Mathematik ist zumeist nicht in der Lage, analytisch mit diesen Gesetzmäßigkeiten umzugehen. In einigen Fällen kommt der Computer zu Hilfe. Allgemein liegen jedoch auch numerische Berechenbarkeitsgrenzen vor.[91] So kann man sagen: Die mittlere und ferne Zukunft dynamisch komplexer Objektsysteme ist nicht hinreichend zugänglich. Für das Klimasystem, aber auch für das lokale Wettergeschehen ist das ebenso

89 Um wieviel mehr gilt diese Problematik in all jenen Feldern, in denen man gar nicht umfassend experimentieren kann, etwa im Bereich der Klimaforschung oder in einigen Bereichen der Medizin- und Biowissenschaften.

90 Mario Bunge: *Kausalität, Geschichte und Probleme*, Tübingen 1987, S. 188.

91 Eine erste computernumerische Grenze wurzelt in der numerischen Unmöglichkeit der Digitalisierung reeller Zahlen zur Beschreibung dynamisch-instabiler Lösungsbahnen. Eine zweite, mit der ersten verbundene computer*theoretische* Grenze liegt darin, dass der Computer keine formale (Turing-)Maschine ist, sondern eine physikalische Maschine. Diese ist thermodynamischen, relativitätstheoretischen und quantenmechanischen Grenzen unterworfen. Von praktischer Bedeutung ist vor allem die Thermodynamik. Berechnungen sind mit Informationsverarbeitungen und -vernichtung verbunden, was thermodynamischen Aufwand erfordert. Je nachdem, welche thermodynamischen Kosten man zu zahlen bereit ist, ergeben sich unterschiedliche numerische Grenzen hinsichtlich der Approximationsgüte der Lösungsbahn. Prinzipielle Grenzen sind durch die maximale Energie im Kosmos zur Realisierung einer numerischen Berechnung gegeben.

offenkundig wie für das menschliche Gehirn, aber auch für viele metabolische Systeme.

Drittens, Probleme der Prüfbarkeit: Die beiden vorangegangenen Kennzeichen klassisch-moderner Wissenschaften, also Reproduzierbarkeit und Prognostizierbarkeit, können als zwei zusammenhängende Aspekte gedeutet werden – als Kennzeichen einer empirisch-objektseitigen und einer theoretisch-mathematischen Seite. Deren Zusammenspiel und das Zusammenführen wird üblicherweise unter den Stichworten ›Prüfbarkeit‹ und ›Testbarkeit‹ verhandelt. So unterschiedliche Philosophen wie Karl R. Popper und Rudolf Carnap haben ihr Wissenschaftsverständnis entlang der These der Prüfbarkeit entwickelt. Wie steht es mit der empirischen Prüfbarkeit von Modellen, Gesetzen und Theorien bei dynamisch komplexen Objektsystemen?[92] – Die erste Problematik folgt aus der eingeschränkten Reproduzierbarkeit des Objektsystems, wie beschrieben. Die zweite Problematik liegt in der begrenzten Prognostizierbarkeit des Modells. Selbst dann, wenn man annimmt, dass das Objektsystem deterministisch wäre und man das richtige Modell gefunden hätte, lässt sich dieses Modell eines dynamisch komplexen Objektsystems aufgrund der inhärenten Instabilität empirisch nicht hinreichend testen. Kleinste Veränderungen am Objektsystem *oder* am Modell führen zu vollständig anderen Klassen der Dynamiken – eine unkontrollierbare Situation, die einen Vergleich von Modell und Objektsystem erschwert bzw. verunmöglicht.

Viertens, Limitierung der Beschreib- und Erklärbarkeit: Ein traditionelles Ziel der Wissenschaften ist es, Redundanzen in der Beschreibung der jeweiligen Objektsysteme zu eliminieren. Zur Vorschrift gewendet: Finde die kürzeste Beschreibung, das einfachste Modell, das kompakteste Gesetz. Aus dem Gesetz sollen sodann alle relevanten Phänomene deduziert und sodann erklärt werden. Das ist der Kern des erklärungstheoretischen Reduktionismus, der eng verbunden ist mit dem deduktiv-nomologischen Verständnis von Erklärungen. Ähnliches ließe sich hinsichtlich mechanistischer oder funktionalistischer Erklärungen sagen. Bei dynamisch komplexen Objektsystemen gibt es aufgrund von Instabilitäten Grenzen in der Eliminierung von Redundanzen. Dass eine kompaktere Darstellung – selbst dann, wenn sie durch instabile Systeme, also durch Gesetze generiert worden wäre – nicht gefunden werden kann, zeigt die Komplexitätsforschung,

92 Sieht man einmal von der Problematik der Startbedingungen ab, sind statisch instabile Dynamiken genau dann hinreichend testbar, wenn die Startpunkte von der Wasserscheide entfernt sind.

etwa die algorithmische Informationstheorie in Verbindung mit der Nichtlinearen Dynamik und Chaostheorie. Instabilität erzeugt effektive Irreduzibilität und epistemische Inkompressibilität.[93] James Clerk Maxwell hat im neunzehnten Jahrhundert bereits gesehen, dass »durch ein Zusammenwirken von lokalen Instabilitäten [... physikalische Objektsysteme] nicht durch ein endliches Schema von Gesetzen erfasst werden können.«[94] Pointiert: Die Grenzen der (deduktiv-nomologischen, mechanistischen, funktionalistischen) Erklärbarkeit sind durch die Grenzen einer stabilen Welt gegeben.[95]

So sind Reproduzierbarkeit, Prognostizierbarkeit, Prüfbarkeit und Erklärbarkeit angesichts von Instabilitäten vielfach nicht her- und sicherstellbar. Der Teufel steckt im Detail. Instabilitäten transportieren kleinste, empirisch-experimentell nicht messbare Effekte des Mikrokosmos in den Meso- und Makrokosmos. Dynamisch komplexe Objekte zeigen Limitierungen der bisherigen, *klassisch-modernen* Wissenschaften – und sie weisen ins Zentrum des Bedarfs eines KI-unterstützten, *nachmodernen* Regimes der Wissenschaften. Wenn man den *Erfolg* von KI-Verfahren einschätzen möchte, sind die den dynamisch komplexen Objektsystemen zugrundeliegenden Instabilitäten in den Blick zu nehmen. Der aktuelle KI-generierte *Erfolg* kann – als relationaler, nicht als absoluter Begriff – nur vor dem Hintergrund dieser Grenzen, also des weitgehenden *Misserfolgs*, verstanden werden. Alle vier Objektsysteme, die wir vorne diskutiert haben: Klima- und Wettersysteme, Gehirnaktivitäten, Planeten- und Sterndynamiken, dreidimensionale Proteinfaltungen, sind durch dynamische Komplexität, induziert durch Instabilitäten, gekennzeichnet.

---

93 Wenn hingegen Regelmäßigkeiten in einem Datensatz über das Verhalten eines Objektsystems vorliegen, wie im Falle stabiler Objektsysteme, etwa Periodizitäten, sind Informationen redundant. Abkürzungen sind möglich, Gesetze können formuliert werden.

94 Maxwell: *Matter and Motion*, S. 14.

95 Selbst wenn man bei instabilen Objektsystemen die Gesetze und Modelle kennen würde, könnte man aufgrund von Instabilitäten keine weitereichenden Prognosen oder Klassifikationen vornehmen (wie im ersten Punkt, siehe oben, der Limitierungen genannt). Das mag zunächst paradox erscheinen, doch ist es eine zentrale Erkenntnis der Komplexitätsforschung: der berühmte Instabilitäts-generierte *Schmetterlingseffekt*, den der Meteorologe Ed Lorenz (1963; 1989) in den 1960er Jahren in der Untersuchung von Wettermodellen zeigen konnte. Vor diesem Hintergrund hätte man prognostisch kaum etwas erreicht, wenn man Gesetze oder Modelle in den Händen halten würde: Der Anreiz, ein Gesetzeswissen zu erlangen, mithin theoriebasiert Erklärungen liefern zu können, ist minimal für jene, die prognostizieren wollen – die also einen *engineering* oder *technowissenschaftlichen* Zugang verfolgen.

Aufgrund der vier epistemischen Probleme mit dynamisch komplexen Objektsystemen erscheint es rückblickend verständlich, dass in den klassisch-modernen Wissenschaften eine implizite metaphysisch-methodologische Annahme vorherrschte: Nämlich, dass alle relevanten Objektsysteme in Natur, Technik und Gesellschaft stabil (oder zumindest stabilisier- und kontrollierbar) seien. Dieses »Dogma der Stabilität«[96] hatte seine guten Gründe und diente der Selektion oder Konstitution von stabilen Objektsystemen als *die* (vermeintlich zentralen oder gar einzig relevanten) Gegenstände der Forschung. Das Stabilitätsdogma hat den Weg der klassisch-modernen Wissenschaften und ihrer Methodenentwicklung – seit Kopernikus, Galilei, Kepler, Bacon und Descartes – erfolgreich geebnet. Der Preis indes war, eine große Klasse von Objektsystemen auszublenden. Ein erster Schritt, dynamisch komplexe Objektsysteme anzuerkennen und sich ihrer epistemisch anzunehmen, wurde – nach Vorarbeiten im neunzehnten und frühen zwanzigsten Jahrhundert – ab den 1950er Jahren gegangen, verstärkt ab den 1970er Jahren im Rahmen der frühen Komplexitätsforschung. Dieser Schritt wurde möglich durch die neue Rechnertechnologie, die die Komplexitätsforschung seither begleitet; es waren damals primär Modellbildung und Simulation. Diesem ersten Schritt folgt heute ein zweiter. Er basiert auf der rasanten rechnertechnologischen Entwicklung, dem Ausbau der Netze, Sensoren und Speicher, verbunden mit KI und Maschinellem Lernen. Pointierter: Für dynamisch komplexe Objektsysteme sind KI-Verfahren die zentrale, vielleicht sogar die einzige Chance.

KI-Verfahren als Chance eines Zugangs zu komplexen Objekten

Instabilitäten eliminieren zu wollen, mag die traditionelle, ja klassisch-moderne Strategie gewesen sein, geleitet vom »Dogma der Stabilität«.[97] Für die vier Objektsysteme der Fallbeispiele wäre ein solches Ansinnen indes absurd. Mit Instabilitäten wären zentrale Eigenschaften der Objektsysteme eliminiert – ihre dynamische Komplexität, verbunden mit Potentialen zur Selbstorganisation. Gehirnprozesse ohne Instabilitäten sind nicht denkbar. Proteinfaltung ist auf Instabilitäten angewiesen. Weder Klima- noch Planetendynamiken wären ohne Kipppunkte und das heißt, ohne Instabilitäten möglich: Wer Instabilitäten ausblendet, schließt diese Objektsysteme aus; wer Instabilitäten eliminiert, zerstört diese Objektsysteme.

96 Guckenheimer und Holmes: *Nonlinear Oscillations*, S. 259f.
97 Ebd., S. 259f.

Nun sollte aus der Diskussion der vier Fallbeispiele deutlich geworden sein, dass KI-Verfahren Möglichkeiten eröffnen, mit den o.g. Limitierungen klassisch-moderner Wissenschaften umzugehen – und so der dynamischen Komplexität gerecht zu werden, teilweise zumindest.[98] Diese Möglichkeiten nicht nur exemplarisch anhand der Fallbeispiele zu belegen, sondern systematisch zu klären, wäre ein eigener Beitrag.[99] Es soll hier genügen, einige Perspektiven anzudeuten. Wie in den Science and Technology Studies (und in einer kontextsensitiven Wissenschaftsphilosophie) üblich, kommen nun Forscherinnen und Forscher zu Wort. Yang Tang u.a. sehen in einer Sonderausgabe des Journals *Chaos* mit dem programmatischen Titel »When Machine Learning meets Complex Systems. Networks, Chaos, and Nonlinear Dynamics«[100] einen weitreichenden Nutzen von KI-Verfahren für die Komplexitätsforschung:

> »*Machine learning* [and AI] can [...] be used in different areas of *complex systems research* involving identification of the basic system structure (e.g., network nodes and links) and study of the dynamic behavior of nonlinear systems (e.g., determining Lyapunov exponents, prediction of future evolution, and inferring causality of interactions).«[101]

---

98 Seit wenigen Jahren finden sich in diesem Feld grundlegende Arbeiten, wie etwa: Jaideep Pathak u.a.: »Model-Free Prediction of Large Spatiotemporally Chaotic Systems From Data. A Reservoir Computing Approach«, in: *Physical Review Letters* 120 (2018), Heft 2, 024102, https://link.aps.org/doi/10.1103/PhysRevLett.120.024102; Peter A.G. Watson: »Applying Machine Learning to Improve Simulations of a Chaotic Dynamical System Using Empirical Error Correction«, in: *Journal of Advances in Modeling Earth Systems* 11 (2019), Heft 5, S. 1402–1417; Pierre Dubois u.a.: »Data-Driven Predictions of the Lorenz System«, in: *Physica D: Nonlinear Phenomena* 408 (2020), 132495, https://doi.org/10.1016/j.physd.2020.132495; Huawei Fan u.a.: »Long-Term Prediction of Chaotic Systems With Machine Learning«, in: *Phys. Rev. Research* 2 (2020), Heft 1, 012080(R), https://link.aps.org/doi/10.1103/PhysRevResearch.2.012080; Miguel A.F. Sanjuán: *Artificial Intelligence, Chaos, Prediction and Understanding in Science*; Working Paper 2020 (arXiv:2003.01771v2 [cs.GL] 29 Mar 2020) und insbesondere: Yang Tang u.a.: »Introduction to Focus Issue. When Machine Learning Meets Complex Systems. Networks, Chaos, and Nonlinear Dynamics«, in: *Chaos 30* (2020), 063151, https://doi.org/10.1063/5.0016505.

99 Vgl. auch: Jan Cornelius Schmidt: »Wandel und Kontinuität von Wissenschaft durch KI. Zur aktuellen Veränderung des Wissenschafts- und Technikverständnisses«, in: Carl Friedrich Gethmann u.a.: *Künstliche Intelligenz in der Forschung. Neue Möglichkeiten und Herausforderungen für die Wissenschaft*, Heidelberg, New York 2021, S. 79–125.

100 Yang Tang u.a.: »Introduction to Focus Issue.«, in: *Chaos*, 063151.

101 Ebd., S. 1.

Mit anderen Worten:

> »With the advent of machine learning, it has become possible to develop new algorithms and strategies for identification, control, and data analytics of complex systems. [...] Since complex systems research and machine learning have a close relationship between each other, they provide a common basis for a wide range of cross-disciplinary interactions.«[102]

Auch andere Forscherinnen und Forscher teilen diese Sicht: Insofern natürliche, technische und soziale Objektsysteme oftmals »komplex«, »dynamisch«, »nichtlinear« und »instabil« seien, stelle sich die Frage: »Wie kann man mit nichtlinearen Problemen umgehen?«[103] KI-Verfahren seien dazu *der* entscheidende Schlüssel.[104]

Illustrativ ist hier die Klimaforschung – die sich hier zeigenden KI-Perspektiven sind indes generalisierbar. Die Grundgleichungen weisen, wie besprochen, Nichtlinearitäten und Instabilitäten auf. An niedrigdimensionalen Klima- und Wettermodellen werden Potenziale von KI ausgelotet. Huawei Fan u.a. untersuchen »Long-Term Prediction of Chaotic Systems with Machine Learning.«[105] Sie sehen KI-Zugänge als zentral: »[A] recently emerged interdisciplinary field is a machine learning-based, model-free prediction of the state evolution of nonlinear/chaotic dynamical systems.«[106] Die neuen Prognosemöglichkeiten basieren auf rekurrenten Neuronalen Netzen, spezieller auf sogenanntem ›Reservoir Computing‹: »[AI-techniques can] replicate [= represent] the evolution of the original [target] system within some desired accuracy for an arbitrarily long time, in spite of

---

102 Ebd., S. 1. Und auch in die komplementäre Richtung formuliert: »Conversely, machine learning procedures, such as ›reservoir computing‹ and ›long short-term memory‹, are often dynamical in nature, and the understanding of when, how, and why they are able to function so well can potentially be addressed using tools from dynamical systems theory.« (ebd.).

103 Vgl. SAS (EU Training Network for Safer autonomous Systems): *Machine Learning in a Nonlinear World*, 2020 (https://etn-sas.eu/2020/09/01/machine-learning-in-a-nonlinear-world-a-linear-explanation-through-the-domain-of-the-autonomous-vehicles/) (zugegriffen: 18.10.2023), S. 2f.

104 Im Detail heißt es: »ML learns nonlinear patterns from data, being very useful for complex pattern recognition tasks for several types of objects such as audio, images, etc.« (ebd.).

105 Huawei Fan u.a.: »Long-Term Prediction of Chaotic Systems With Machine Learning«, in: *Phys. Rev. Research* 012080(R)10.11.

106 Ebd., S. 1.

chaos [= dynamische Instabilität].«[107] In ähnliche Richtung argumentieren Jaideep Pathak und Kolleg:innen. Sie zeigen

> »the effectiveness of using machine learning for model-free prediction of spatiotemporally chaotic systems of arbitrarily large spatial extent and attractor dimension purely from observations of the system's past evolution.«[108]

Wenn man also fragt, warum KI-Methoden so erfolgreich sind, liegt ein erster Schlüssel darin, dass diese durch Adaptivität, d.h. durch schnelle Prozessdaten-basierte Korrektur, das Verhalten des unzugänglichen dynamisch komplexen Objektsystems, was auch als Target- oder Realsystem bezeichnet wird, im zeitlichen Entwicklungsprozess jeweils lokal hinreichend gut repräsentieren können. Mit dieser adaptiven lokalen Approximation kann der Prognosehorizont entscheidend vergrößert werden. – Der Hinweis auf Adaptivität stellt eine erste Teilantwort zur Offenlegung des Erfolges von KI-Verfahren in der Komplexitätsforschung dar. Eine zweite und vielleicht noch grundlegendere Teilantwort, die in diesem Beitrag vorgeschlagen wurde, ist, dass der *Erfolg* vor dem Hintergrund des *Misserfolgs* der herkömmlichen Verfahren und Methoden der klassisch-modernen Wissenschaften zu sehen ist; wobei als Erklärung für den Misserfolg Instabilitäten ins Feld geführt wurden.

Über die beiden Teilantworten hinaus kann man versuchen, drittens, den Erfolg direkter in den Blick zu nehmen. Dynamisch komplexe Objektsysteme weisen komplizierte Daten(reihen) auf.[109] Während *klassisch-moderne* Wissenschaften – wie ausgeführt – limitiert sind, gelingt es KI,

---

107 Ebd., S. 1.

108 Pathak u.a.: »Model-Free Prediction of Large Spatiotemporally Chaotic Systems From Data«, in: *Physical Review Letters* 120. So können Pathak u.a. festhalten: »We find that our reservoir [= AI] based spatiotemporal prediction technique yields excellent prediction results of unprecedented quality at reasonable expense.« (ebd.) KI-Verfahren setzen anders an als jene älteren, ebenfalls Modell-freien Verfahren der Nichtlinearen Zeitreihenanalyse der 1980er und 1990er Jahre, welche sogenannte ›Surrogatdaten‹ verwenden. (Diese basieren auf zentralen theoretischen Arbeiten wie dem sogenannten ›Einbettungstheorem‹.) Diese älteren Verfahren waren prognostisch nützlich für niedrigdimensionale Objektsysteme. Sie zeigen aber deutliche Praktikabilitätsgrenzen bei höheren Dimensionen, also bei vielen Zustandsgrößen, wie dies für das Klimasystem typisch ist. Gerade hier liegt die Leistungsfähigkeit der neuen KI-basierten Verfahren.

109 Diese komplizierten Datenreihen können freilich auch Bildern entstammen bzw. können graphisch in Bildern dargestellt werden.

die Daten umfangreicher und tiefer zu analysieren:[110] Strukturen oder, äquivalent, Muster, Signaturen, Regelmäßigkeiten, Ordnungen, schwache Kausalitäten können in Daten gefunden werden. Der Kern dieser tieferen Datenanalyse sei in gewisser Weise unspektakulär, so der Turing-Award-Gewinner Judea Pearl provokativ: »All the impressive achievements of *deep learning* [and *AI*] amount to just curve fitting [of given data]. [...] I'm very impressed, because we did not expect that so many problems could be solved by pure curve fitting. It turns out they can.«[111] Ähnlich sah schon vor über zwanzig Jahren der Informatiker Leo Breiman »neue Algorithmen zum Daten-Fitten« und bezog sich auf Neuronale Netze.[112] Mit Daten- oder Kurven-Fitten ist nicht notwendigerweise gemeint, dass *eine*, zumal gar eine stetige mathematische Funktion gefunden und derart optimiert werden kann, dass diese *alle* Daten hinreichend gut approximiert.[113] Es handelt sich zumeist allgemeiner um diskontinuierliche Algorithmen, d.h. um ein *iteratives* Daten-Fitten. Dadurch werden in einer sogenannten Trainingsphase die Algorithmen selbst erst sukzessive gewonnen. Breiman sieht hier

110 Aus mathematisch-statistischer Perspektive ist dies indes primär als Weiterentwicklung bisheriger Verfahren zu sehen – nicht als etwas qualitativ anderes oder Neues (s.u.).

111 Interview mit Judea Pearl von Kevin Hartnett: »How a Pioneer of Machine Learning Became One of Its Sharpest Critics«, in: *The Atlantic* 19.05.2018, https://www.theatlantic.com/technology/archive/2018/05/machine-learning-is-stuck-on-asking-why/560675/ (aufgerufen: 30.09.2023); Zitate auch teilweise wiedergegeben von J. Mark Bishop: »Artificial Intelligence Is Stupid and Causal Reasoning Will Not Fix It«, in: *Frontiers in Psychology* 11 (2021), 513474, https://doi.org/10.3389/fpsyg.2020.513474, S. 1. Ähnlich der Philosoph und Physiker Florian J. Boge: »Deep Neural Networks [...] are nothing but parametrized functions f(x) of some data vector x, and their ›learning‹ is nothing but an iterative, algorithmic fitting of the parameters to data.« (Florian J. Boge: »Functional Concept Proxies and the Actually Smart Hans Problem: What's Special About Deep Neural Networks in Science«, in: Synthese 203 (2024), Heft 16, https://doi.org/10.1007/s11229-023-04440-8.

112 Leo Breiman: »Statistical Modeling. The Two Cultures«, in: *Statistical Science* 16 (2001), Heft 3, S. 199–231, hier S. 205. Ähnlich bei: Jonathan Schmidt u.a.: »Supervised machine learning is based on the *same principles* as a *standard fitting procedure*: it tries to find the unknown function that connects known inputs to unknown outputs. This desired result for unknown domains is estimated based on the extrapolation of patterns found in the labeled training data.« (Jonathan Schmidt u.a.: »Recent Advances and Applications of Machine Learning in Solid-State Materials Science«, in: *npj Computational Materials* 5 (2019), 83, https://doi.org/10.1038/s41524-019-0221-0, S. 2).

113 Dies ist aber im Prinzip durch das o.g. universelle Approximationstheorem gesichert.

eine neue, nämlich »algorithmische Modellierungskultur«.[114] Auch wenn der Hinweis auf Daten- oder Kurven-Fitten eine provokative Untertreibung des Maschinellen Lernens darstellt, bringt er die zentrale Leistungsfähigkeit von KI-Verfahren auf den Punkt: in stark irregulär erscheinenden Daten (der Vergangenheit) Strukturen zu finden und damit Informationen zu extrahieren, die prognostisch und klassifikatorisch nützlich sind. Es geht schlicht darum, »aus Daten Schlussfolgerungen vorzunehmen.«[115]

Was aber ist der systemische oder gar logische Kern von KI und der algorithmischen Modellierungskultur? – Das hat vermutlich keiner so klar gesehen wie der Physiker und Philosoph Wolfgang Pietsch. Er versteht KI, genauer Maschinelles Lernen als *variationale Induktion*, welche dem Daten-Fitten als logische Struktur zugrunde liege. Diese auf John Stuart Mill zurückgehende Induktionsform kann als ein besonders trickreicher Typ des Daten-Fittens angesehen werden. Bei variationaler Induktion geht es um systematisch-automatisiertes Durchspielen von Parametern und Hyperparametern allgemeiner Funktions- oder Algorithmenklassen.[116] Über Feedback wird sodann die prognostische Güte unter Verwendung von Validierungs- bzw. Testdaten bewertet. Anschließend kann, wenn notwendig, eine Rejustierung von Parametern, Hyperparametern oder gar der Funktionsklassen vorgenommen werden.[117] Feedback-Schleifen sind unerlässlich, um eine solche Optimierung zu ermöglichen, d.h. um entsprechende Kosten- oder Verlustfunktionen zu minimieren, und so einen adäquaten

114 Breiman: »Statistical Modeling. The Two Cultures«, in: *Statistical Science* 16.

115 Ebd., S. 199. KI ist also mit dem Hype-Label *Data Science* verbunden.

116 Philosophisch gesprochen handelt es sich um einen Zugang zur Kausalität durch *Difference-Making*: Durch Differenz-Herstellung bzw. durch Variation (Parameter, Hyperparameter, Funktionsklassen) wird eine mathematische Funktion bzw., allgemeiner, ein Algorithmus jeweils geringfügig verändert, um einen möglichst guten Daten-Fit zu erhalten, vgl. Pietsch: *Big Data*, S. 25f.. KI-Verfahren sind demnach allgemein als Induktions-Verfahren der *kausalen Inferenz* anzusehen, zugespitzt: als variationale *Induktions-Maschinen*. Bei diesem Induktionstyp handelt es sich um eine Art *Eigen*-Intervention oder eine *Selbst*-Manipulation des KI-Verfahrens in der Trainingsphase, also während des Prozesses des maschinellen Lernens. Das geht über etablierte interventionalistische Kausalitätskonzepte hinaus, zeigt aber doch Gemeinsamkeiten mit Spielarten des (dann erweiterten) Interventionalismus auf. »Deep neural networks, like many other machine learning algorithms, rely on *difference making* to determine the dependencies between input and output variable. Thus, they fit well with variational induction.« Pietsch: *Big Data*, S. 43f.

117 Alles läuft weithin automatisiert ab. In der Sprechweise der Komplexitätsforschung wird geschaut, dass *keine* Bifurkation entsteht, die einen Kipppunkt darstellt und Prognosen konterkariert.

Algorithmus, d.h. ein konkretes Neuronales Netz final zu finden. Diese rückkopplungsbasierte Variation ist Kern der variationalen Induktion. Dazu ist keine neue Mathematik notwendig – diese ist hinreichend entwickelt.[118] Entscheidend ist, dass (a) sehr viele Daten verfügbar sind und (b) eine sehr hohe Rechengeschwindigkeit gegeben ist. Beide Aspekte sind *mehr* mit technologischer *als* mit mathematischer Entwicklung verbunden. Der erste Aspekt, also die Verfügbarkeit sehr vieler Daten, setzt bessere Sensortechnologien, bessere Messinstrumente, bessere Speichertechnologien voraus; der zweite Aspekt basiert auf der Rechner-technologischen Entwicklung und deren gesteigerter Leistungsfähigkeit. Vor diesem Hintergrund stellt sich der Erfolg von KI-Verfahren insbesondere als *technologischer* Erfolg dar, der sehr schnelles Daten-Fitten und damit eine neue Qualität der Datenanalyse ermöglicht, partiell prozessbegleitend und adaptiv verwendbar. Quantität – viele Daten, hohe Rechengeschwindigkeit – kann mithin eine neue Qualität implizieren.

Wer den Erfolg in den Blick nehmen will, sollte über die technische Seite hinaus die *mathematische* nicht unberücksichtigt lassen – auch wenn es sich nicht um eine *neue* Mathematik handelt, wie angedeutet. Eine zentrale Ermöglichungsbedingung, ja das Fundament für die Anwendung vieler KI-Verfahren ist durch ein starkes mathematisches Theorem im Prinzip gegeben, das *Universelle Approximationstheorem.* Demnach kann ein Neuronales Netz[119] eine gegebene beliebige stetige (Borel-messbare) mathematische Funktion[120] mit hoher Genauigkeit approximieren, solange es eine ausreichend große Anzahl von Schichten hat.[121] Die stetige mathematische Funktion, von der hier die Rede ist, wird auch als Ziel- oder Targetfunktion bezeichnet. Sie ist problem- und aufgabenspezifisch und beschreibt z.B.

118 Es sei denn, man will eine »neue Mathematik« im *Causal Reasoning* sehen, wie von Pearl und Schöllkopf vorgeschlagen.

119 Spezieller: ein Feedforward-Netzwerk, trainiert mit Backpropagation.

120 Die Voraussetzungen sind nicht trivial und werden in der Mathematik und theoretischen Informatik im Detail diskutiert, verändert und erweitert. Für uns reicht es aus, darauf hinzuweisen, dass viele Klassen mathematischer Funktionen, insbesondere solche, die dynamisch komplexe Objektsysteme repräsentieren (z.B. über Trajektorien im Zustandsraum) hinreichend gut von Künstlichen Neuronalen Netzen approximiert werden können.

121 Kurt Hornik u.a.: »Multilayer Feedforward Networks are Universal Approximators«, in: *Neural Networks* 2 (1989), S. 359–366; Kurt Hornik: »Approximation Capabilities of Multilayer Feedforward Networks«, in: *Neural Networks* 4 (1991), S. 251–257; allgemein und einordnend: Ian Goodfellow u.a.: *Deep Learning. Das umfassende Handbuch* (dt. Version), Frechen 2018, S. 219f.

das Verhalten eines dynamisch komplexen Objektsystems; sie ist wegen deren Instabilitäten zumeist nicht bekannt; vielmehr kennt man davon nur diskrete Punkte, d.h. die vorliegenden Daten. Mit dem Theorem ist die prinzipielle Beschreibbarkeit – und mit ihr die approximative numerische Behandelbarkeit und somit eine approximative Prognostizierbarkeit – des Verhaltens von dynamisch komplexen Objektsystemen gesichert. Doch dieser mathematischen Möglichkeit zum Trotz ist es in der konkreten Anwendungspraxis oft nicht einfach, eine solche Beschreibung, d.h. ein adäquates Neuronales Netz auch tatsächlich zu finden.[122] Aus Praxisperspektive ist der Nutzen des Approximationstheorems somit als beschränkt einzuschätzen, obwohl es *die* theoretische Grundlage der Anwendung vieler KI-Verfahren darstellt.

Trotz des Erfolgs der KI-Verfahren bei dynamisch komplexen Objektsystemen bleiben Josef Ludescher u.a. zurückhaltend hinsichtlich einer finalen Lösung der durch Instabilitäten generierten Probleme:

> »Although we have highly sophisticated [AI-enabled] general circulation and Earth system models [...], their *predictive power* for certain climate phenomena beyond the weather timescale can be rather limited: The dependence on precise initial and boundary conditions [= dynamische und strukturelle Instabilitäten] and the necessity to simplify, inherent to any modeling approach, as well as the chaotic nature of the system under study will hit hard limits to further improvement.«[123]

In eine ähnliche Richtung argumentieren Fuqing Zhang u.a., wenn sie *prinzipielle* Grenzen der Prognostizierbarkeit für das Wetter in mittleren geografischen Breiten in den Blick nehmen. Diese Limits sind »intrinsic to the underlying dynamical system and instabilities even if the forecast model and the initial conditions are nearly perfect.«[124] Es gilt also für die Klima-

---

122 Derartige Theoreme oder mathematische Sätze nennt man auch ›Existenztheoreme‹.

123 Ludescher: »Network-Based Forecasting of Climate Phenomena«, in: *PNAS* 118, S. 2.

124 Fuqing Zhang u.a.: »What Is the Predictability Limit of Midlatitude Weather?«, in: Journal of the Atmospheric Sciences 75 (2919), Heft 4, S. 1077–1091, https://doi.org/10.1175/JAS-D-18-0269.1, hier, S. 1077. Sie schlussfolgern: »It is generally acknowledged that improved models will resolve more smaller-scale instabilities and thus the error growth is likely to further increase, at least in smaller scales, in which case the current estimate of intrinsic predictability limit may be on the optimistic side.« (ebd., S. 1089).

forschung – wie für die Komplexitätsforschung allgemein –, dass Instabilitäten auch weiterhin wissenschaftliche Herausforderungen und prinzipielle Grenzen darstellen: »Sensitivity to initial conditions [in other words: instability] can never be completely overcome.«[125]

In einigen Feldern, wie anhand der Fallbeispiele der Proteinfaltung oder der Gehirndynamik gezeigt, ist indes schon viel erreicht, wenn der Prognosehorizont deutlich erweitert wird. In der Klimaforschung leisten KI-Verfahren zudem einiges zur Anpassung von Parametern in Modellen, zur Spezifikation von Anfangsbedingungen sowie zur Schätzung von Zustandsraumdimensionen in großen Klimamodellen. Ein Erfolg liegt auch in der Quantifizierung von Unsicherheiten: »Sensitivity to initial conditions varies greatly in space and time, and an important but largely unsung advance in weather prediction is the growing ability to *quantify the forecast uncertainty* by using large ensembles of numerical forecasts that each start from slightly different but equally plausible initial states, together with perturbations in model physics.«[126] KI-Verfahren tragen ferner dazu bei, lokale Wetterprognosen und globale Klimaprognosen zusammenzuführen, indem lokale und globale Modelle angepasst und aneinander angeschlossen werden können.[127] Und es gibt erste vielversprechende und grundlegende Erkenntnisse in der Klimaforschung, die eine genauere Beschreibung bislang unaufgelöster Prozesse der Wolkenbildung/-dynamik und der Ozeanmischung ermöglichen.[128] Mit anderen Worten: KI-Verfahren können einen Beitrag auf dem Weg zu besseren Modellen und zu physikalischen Erklärungen leisten, was wiederum die Prognoseleistung vergrößern kann. Denn ganz klassisch gilt:

> »Improving numerical prediction models requires better understanding of key physical processes such as air-sea and cloud-aerosol interactions. Machine learning and neural networks can help identify model uncertainties, perform bias corrections, and automate the forecast process. Computation is essential in everything discussed here.«[129]

---

125 Alley: »Advances in Weather Prediction«, in: *Science* 363, S. 344.

126 Ebd., S. 343.

127 Vgl. ebd., S. 343.

128 Dijkstra: »The Application of Machine Learning Techniques to Improve El Niño Prediction Skill«, in: *Front. Phys.* 7.

129 Alley: »Advances in Weather Prediction«, in: *Science* 363, S. 344.

Fazit

KI-Verfahren ermöglichen es, Regelhaftigkeiten, d.h. Muster, Strukturen, Signaturen und Ordnungen in Daten dynamisch komplexer Objektsysteme zu finden und zu nutzen. Diese (i.A. schwache) Regelhaftigkeiten können für prognostische und klassifikatorische Zwecke verwendet werden – auch wenn man die (deterministischen oder probabilistischen) Gesetze, die der schwachen Regelhaftigkeit zugrunde liegen, aus prinzipiellen Gründen nicht explizit kennen kann.[130]

Ihre Leistungsfähigkeit zeigen KI-Verfahren dabei nicht an und für sich, sondern an Objektsystemen und in bestimmten Forschungsfeldern. Das gemeinsame Charakteristikum dieser Objektsysteme, so die These dieses Beitrags, liegt in ihrer *dynamischen Komplexität*. Diese wird durch zugrundliegende *Instabilitäten* generiert. Anhand von vier Fallbeispielen – Klimaforschung, Neurowissenschaften, Astrophysik sowie Biowissenschaften – wurde diese These exemplarisch diskutiert. Dabei wurde dargelegt, dass die dynamische Komplexität und die basalen Instabilitäten nicht eliminiert werden können (und sollen), sondern dass diesen Rechnung zu tragen ist. Wenn man den *Erfolg* von KI-Verfahren einschätzen und würdigen will, ist zu konstatieren, dass dies ein *relativer* Erfolg ist, der sich insbesondere auf *bestimmte* Objektsysteme bezieht. Um das detaillierter zu begründen, bedurfte es einer Untersuchung des *Misserfolgs* der *bisherigen,* also *klassisch-modernen Wissenschaften*, d.h. Forschung zeitgeschichtlich *vor* KI, um von dieser Kontrastfolie ausgehend den *Erfolg* offenzulegen. Klassisch-moderne Wissenschaften waren im Zugang zu dynamisch komplexen Forschungsobjekten und deren Erforschung limitiert: Begrenzungen der Prognostizierbarkeit, der Reproduzierbarkeit, der Prüf-/Testbarkeit sowie der Beschreib-/Erklärbarkeit. Von einem *Schock des Alten* ist in diesem *Jahrbuch für Technikphilosophie* die Rede: Klassisch-moderne Wissenschaften – ihre Limitierungen und Misserfolge – treten (als solche) erst kontrastierend im *Sog des Neuen* an die Oberfläche. Diese Limitierungen können von KI-nutzenden Wissenschaften zwar nicht allesamt aufgehoben werden. Doch finden diese Wissenschaften, die als *nachmodern* bezeichnet wurden, einen Weg, mit den Limitierungen umzugehen. Für dynamisch komplexe Objektsysteme sind KI-Verfahren gewissermaßen die zentrale und viel-

130 Dies gilt wegen der Eigenschaften der dynamisch komplexen Objektsysteme (siehe oben, voriges Kapitel unter dem Stichwort: »(4) Limitierung der Beschreib- und Erklärbarkeit«).

leicht sogar die einzige Chance – auch wenn sich Wissenschaften dadurch im epistemischen Kern verändern mögen. Während Prognostizierbarkeit verstärkt in den Mittelpunkt rückt (verbunden mit Klassifikationserfolgen), tritt Erklärbarkeit, basierend auf Modell- und Theorieentwicklung, zurück.

So zeigt sich, dass Wissenschaften im Zeitalter von KI-Verfahren eine objektseitige Erweiterung erfahren. Bislang schwer zugängliche (dynamisch komplexe, Instabilitäts-ermöglichende) Objektsysteme werden wissenschaftlich zugänglich: Diese nachmodernen Wissenschaften und ihre dynamisch komplexen Objekte ergänzen klassisch-moderne Wissenschaften; erstere ersetzen letztere (derzeit noch) nicht. Diese Entwicklung zu einem nachmodernen Regime der Wissenschaften ist als ambivalent anzusehen. Schließlich steht dieses ganz im Horizont der Technowissenschaften, die mehr auf Technik denn auf Theorie zielen.

Philipp Richter

Hans Jonas' Argumentation in *Das Prinzip Verantwortung* in methodologischer Betrachtung

Neue Perspektiven oder alte Hürden für die Angewandte Ethik?

Abstract

Hans Jonas vertritt in *Das Prinzip Verantwortung* (1979) die These, dass eine neue Ethik erforderlich sei, die die bisherige philosophische Ethik ablösen müsse. Dies wird im Beitrag kritisch darauf hin geprüft, ob und inwiefern Jonas systematisch Neues für die Ethik mit Anwendungsbezug beitragen kann. Hierfür werden Jonas' Argumente für eine neue Moralbegründung rekonstruiertund analysiert: Argument vom Erhalt der Pflichtadressaten, Argument aus der ontologischen Idee des Menschen, Nirvana-Argumentund das Analogieargument von der Sorge für die Natur. Sodann werden die handlungspraktischen Konsequenzen dieser Moralbegründung sowie Jonas methodische Annahmen am Beispiel der moralischen Herausforderungen des Klimawandels überprüft. Der Fokus auf zwei Ganzheitsphänomene (Menschheit, Gesamtnatur) im Sinne eines *Precautionary Principle* erweist sich dabei als methodisches Defizit, das die ethische Arbeit an konkreten Fällen und Szenarien verunmöglicht.

Hans Jonas sees in *The Imperative of Responsibility* (1984) a new ethics for the technological civilisation as an urgent necessity. From his point of view, traditional philosophical ethics needs to be replaced. In this paper, Jonas thesis is critically examined to see whether and to what extent Jonas can contribute something new to applied ethics. For this purpose, Jonas' new moral justification arguments are reconstructed and analyzed. The practical consequences as well as Jonas' implicit and explicit methodological assumptions are then examined using the example of the moral challenges of climate change. Jonas' focus on two holistic phenomena (humanity, nature as a whole) in the sense of a precautionary principle turns out to be a methodological deficit that deems ethical research on concrete cases and scenarios impossible.

Hans Jonas gilt seit Erscheinen seines Hauptwerkes *Das Prinzip Verantwortung* im Jahr 1979[1] als ein Klassiker der Technik- und Umweltethik.[2] Jonas hat sich in weiteren Publikation allerdings weniger mit ökologisch-ethischen Fragen befasst, sondern vor allem versucht, Fragen der Bioethik

1 Hans Jonas: *Das Prinzip Verantwortung. Versuch einer Ethik für die technologische Zivilisation*, Frankfurt am Main 2020.

2 Ich danke den Kolleginnen und Kollegen im Projekt »Digitales Kant-Zentrum NRW« (gefördert vom Ministerium für Kultur und Wissenschaft NRW) für Diskussionen des Aufsatzthemas sowie den Teilnehmerinnen und Teilnehmern meiner Lehrveranstaltungen an der Ruhr-Universität Bochum.

zu bearbeiten.[3] Als Gewährsmann der ökologischen Bewegung ist der Autor aber nach wie vor prominent.[4] Jonas' ethisches Werk gehört in die Zeit einer in der praktischen Philosophie (wieder-)einsetzenden Beschäftigung mit konkreten ethischen Problemstellungen seit Ende der 1960er Jahre.[5]

In seinem Hauptwerk tritt der Autor mit der These in Erscheinung, dass unter den Bedingungen gesteigerter, technologischer Handlungsmacht eine neue Ethik zum Erhalt der Menschheit und der Natur als Ganzes erforderlich sei, welche die bisherige oder herkömmliche philosophische Ethik ablösen müsse.[6] Jonas begründet dies damit, dass »neuartige Vermögen des Handelns neue Regeln der Ethik und vielleicht sogar eine neuartige Ethik«[7] erforderten. Jonas zeigt auf, dass die bisherige Ethik moralisch relevante Fragen nur auf den Nahbereich gleichzeitig handelnder Subjekte begrenzt sah.[8] Die umfassende Handlungsmacht kollektiv-menschlicher Akteure heute mache jedoch deutlich, dass zivilisatorisch-technologische Aktivitäten der heutigen Menschen auch als moralisch schuldhafte Handlungen oder Unterlassungen hinsichtlich ihrer langfristigen Folgen für die natürlichen Lebensgrundlagen und den Fortbestand der Menschheit zu behandeln sind: »Keine frühere Ethik«, so Jonas, »hatte die globale Bedingung menschlichen Lebens und die ferne Zukunft, ja Existenz der Gattung zu berücksichtigen«.[9] Den Entwurf einer neuen Ethik geht Jonas im Modus einer neuartigen Moralbegründung an (»Prinzipienlehre der

3 Vgl. Jens Kurreck: »Technik, Medizin und Ethik. Zur Praxis des Prinzips Verantwortung (1985)«, in: Michael Bongardt u.a. (Hg.): *Hans Jonas-Handbuch. Leben – Werk – Wirkung*, Stuttgart 2021, S. 145–152.

4 So hat beispielsweise für die Neuausgabe von *Das Prinzip Verantwortung* (Suhrkamp 2020) Robert Habeck ein Nachwort beigesteuert; und Luisa Neubauer von *Fridays For Future* wurde schon des Öfteren mit der neuen, grünen Suhrkamp-Ausgabe fotografiert.

5 Vgl. Peter Singer: »Introduction«, in: Peter Singer (Hg.): *Applied Ethics*, Oxford 1986, S. 1–7, hier S. 1.

6 In der Literatur ist umstritten, ob Hans Jonas eine (eher wenig erfolgreiche) »ganz neue Art von Ethik« versucht habe (Heiner Hastedt: *Aufklärung und Technik – Grundprobleme einer Ethik der Technik*, Frankfurt am Main 1994, S. 167ff.; Lothar Schäfer: *Das Bacon-Projekt. Von der Erkenntnis, Nutzung und Schonung der Natur*, Frankfurt am Main 1999, S. 34–39, 87, 152–173) oder ob er die vorliegenden Theorieansätze der klassischen Moralphilosophie »nur ergänzen und erweitern wollte« (Jan C. Schmidt: »Die Aktualität der Ethik von Hans Jonas. Eine Kritik der Kritik des Prinzips Verantwortung«, in: *Deutsche Zeitschrift für Philosophie* 55 (2007), Heft 4, S. 545–569, hier S. 549, 555).

7 Jonas: *Das Prinzip Verantwortung*, S. 59.

8 Vgl. ebd., S. 40, 42, 46.

9 Ebd., S. 30.

Moral«), die jedoch zugleich ihren Anwendungsbezug für die Orientierung des politisch-praktischen Lebens haben soll (»Lehre ihrer Anwendung«).[10] Insgesamt geht es Jonas darum, das Projekt der technologisch-zivilisatorischen Naturbeherrschung vor allem unter der Perspektive der Vorsorge moralisch zu regulieren.

Für den ethischen Theoretiker ist Jonas' These von der erforderlichen Erneuerung der philosophischen Ethik interessant und provozierend. Wie genau geht Jonas argumentativ vor und was ist in welcher Hinsicht neu an diesem ethischen Vorgehen? Da Jonas auf eine zeitgenössische, außertheoretisch relevante Problemlage reagiert und hier mit den Theorieressourcen der Ethik zur moralischen Beurteilung beitragen will, können wir *Das Prinzip Verantwortung* auch dem Feld der Angewandten Ethik zuordnen. Sicherlich lässt sich Jonas' Werk in verschiedenen Hinsichten diskutieren, z.B. als Theorie der Verantwortung[11] oder als philosophische Biologie und Naturalismuskritik.[12] Die Perspektivierung als ›anwendungsbezogene Ethik‹ erscheint jedoch Ertrag versprechend, um den Neuheitsanspruch zu würdigen und Jonas' Vorgehen methodologisch auch mit Blick auf Handlungsorientierung in ökologisch-ethischen Fragen zu prüfen. Zudem verhält sich Jonas' These von der erforderlichen Erneuerung der philosophischen Ethik analog zur Forderung nach einer ›wirklich praktischen‹ bzw. anwendungsbezogenen Ethik, die anderen methodischen Anforderungen und Zielen entsprechen müsse als die herkömmliche ›Allgemeine Ethik‹. Die Perspektivierung des *Prinzips Verantwortung* als eines Versuchs anwendungsbezogener Ethik gilt freilich nur unter der Einschränkung, dass die Methodologie der ›Ethik in Anwendung‹ insgesamt umstritten und noch weiter zu erschließen ist.[13]

In diesem Beitrag will ich prüfen, ob und inwiefern *Das Prinzip Verantwortung* in inhaltlicher und methodischer Hinsicht *Neues für die Ethik mit Anwendungsbezug* entwickelt. Durch kritische Sichtung der Leistungen und

---

10 Ebd., S. 63; vgl. auch S. 64, 53.

11 Eva Buddeberg: *Verantwortung im Diskurs. Grundlinien einer rekonstruktiv-hermeneutischen Konzeption moralischer Verantwortung im Anschluss an Hans Jonas, Karl-Otto Apel und Emmanuel Levinas*, Berlin, Boston 2011.

12 Francesca Michelini: »Naturphilosophie«, in: Michael Bongardt u.a. (Hg.): *Hans Jonas-Handbuch. Leben – Werk – Wirkung*, Stuttgart 2021, S. 59–63.

13 Philipp Richter: »Die Unhintergehbarkeit der Reflexion in der anwendungsbezogenen Ethik – eine Positionsbestimmung in klugheitsethisch-topischer Perspektive«, in: Uta Müller, Philipp Richter, und Thomas Potthast (Hg.): *Abwägen und Anwenden. Zum ›guten‹ Umgang mit ethischen Normen und Werten*, Tübinger Studien zur Ethik, 9, Tübingen 2018, S. 27–54, hier S. 27–32.

Grenzen von Jonas' Überlegungen will ich auch *ex negativo* auf methodologische Desiderate für eine Anwendungsbezogene Ethik, am Beispiel der moralischen Herausforderungen des Klimawandels, aufmerksam machen.

Ich werde das *Prinzip Verantwortung* nicht einer werkexegetischen Gesamtkritik[14] unterziehen oder einzelne Annahmen in systematischer Zuspitzung analysieren,[15] vielmehr will ich eine modulare Auseinandersetzung vornehmen. Mit ›modular‹ ist gemeint, dass ich zusammenhängende Textstellen in *Das Prinzip Verantwortung* herausgreife und sie schrittweise als isolierbare Argumente rekonstruiere, um diese Module sodann immanent und in methodologischer Hinsicht als Beiträge zur Angewandten Ethik zu problematisieren.[16]

In Jonas' Hauptwerk lassen sich zwei Argumentationslinien identifizieren,[17] wobei ich mich insbesondere auf die erste, die bislang weniger

---

14 Getrude Hirsch Hadorn: *Umwelt, Natur und Moral. Eine Kritik an Hans Jonas, Vittorio Hösle und Georg Picht*, Freiburg im Breisgau 2000; vgl. auch Theresa Morris: *Hans Jonas' Ethic of Responsibility. From Ontology to Ecology*, Albany, NY 2013; vgl. auch Robert Theiss: *Hans Jonas. Etappen seines Denkweges*, Wiesbaden 2019.

15 Hastedt: *Aufklärung und Technik – Grundprobleme einer Ethik der Technik* oder Schäfer: *Das Bacon-Projekt. Von der Erkenntnis, Nutzung und Schonung der Natur.*

16 In den 1980er und 1990er Jahren wurden vor allem im Umkreis der Diskursethik bzw. Transzendentalpragmatik bereits detaillierte Kritiken der Argumentationen von Jonas vorgelegt, insbesondere allerdings mit dem Ziel, eine diskurspragmatische Begründung für die als treffend erachteten moralisch-materialen Intuitionen bei Jonas zu liefern. Wolfgang Kuhlmann benennt diese Intuitionen beispielsweise wie folgt: (1) Die Menschheit soll existieren, (2) das Wesen des Menschen soll erhalten werden, (3) Natur hat Anspruch auf unseren Schutz, (4) es besteht eine epistemische Pflicht, sich Wissen über Langzeitfolgen von technologischen Handlungsweisen zu verschaffen, (5) die Menschen sollen sich eine komplementäre, emotionale Sensibilität für die Punkte 1–4 verschaffen. Kuhlmann bietet für diese Pflichten eine diskursethische Begründung an, vgl. Wolfgang Kuhlmann: »Prinzip Verantwortung versus Diskursethik«, in: Dietrich Böhler (Hg.): *Ethik für die Zukunft. Im Diskurs mit Hans Jonas*, München 1994, S. 277–302, hier S. 282; 287. Dietrich Böhler bietet eine Kritik an Jonas und eine diskursethische Alternativbegründung der beiden für defizitär erachteten metaphysischen Begründungsversuche (»Teleologie des Lebens«, »spekulative Theologie«), vgl. Dietrich Böhler: *Verbindlichkeit aus dem Diskurs. Denken und Handeln nach der Wende zur kommunikativen Ethik – Orientierung in der ökologischen Dauerkrise*, Freiburg im Breisgau, München 2014, S. 428–448; 479–491. Eine Übersicht zu weiteren Auseinandersetzungen mit Jonas findet sich bei Manfred Brocker: »Gibt es eine Pflicht, die Menschheit zu erhalten? Rechtliche, ethische und politisch-institutionelle Antworten auf eine existentielle Frage«, in: Georg Pfleiderer, Harald Matern und Jens Köhrsen (Hg.): *Krise der Zukunft II. Verantwortung und Freiheit angesichts apokalyptischer Szenarien*, Baden-Baden, Zürich 2018, S. 187–211, hier S. 198.

17 Micha Werner unterscheidet dagegen zwei andere »Argumentationspfade« bei Jonas: den intuitionistischen und den naturphilosophisch-metaphysischen Pfad, vgl. Micha

Aufmerksamkeit erfahren hat, konzentrieren werde. Die erste Argumentationslinie[18] soll eine Pflicht zum Erhalt der Menschheit begründen, wobei Menschen primär als handlungs- und moralitätsfähige Wesen verstanden werden. Dagegen soll die zweite Argumentationslinie eine Pflicht zum Erhalt der Natur als Ganzes und einen moralischen Eigenwert der Natur etablieren. Die erste Linie enthält zwei Kernargumente: Das *Argument vom Erhalt der Pflichtadressaten*, das in der Literatur bislang noch nicht als eigenständiges Argument diskutiert wurde, und das *Argument aus der ontologischen Idee des Menschen*. Die zweite Linie bietet[19] u.a. mit einem Argument, das wir das *Nirvana-Argument*[20] nennen können, den Versuch, sowohl eine Wertungsfähigkeit der Natur aufzuzeigen als auch das Erfordernis gegenüber Subjekten nachzuweisen, diese Natur als absolut wertvoll anzuerkennen. Das vierte Modul, das die zwei Argumentationslinien in motivationaler Hinsicht ergänzen soll, bildet ein phänomenologisches Argument über ›das Kind‹ als archetypische Instanz von Verantwortung und deren analogische Übertragung auf das Naturganze.

Im Folgenden werde ich so vorgehen, dass ich im ersten Abschnitt Jonas' Argumentation für das Erfordernis einer neuartigen Ethik herausarbeite. Hier ist u.a. zu unterscheiden zwischen inhaltlich neuen Normen (›Neues in der Ethik‹) und der Neu- oder Weiterentwicklung des methodischen Vorgehens der Ethik (›Neues für die Ethik‹).

Im zweiten Abschnitt gehe ich schrittweise die vier oben genannten Module von Jonas' Versuch einer inhaltlich neuen Moralbegründung durch und rekonstruiere diese als eigenständige Argumente.

Das ›Argument vom Erhalt der Pflichtadressaten‹ (2.1) erweist sich als gleichsam transzendentale Denkfigur, wobei jedoch der von Jonas implizit

---

Werner: »Dimensionen von Verantwortung. Ein Werkstattbericht zur Zukunftsethik von Hans Jonas«, in: Dietrich Böhler (Hg.): *Ethik für die Zukunft. Im Diskurs mit Hans Jonas*, München 1994, S. 303–338, hier S. 313. Der »naturphilosophisch-metaphysische Pfad« ist in meiner Rekonstruktion identisch mit der 2. Argumentationslinie; die Rede von einem »intuitionistischen« Vorgehen trifft meines Erachtens nicht die erste Argumentationslinie, und wäre vielmehr nur in Bezug auf das vierte Modul, die Anmutung von Verantwortlichkeit durch Instanz und Objekt »Säugling«, passend.

18 Jonas: *Das Prinzip Verantwortung*, S. 33–94.

19 Ebd., S. 105–159.

20 Das Argument können wir als das ›Nirvana-Argument‹ bezeichnen, da Jonas darin zeigt, dass der Opponent auf selbstwidersprüchliche Weise die »Lehre vom Nirvana« präferieren müsste, obschon diese Lehre »den Wert des Zweckhabens verneint.« (ebd., S. 152)

vorausgesetzte Moralbegriff klärungsbedürftig bleibt. Allerdings kann Jonas im Zuge dieses Arguments auf eine methodische Erkenntnis für die Ethik hinweisen: Es besteht eine zusätzliche Vorsorgepflicht für die effektive Normenerfüllung, die mit jeder moralisch legitimen Pflicht verbunden ist (›Zusatzpflicht‹).

Ähnlich wie Derek Parfit sieht Jonas im Zuge seines ›Argumentes aus der ontologischen Idee des Menschen‹ (2.2), dass eine gedankenexperimentell eruierte Pflicht gegenüber zukünftigen Menschen nicht auf deren antizipierten Wünschen basieren kann. Wie rekonstruiert wird, verhält sich dieses Argument strukturähnlich zum Pflichtadressatenargument; nun allerdings mit der Setzung von der intrinsischen Güte der Idee vom Menschen als eines werturteilsfähigen Wesens.

Bei Rekonstruktion der zweiten Argumentationslinie (2.3) zeigt sich, dass Jonas den von ihm als erforderlich identifizierten Schritt zu einer metaphysischen Fundierung der Ethik als innovativ ansieht. Das erweist sich, so meine These, einerseits als harmlos (jede Ethik enthält *ontological commitments*), andererseits aber aufgrund des Fehlens rationaler Begründungsschritte als problematisch.

Im dritten Abschnitt geht es um Probleme des Anwendungsbezugs der Jonas'schen Ethik. Es werden verschiedene Konsequenzen aus Jonas' Moralbegründung diskutiert. Es wird gezeigt (3.1), dass und warum ein von Jonas präferierter Objektwert niemals universalmoralisch verbindlicher Wertmaßstab für die Handlungsorientierung sein kann (Problem der ›praktischen Lücke‹). Hinsichtlich der Operationalisierung der Moralprinzipien stellt sich vor allem deren Fokus auf zwei Ganzheitsphänomene als problematisch heraus (3.2). Jonas' ›Heuristik der Furcht‹ kann im Sinne eines *Precautionary Principle* zwar als Motivationsargument Bedeutung haben, in epistemischer Hinsicht ist sie jedoch kritikwürdig. Weiter verdeutlicht wird dies in Abschnitt 3.3 durch eine Kritik an Jonas' Konzeption der für die Angewandte Ethik relevanten Wissenstypen (Prinzipienwissen, Tatsachenwissen, Durchsetzungswissen), die in *Das Prinzip Verantwortung* einer isolierten und starren epistemischen Arbeitsteilung, und somit auch dem damit einhergehenden Subsumtionsmodell, unterliegen.

1. Zur Problembeschreibung: Das Erfordernis einer ›neuen Ethik‹

In *Das Prinzip Verantwortung* erklärt Hans Jonas, die Menschheit und die Biosphäre als Ganzes seien zu Gegenständen der Kausalverantwortung der Menschen geworden, »weil wir Macht darüber haben«.[21] »Keine frühere Ethik«, so Jonas, »hatte die globale Bedingung menschlichen Lebens und die ferne Zukunft, ja Existenz der Gattung zu berücksichtigen. Dass sie heute aber im Spiel sind, verlangt [...] eine neue Auffassung von Rechten und Pflichten, für die keine frühere Ethik und Metaphysik auch nur die Prinzipien, geschweige denn die fertige Doktrin bietet«.[22] Spätestens mit dem zweiten Weltkrieg habe sich gezeigt, dass es »kollektiv-kumulativ-technologisches Handeln« gibt, das hinsichtlich seiner »Gegenstände und Ausmaße neuartig« ist.[23] Die Kausalverantwortung der Menschheit erstrecke sich auch auf eine mögliche Selbstzerstörung. Jonas denkt hier vor allem an Risiken der Nutzung von Biotechnologien am Menschen sowie an Kernspaltung in ziviler und militärischer Absicht, ebenso aber auch an anderweitig bedingte Zerstörung von natürlich-ursprünglicher Umwelt. Die Existenz der menschlichen Gattung sowie funktionierender Ökosysteme sei, so Jonas' Diagnose, in handlungspraktischer Hinsicht heute kontingent und somit von Menschen zu verantworten: »Das Zugrundegehen des Ganzen durch Taten der Menschen [...] [ist] eine reale Möglichkeit geworden«.[24] Hieraus ergeben sich neue Aufgaben für die philosophische Ethik, wie Jonas in dem folgenden Schluss nachzuweisen sucht:[25]

1. Ethik dient der Ordnung des Handelns und der Regulierung von Handlungsmacht.
2. Das Ordnungsprinzip muss »der Art des zu Ordnenden zugepasst sein«.[26]
3. [Aus Erfahrung ist bekannt:] Es gibt neuartige Vermögen des Handelns.

K. »Daher erfordern neuartige Vermögen des Handelns neue Regeln der Ethik und vielleicht sogar eine neuartige Ethik«.[27]

---

21 Ebd., S. 29.
22 Ebd., S. 30f.
23 Ebd., S. 59.
24 Ebd., S. 35.
25 Ebd., S. 59; vgl. auch S. 17.
26 Ebd., S. 59.
27 Ebd., S. 59.

Der Schluss scheint plausibel: Durch veränderte Handlungsfähigkeit und -umstände ergeben sich neue moralische Fragen, die verschiedentlich neue ethische Überlegungen erfordern. Wie es Zygmunt Bauman in *Postmoderne Ethik* ausdrückt: »Die moralische Agenda unserer Zeit ist voll von Punkten, die Philosophen vergangener Zeiten kaum je oder überhaupt nicht berührten, und zwar aus gutem Grund: Sie wurden seinerzeit nicht als Teil menschlicher Erfahrung angesehen«.[28] Neue Herausforderungen, so lässt sich mit Blick auf Jonas' oben zitierten Schluss sagen, erfordern ›neue Regeln der Ethik‹ oder zumindest die *Neuprüfung* bestehender Regeln und Argumentationen hinsichtlich ihrer Orientierungsleistung oder Plausibilität. Damit ist die Generierung bestimmter *inhaltlicher* Regeln durch ethische Theoriebildung gemeint, die als Standards für normative Vorgaben und Einordnungsmöglichkeiten für bislang nicht oder nicht hinreichend adressierte Handlungsweisen und -situationen dienen können. Die Findung inhaltlicher Regeln kann gesehen werden als Aus- und Weiterführung, aber auch als Variation von Ressourcen aus der philosophisch-ethischen Tradition. Insgesamt wäre damit gemeint, dass eine nicht veränderte oder nur teilweise variierte Form der ethischen Theoriebildung neue Normen generiert.

Jonas bezieht sich im oben zitierten Schluss aber nicht nur auf neu zu findende Regeln, sondern er spricht auch von einer ›neuartigen Ethik‹. Wie in *Das Prinzip Verantwortung* deutlich wird, nimmt Jonas hierbei eine Abgrenzung seines Ansatzes von der »bisherigen«,[29] »herkömmlichen«,[30] »traditionellen«,[31] »überlieferten«,[32] »früheren«,[33] oder »klassischen Ethik«[34] vor. Jonas sieht in der bisherigen Ethik theoretische Defizite, um auf komplexe, global und zeitlich weit dimensionierte, technologisch induzierte moralische Herausforderungen zu reagieren. Mit ›neuartiger Ethik‹ ist demnach nicht das Finden inhaltlich neuer Regeln durch hermeneutische Applikation oder Variation bestehender Theorieressourcen gemeint, vielmehr wird die Ethik hier in ihrem methodischen Selbstverständnis adressiert. Es geht um eine mögliche Revision ihrer Methoden, Gegenstände und Ziele.

---

28 Zygmunt Bauman: *Postmoderne Ethik*, Hamburg 1995, S. 9.
29 Jonas: *Das Prinzip Verantwortung*, S. 27, 24.
30 Ebd., S. 29.
31 Ebd., S. 17.
32 Ebd., S. 23.
33 Ebd., S. 28.
34 Ebd. S. 29.

Jonas' Kritik der ›bisherigen Ethik‹ kann also mindestens zweierlei betreffen. Zum einen kann gemeint sein, die Theoriebildung der Ethik müsse neue, dem veränderten Gegenstand angemessene Normen bereitstellen (»inhaltlich neue Regeln«).[35] Zum anderen wird gefragt, ob und inwiefern eine neue Form der Theoriebildung in der Ethik erforderlich sei.[36] Letzteres würde Fragen betreffen wie z.B., welche Gründe und Erkenntnisquellen für die philosophische Ethik relevant sind oder zugelassen werden sollen, ob und inwiefern Ethik sich auch rhetorischer Mittel (Übertreibung, Zuspitzung, generell Adressierung des Pathos) oder nur rationaler Argumente bedienen soll, oder wie der Bezug von theoretisch-ethischer Erkenntnis und den Gegenständen der praktischen Welt zu konzipieren ist, u.v.m.

Wie der oben zitierte Schluss zeigt, ist für Jonas die Diagnose einer veränderten Handlungsumgebung sowohl Anlass als auch Grund für die erforderliche Reflexion und Überarbeitung der Ethik. Der Autor reagiert damit auf eine zeitgenössische, außertheoretisch relevante Problemlage, um diese einer moralischen Ordnung und Regulierung mit den Mitteln der Ethik zugänglich zu machen.[37] Da zudem das Ziel der Handlungsorientierung in ökologisch-ethischen Fragen gesetzt ist, können wir Jonas' *Prinzip Verantwortung* als den Versuch, eine neuartige Ethik mit Anwendungsbezug zu entwickeln, begreifen.

Das ist legitim, obschon bei Abfassung des Werks die Angewandte Ethik noch nicht in der Gestalt wie heute etabliert war. Der Sache nach besteht das Anliegen einer ›praktischen Ethik‹ jedoch immer, und das auch ohne die Vokabel der ›Anwendung‹ oder die Bezeichnung von bestimmten Bindestrich- und Bereichsethiken. Auch wenn im Umriss konventionell klar ist, was ›anwendungsbezogene Ethik‹ sein könnte und sollte, gibt es viele Fragen wie diese philosophische Reflexion über Moral, moralische Urteile und Denkweisen methoden- und kriterien-geleitet ausgeführt werden sollte.[38] Plausibel und weitgehend anerkannt ist allerdings die These, dass

---

35 Dies betrifft Äußerungen wie zum Beispiel: Erforderlich sei eine »neue Dimension« der Ethik (ebd., S. 28) oder etwas Neues »von ethischer Bedeutsamkeit« sei zu bearbeiten (ebd., S. 24).

36 Hierfür stehen dagegen beispielhaft Aussagen wie die folgenden: Es solle eine »Änderung in der Ethik« (ebd., S. 17) erarbeitet werden. Oder nun solle auch »das Gut außermenschlicher Dinge« Gegenstand der Ethik werden (ebd., S. 31), was »kein geringes Umdenken in den Grundlagen der Ethik« erfordern würde (ebd., S. 31).

37 Ebd., S. 59.

38 Richter: »Die Unhintergehbarkeit der Reflexion in der anwendungsbezogenen Ethik«, in: Müller, Richter und Potthast (Hg.): *Abwägen und Anwenden*, S. 27–32.

die philosophisch-ethische Reflexion ›in Anwendung‹ nicht als statisches Ableitungsmodell funktioniert. Ihr Vorgehen ist methodisch reicher und es gibt mehr, das hier zu fassen und zu konzeptualisieren wäre. So muss Ethik in Anwendung u.a. argumentativ-reflexiv, vorbehaltlos kritisch und insgesamt als Verbindung von allgemein-normativen Grundlagentheoremen mit spezifischen, fallbezogenen und empirischen Informationen verstanden werden.[39] Eine besondere Herausforderung besteht darin, das Feedback aus der deskriptiv-normativ gemischten Arbeit an konkreten Fällen oder Szenarien als Element in die allgemeine und normative Theoriebildung aufzunehmen.

Wenn wir nun Jonas' Argumentation als Beitrag zur anwendungsbezogenen Ethik auffassen und prüfen, dann können wir unterscheiden, ob *Neues in der Ethik* (z.B. Findung und Begründung inhaltlich neuer Normen, Variationen tradierter Philosopheme), oder etwas *Neues für die Ethik* (z.B. neue Basisannahmen oder Weitentwicklung theoretischer Grundlagen, neue Methoden der Problemlösung) ausgeführt oder beigetragen wird.

Zunächst einmal können wir jedoch sagen, dass Jonas' Bruch mit der ›bisherigen‹ oder ›herkömmlichen Ethik‹ *nichts Neues für die Ethik* ist. Dass liegt daran, dass jede ethische Überlegung, die sich als philosophische Argumentation versteht, mit einem kritischen Anspruch gegenüber bisherigen Überlegungen auftreten muss.

Es fällt jedoch auf, dass Jonas – wie die ›bisherige Ethik‹ – davon ausgeht, dass ethische Argumentationen ein ›Ordnungsprinzip‹ aufstellen und begründen sollen.[40] Das gesuchte Ordnungsprinzip ist für Jonas ein Moralprinzip in Gestalt eines kategorischen Imperativs – der Autor variiert hier ein Philosophem der ›bisherigen Ethik‹ Kants. Der ›neue Imperativ‹ reagiert auf die qua kollektiver Handlungsmacht aus Jonas' Sicht real-mögliche Zerstörung der Menschheit und soll hier harte moralische Grenzen für individuelle und kollektive Handlungen ableitbar machen.[41] Der Imperativ tritt in vier Formulierungen auf, die unterschiedliche Akzentuierungen vornehmen, jedoch alle folgenorientiert den Fortbestand und die Integrität der Menschheit zur moralischen Norm machen.[42] Jonas

39 Ebd., S. 30, 34, 48–51.

40 Ebd., S. 59.

41 Ebd., S. 38.

42 Formel 1: »Handle so, dass die Wirkungen deiner Handlung verträglich sind mit der Permanenz echten menschlichen Lebens auf Erden.« – Die Operationalisierung von »Permanenz echten menschlichen Lebens auf Erden« bleibt unklar. Wie ist das echte vom unechten oder weniger echten menschlichen Leben zu unterscheiden? Wie

arbeitet nicht mit dem strengen Terminus ›kategorischer Imperativ‹ nach Kant; die Vokabel signalisiert hier vielmehr, dass die vier Formulierungen den Status von Moralprinzipien haben sollen. Bei genauerer Betrachtung erweisen sich die Formeln allerdings gemäß Kantischer Begrifflichkeit als hypothetische Imperative. Sie gelten, wenn wir das »Axiom«[43] »die Anwesenheit des Menschen in der Welt« sei moralisch geboten,[44] anerkennen. Wenn es gut ist, dass Menschen existieren, dann ist es geboten, die ›künftige Möglichkeit solchen Lebens‹ nicht zu zerstören. Diese Formeln sind also analytische Urteile (qua vermiedenem Widerspruch) aus dem Axiom. Die Anerkennung des Axioms ist aber logisch nicht zwingend, sondern vielmehr von einer kontingenten Entscheidung abhängig. Warum wir diese

---

ließe sich das Erreichen von »Permanenz« überprüfen, wenn diese sich doch auf eine endlos gedachte Zukunft bezieht? Zudem fällt auf, dass die Formel auf das Kriterium der »Verträglichkeit« gerichtet ist. Hier gibt es also Spielräume. Vieles kann noch als verträglich mit x beurteilt werden.

Formel 2: »Handle so, dass die Wirkungen deiner Handlung nicht zerstörerisch sind für die künftige Möglichkeit solchen Lebens.« – Das Kriterium »nicht zerstörerisch« ist klarer als in Formel 1. Die Handlungsfolgen dürfen die zu antizipierende, »künftige Möglichkeit eines solchen Lebens« (Formel 2 ist hier abhängig von Formel 1) nicht negieren.

Formel 3: »Gefährde nicht die Bedingungen für den indefiniten Fortbestand der Menschheit auf Erden.« – Wie in Bezug auf »Permanenz« besteht hier ein Überprüfungsproblem von »indefinit«. Wie ließe sich wissen, dass die Handlungsfolgen ins Endlose gedacht zu keiner Gefährdung der Bedingungen führen? Es müsste vor allem benannt werden, welche Bedingungen gemeint sind. Was gehört zwingend zum menschlichen Leben und einem Fortbestand der Menschheit und was nicht, weil es sich z.B. durch Anderes ersetzen ließe? »Menschheit« ist hier mehrdeutig. Dieser Begriff kann extensional (die vielen Menschen, Exemplare der Gattung) oder intensional (Wesen des Menschen; das, was das Menschsein eigentlich ist und sein soll) gemeint sein. Nach dem extensionalen Begriff wäre zu fragen, wie viele Menschen existieren müssen, um den Fortbestand der Menschheit gesichert zu wissen. Nach dem intensionalen Begriff ist die Frage, welche Qualitäten die Lebewesen aufweisen müssen, um als echte Menschen zu gelten.

Formel 4: »Schließe in deine gegenwärtige Wahl die zukünftige Integrität des Menschen als Mit-Gegenstand deines Wollens ein.« – Da die 4. Formel eine Reformulierung der 3. Formel sei, erhalten wir ein Indiz für die Bedeutung von »Menschheit« in Formel 3. Jonas spricht in der 4. Formel von der »Integrität des Menschen« (und nicht von einer Anzahl), demnach wäre in den Formeln 3 und 4 von einer Wesensbestimmung des Menschen die Rede, also: »Menschheit« als das Menschsein (intensional). – Gemäß der 4. Formel wäre also dafür zu sorgen, dass das Menschsein als eine auf bestimmte Weise qualifizierte Lebensform auch zukünftig gesichert ist.

43 Jonas: *Das Prinzip Verantwortung*, S. 38.

44 Ebd., S. 35f.

Entscheidung treffen sollen, muss von Jonas, wie er einräumt,[45] erst noch begründet werden.

Auf die Problematik der Formeln hinsichtlich ihrer handlungspraktischen Umsetzung (›Operationalisierung‹), ungeachtet ihrer Begründung, kommen wir in Abschnitt 3 zurück. Wir müssen zunächst Jonas' Versuch einer Begründung für das Axiom, das als neue inhaltliche Regel in der Ethik auftritt, nach den argumentativen Maßstäben der philosophischen Ethik prüfen.

2. ›Keine Ethik ohne handlungsfähige Wesen!‹ – die erste Argumentationslinie

Um das Erfordernis einer neuen Argumentationslinie in der Ethik zu motivieren, geht Jonas auf Defizite im Verantwortungsverständnis der bisherigen Ethik ein. Nach bisherigen Theorien der Ethik, so Jonas, beziehe sich der Ausgangspunkt für die Zuschreibung moralischer Verantwortung ausschließlich auf das Verhalten von »selbständigen Erwachsenen«.[46] Davon unterscheidet der Autor die für seine Argumentation relevante Verantwortung für Kinder, d.h., wirkliche Menschen, die im Werden begriffen sind, sowie weiter die Verantwortung für zukünftige Menschen, die er als mögliche, aber noch nicht wirkliche Menschen charakterisiert. Demnach bestünden also drei Verhältnisse moralisch relevanter Verantwortung: Zunächst ist dies (1.) die wechselseitige Verantwortung von gleichzeitigen Erwachsenen, sodann (2.) die einseitige Verantwortung eines Erwachsenen als Elter zu Kind sowie (3.) die einseitige Verantwortung von erwachsenen Menschen gegenüber noch nicht wirklichen Menschen.

Den ersten Fall sieht Jonas als unproblematisch und nicht diskussionswürdig an. Beim zweiten Verantwortungsverhältnis sieht der Autor die Begründung für eine einseitige Verantwortung in der Aktualisierung von Kausalmacht der Zeugung (»Urheberschaft für sein [sc. des Kindes] Dasein«).[47] Insofern die Zeugung auch hätte unterlassen werden können, bestünden nach Zeugung Pflichten, das Dasein des Kindes zu erhalten und für dieses zu sorgen.

---

45 Ebd., S. 38.
46 Ebd., S. 48.
47 Ebd., S. 85.

Im Fall des dritten Verantwortungsverhältnisses besteht keine verwandtschaftliche Beziehung und auch keine direkte Kausalverantwortung qua Zeugung. Es geht um Menschen, die beziehungslos zu uns heutigen in einer fernen Zukunft existieren. Dass und wie diese zukünftigen Menschen existieren werden, kann, so Jonas, aufgrund der Handlungsmacht der heutigen Menschheit nicht als gesichert unterstellt werden. Es stellt sich daher die Frage, ob die Sorge für ein Dasein der künftigen Menschen moralisch geboten ist oder ob der Pessimist richtig liegt, wenn er empfiehlt, unter solch unsicheren und schlechten Bedingungen besser nicht für den Fortbestand der Menschheit zu sorgen. Um diese Frage zu beantworten, entwickelt der Autor ein Argument, das wir das *Argument aus der ontologischen Idee der Menschheit* nennen können. Zum Modul dieses Arguments gehört eine Vorüberlegung, die strukturähnlich zum *Argument aus der Idee* ist. Ich nenne es das *Argument vom Erhalt der Pflichtadressaten.*[48]

2.1 Das Argument vom Erhalt der Pflichtadressaten

Das *Argument vom Erhalt der Pflichtadressaten*, das Jonas am Anfang von *Das Prinzip Verantwortung* entwickelt, lässt sich wie folgt rekonstruieren:

1. Die »Anwesenheit des Menschen in der Welt« ist kontingent.
2. Im menschlichen Zusammenleben hat sich gezeigt, dass es moralische Pflichten gibt.
3. [Begriffsanalyse:] Jede Pflicht erfordert Adressaten der Pflichtausführung.
4. Es könnte geschehen, dass moralische Pflichten bestehen [Prämisse 2], aber keine Adressaten der Pflichten existieren [Prämisse 1].

48 Soweit ich es überblicke, wurde dieses bei Jonas rekonstruierbare Argument in der Literatur bislang noch nicht als eigenständiges Argument entdeckt oder diskutiert. Der Sache nach erörtern allerdings Dietrich Böhler und Wolfgang Kuhlmann stellenweise Jonas' verantwortungsethische Erkenntnis, dass Moral vorsorgend bewahrt und die Bedingungen ihrer Durchsetzbarkeit gestaltet werden müssen, weil Moral sein soll, vgl. Böhler: *Verbindlichkeit aus dem Diskurs*, S. 416–421. Kuhlmann schreibt, mit Jonas könnten wir feststellen, dass die erste moralische Verpflichtung darin bestehe, »Moral überhaupt weiter möglich zu machen«, vgl. Wolfgang Kuhlmann: »Prinzip Verantwortung versus Diskursethik«, in: Böhler (Hg.): *Ethik für die Zukunft*, S. 277–302, hier S. 297.

c. Also [vermiedener Widerspruch]: »Es muss das Vorhandensein bloßer Kandidaten für ein moralisches Universum in der physischen Welt« gesichert werden.[49]

Um auf die Konklusion schließen zu können, müssen wir Prämisse 2 so interpretieren, dass moralische Pflichten zwar im Denken und Handeln der Menschen ›in der physischen Welt‹ vorkommen, sie aber hinsichtlich ihrer Begründung, Gültigkeit und Normativität nicht allein von individuellen oder gattungsmäßigen Eigenschaften dieser oder jener Menschen abhängen. Nur dann ist es plausibel anzunehmen, moralische Pflichten hätten als Sollensforderungen eine *potentiell* nötigende Wirkung, auch wenn es die möglichen Adressaten dieser Pflicht, die diese denken, kritisch prüfen und ausführen könnten, gerade nicht interessiert, sie durch den Überlebenskampf permanent abgelenkt sind oder sie schlicht nicht mehr existieren. Wie von mathematischen Gleichungen und Folgerungen manchmal gesagt wird, sie bestünden als Strukturen unabhängig ihres Nachvollzuges oder ihrer Beachtung, so könnte dies auch von moralischen Pflichten gelten. Inwiefern dies plausibel ist, will ich hier nicht diskutieren. Für Jonas' Argument ist lediglich entscheidend, dass sich die heutigen Adressaten moralischer Pflichten auf das mögliche Szenario (Prämisse 4) besinnen und um des Erhalts von Moral inklusive ihrer Adressaten willen vorsorgend tätig werden.

Man könnte Jonas' Argument als eine gleichsam transzendentale Denkfigur auffassen.[50] Von der Wirklichkeit des Verpflichtetseins (Prämisse 2) wird abduktiv auf die Bedingung der Möglichkeit bzw. auf eine Präsupposition von Verpflichtung geschlossen. Gesetzt also, es bestehen moralische Verpflichtungen und es gilt, keine Pflicht ohne verpflichtete Subjekte, dann müssen wir auch zugeben, dass, um willen der Pflichtausführung, Subjekte existieren müssen. Jonas zieht hier jedoch keinen Schluss allein auf eine Existenzaussage, vielmehr ist der Schluss auch praktisch zu deuten: Wer das Argument anerkennt, erhält Handlungsgründe, sich das weitere und zukünftige Leben von ›Kandidaten für ein moralisches Universum‹ zur Aufgabe zu machen.

Es fällt auf, dass im *Pflichtadressaten-Argument* eine semantische Verschiebung vom inhaltlich reichen und vieldeutigen Begriff des ›Menschen‹

49 Jonas: *Das Prinzip Verantwortung*, S. 36.
50 In diesem Sinne erklärt Jonas auch: »Zugespitzt lässt sich sagen: Die Möglichkeit, dass es Verantwortung gebe, ist die allem vorausliegende Verantwortung« (ebd., S. 182).

zur formalen Rede von ›Kandidaten‹ stattfindet. Das ergibt durchaus Sinn. Um den Widerspruch zu vermeiden, ist es nämlich nicht notwendig, dass Menschen gemäß einer heute aktuellen oder einer von Jonas präferierten Vorstellung existieren. Es könnte sich auch um andere der Verpflichtung fähige Wesen handeln; es wäre nicht einmal zwingend, dass diese organisch-lebendig sind. Allerdings wird man das aufgrund mangelnder Erfahrung als Spekulation abtun und, so das Argument überzeugt, den Fokus auf den Erhalt der Menschheit als Gesamtheit möglicher Pflichtadressaten legen.

Es ist durchaus stimmig zu behaupten: Wenn moralisches Denken und Handeln sein sollen, dann sollen auch Handlungen ausgeführt werden, die dieses erhalten. Die Begründungslast verschiebt sich dann aber auf Klärung des Moralbegriffs, der von Jonas nicht ausgeführt wird, aber kantisch konnotiert scheint: Allgemeinheit und Notwendigkeit bzw. Unbedingtheit von Normen zeichnen die Universalmoral aus. Jonas scheint anzunehmen, dass die unbedingten Forderungen der Moral ›im Raum stehen‹ und sich sodann erst Situationen auftun, in denen Subjekte praktisch denken und sich an den moralischen Forderungen prüfen. Geltungslogisch lässt sich das zum Zwecke der Analyse so aufbauen, allerdings ist Jonas hier vorschnell, was die Existenzannahme von moralischen Forderungen unabhängig von denkenden Menschen betrifft. Denn in der genetisch-operativen Rekonstruktion moralischen Denkens müssen wir doch vom Handlungs- und Reflexionsdruck der Subjekte ausgehen: Was soll ich hier und jetzt tun? Oder: Wie soll ich das Handeln von ihm oder ihr treffend einordnen, beurteilen und kritisieren? Daraus ergeben sich die Fragen nach Regeln, Prinzipien und ihrer Begründung, wie sie in der Ethik verhandelt werden.

Es ist richtig, dass die gemeinsame Annahme jeglicher Theorie in der Ethik die Annahme von der Existenz und Möglichkeit freier Handlungen in Gestalt von Entscheidungen und Werturteilen darstellt.[51] Ethische Über-

51 »Handeln ist das, was den notwendigen Inhalt aller Moralen und ethischer Urteile abgibt, und Handeln ist es auch, welches die unabhängige Variable für die Richtigkeit und Wahrheit ethischer Urteile und Prinzipien konstituiert«, Alan Gewirth: »Die rationalen Grundlagen der Ethik«, in: Klaus Steigleder und Dietmar Mieth (Hg.): *Ethik in den Wissenschaften. Ariadnefaden im technischen Labyrinth?*, Tübingen 1990, S. 3–32, hier S. 12. Vgl. die ausführliche Argumentation in Alan Gewirth: *Reason and Morality*, Chicago 1978, S. 25–30.
Vgl. auch Christoph Hubig: *Technik- und Wissenschaftsethik. Ein Leitfaden*, Berlin, Heidelberg 1995, S. 113: »Der philosophische Blick auf die verschiedenen Ansätze zum Entwurf der Ethik lässt jedoch erkennen, dass die Unterschiedlichkeit der Ethiken im Wesentlichen dadurch begründet ist, dass unterschiedliche Aspekte der Freiheit des

legungen und Theorien wären absurd, so niemandes praktisches Denken und freies Handeln durch diese besser verstanden, informiert, korrigiert oder ausgerichtet werden könnte. Ohne Menschen, keine Werturteile, so Jonas. Aber warum ist es zwingend, Werturteile in der Welt zu haben? Der »gewissenhafte Pessimist« würde, so Jonas, sagen:[52] Es müsse ja nicht unbedingt eine Menschheit geben, insbesondere nicht, wenn die Lebensbedingungen in der Zukunft erwartbar schlecht sein werden. Wenn man dies verallgemeinert, dann könnte der Pessimist die folgende These vertreten: Ohne Werturteile gibt es auch keinen Mangel, keine Enttäuschung und kein Versagen – das ist doch zu begrüßen. Mit dem Hinweis auf die Existenz einiger unbedingter, moralischer Forderungen bietet uns Jonas hier aber kein überzeugendes Gegenargument.[53]

Ungeachtet einiger offener Fragen scheint mir Jonas mit dem *Pflichtadressaten-Argument* doch auch zu Recht auf einen Aspekt des Erhalts von Moralitätsfähigkeit hinzuweisen, der sich im Sinne einer zusätzlichen Follow-Up-Pflicht mit jeder berechtigten, ethischen Forderungen verbinden lässt. Wenn z.B. gilt, dass absichtliche oder fahrlässige Schädigungen der physischen Integrität von Menschen zu vermeiden sind, dann gilt auch, dass die Anlässe dieser Schädigungen (z.B. durch Schutzmaßnahmen im Straßenverkehr, dem Einrichten von Institutionen wie Ordnungsamt, TÜV und Polizei) wirksam reduziert werden müssen. Wir finden die Begründung für derartige vorsorgende und maximierende Zusatzüberlegungen zur Sicherung moralischer Güter gerade auch in deontologischen Theorien, wie z.B. in der rechte-basierten Ethik bei Alan Gewirth[54] und Henry Shue[55] (bei Shue handelt es sich um das Philosophem der institutionellen Vorsorge gegen ›standard threats‹). Aber auch bei Kant finden wir die indirekte Pflicht zur vorsorgenden Sicherung der eigenen Glückseligkeit oder zur Vermeidung von Verrohung um willen des Erhalts der Moralitätsfähigkeit.[56]

Menschen [...] zum Ausgangspunkt der Argumentation genommen werden, Freiheit insgesamt aber nicht in Frage gestellt wird.«

52 Jonas: *Das Prinzip Verantwortung*, S. 87.

53 Obschon Jonas den Skeptiker im Rahmen seiner zweiten Argumentationslinie mit einem Retorsionsargument (›Nirvana-Argument‹) zu widerlegen sucht.

54 Alan Gewirth: *Reason and Morality*, Chicago 1978.

55 Henry Shue: *Basic Rights: Subsistence, Affluence, and U.S. Foreign Policy*, Princeton 2020.

56 »Seine eigene Glückseligkeit sichern, ist Pflicht (wenigstens indirekt)«, Kant, Immanuel: *Grundlegung zur Metaphysik der Sitten*, hrsg. v. Bernd Kraft und Dieter Schöne-

Es ist wichtig zu sehen, dass diese Überlegungen von Kant, Gewirth und Shue sowie das diskutierte Argument von Jonas keine konsequentialistische Moraltheorie erfordern. Vielmehr werden nicht-konsequentialistische Gründe für moralische Güter angeführt (moralische Rechte, Autonomie der Vernunft, bei Jonas: ›die Moral‹), die als fixierte normative Kriterien fungieren. Diese Kriterien können durch maximierende Überlegungen nicht überboten oder ausgesetzt werden, wohl aber gilt es, sie durch diese hinsichtlich ihrer Realisierung vor allem für Abwägungen, Vorsorge und institutionelle Maßnahmen zu informieren. Insofern können wir also, trotz unserer Kritik an der Unvollständigkeit des Pflichtadressatenarguments, feststellen, dass Jonas damit einhergehende Beobachtung treffend ist: Zur Moral gehört, so bestimmte Normen anerkannt oder anerkennungswürdig sind, auch die Vorsorge zur Sicherung der Erfüllung dieser Normen.

2.2 Das Argument aus der ›ontologischen Idee des Menschen‹

Kommen wir für die weitere Rekonstruktion der ersten Argumentationslinie nun zum *Argument aus der ontologischen Idee des Menschen* und betrachten wir nochmals die oben diskutierten drei Verhältnisse von Verantwortlichkeit (Abschnitt 2). Wenn wir uns mit dem dritten Fall der einseitigen Verantwortung für noch nicht wirkliche Menschen befassen, so wird deutlich, dass es hier, im Unterschied zu den beiden anderen Verantwortungsverhältnissen, keinen direkten diskursiven oder gefühlsmäßigen Kontakt gibt.[57] Die künftigen Menschen können nicht gefragt werden. Es müsste daher ein fiktiver Dialog ausgemalt werden, in dem sich die Wünsche und Urteile der späteren Menschen antizipieren ließen. Wie beurteilen sie ihr Schicksal und ihre Lebensbedingungen? Wollen sie (in dieser späteren Welt unter diesen oder jenen Umständen) leben? Wie wollen sie leben?

Angesichts dieser Fragen an ein fiktives Gegenüber weist Jonas nun zu Recht darauf hin, dass hierbei sowohl die faktische Affirmation als auch die faktische Negation durch die zukünftigen Menschen in moralischer Hinsicht kritikwürdig sein können. Entscheidend ist hier der Maßstab, um eine berechtigte von einer unberechtigten Affirmation unterscheiden zu

---

cker, Hamburg 1999, S. 17 bzw. AA IV, 399. Vgl. Immanuel Kant: »Die Metaphysik der Sitten«, in: Ders.: *Die Metaphysik der Sitten*, Werkausgabe Bd. VIII, hrsg. v. Wilhelm Weischedel, Frankfurt am Main 1977, S. 309–634, hier S. 577–580 bzw. AA VI, 442ff.

57 Vgl. Jonas: *Das Prinzip Verantwortung*, S. 67, 83.

können. Wenn künftige Menschen ihr Dasein und Sosein faktisch positiv beurteilen (obschon diese aus ›heutiger Sicht‹ womöglich als erniedrigend, gefährlich, ›unmenschlich‹ etc. gelten müsste), dann könnte dies darin begründet liegen, dass sie aufgrund der Lebensumstände degeneriert sind, ihnen der Vergleich oder richtige Maßstab fehlt oder sie nicht mehr in der Lage sind, ›typisch menschlich‹ zu denken und zu urteilen.[58] Dies könnte der Fall sein, weil sie aufgrund des ständigen Überlebenskampfes keine Muße haben oder weil sie im Sinne dystopischer Visionen gar nicht mehr denken können, da sie durch Drogen, Geräte oder biotechnische Veränderungen dazu nicht fähig sind.[59] Da die heutige Menschheit kausal mitverantwortlich für das Dasein und Sosein der künftigen Menschen ist, können Handlungsfolgen auch als schuldhafter Beitrag zur Degeneration der vormals ›echten‹ menschlichen Lebensweise gesehen werden. Daher kann das antizipierte, empirische Wünschen der zukünftigen Menschen kein Kriterium für die moralische Güte von Handlungen in Bezug auf deren Da- und Sosein darstellen.[60]

Diese Überlegungen veranlassen Jonas zu der Feststellung, dass wir »nicht das antizipierte Wünschen der späteren konsultieren [sollen] (das unser eigenes Erzeugnis sein kann), sondern ihr Sollen, das nicht von uns gemacht ist und über uns beiden steht«.[61] Jonas setzt hier, dass es »ein Sollen« gibt, das gleichermaßen die heutigen und die zukünftigen Menschen als Menschen betrifft. Dieses inhaltlich nicht näher bestimmte Sollen wird von Jonas auch als »Pflicht zum wirklichen Menschentum« bezeichnet und etwas präziser als die »Fähigkeit zu dieser Pflicht, die Fähigkeit sie sich überhaupt zuzusprechen« gefasst.[62] Diese Pflicht oder auch die Idee des

58 Vgl. ebd., S. 87f.

59 Vgl. ebd., S. 88.

60 Was Jonas hier (ebd., S. 87f.) andeutet, hat Derek Parfit als das sog. *Non-Identity-Problem* entwickelt. Dieses besagt, dass künftige Menschen ihre Existenz bzw. Lebensumstände im Gedankenexperiment prinzipiell nicht präferieren können. Sie könnten ihre Lebenssituation nämlich nicht als gut im Unterschied zu Alternativen beurteilen, da sie nur aufgrund von Makro-Entscheidungen der heutigen Menschen existieren und nach deren Alternativ-Entscheidungen andere Menschen existieren würden. Ganz ähnlich wie Jonas zieht Parfit daraus den Schluss, dass es, wenn es in diesem Fall eine Verpflichtung geben sollte, diese eine Verpflichtung gegenüber einem Prinzip und nicht gegenüber fingierten, späteren Menschen sein müsse.

61 Jonas: *Das Prinzip Verantwortung*, S. 88.

62 Ebd.

Menschen[63] ist, so Jonas, »nicht von uns gemacht«.[64] Man könnte hier, wie es Gertrud Hirsch Hadorn mit Blick auf Jonas' Gesamtwerk tut, die absolute, in der Welt wirkende Vernunft einer Gottheit ins Spiel bringen und diese Annahme mit guten Gründen zurückweisen.[65] Mir scheint aber, dass wir Jonas' Argument auch alternativ stark machen können: Als *geistiger* Gegenstand ist die Idee des Menschen der menschlichen Handlungsmacht entzogen. Die Idee kann, so ließe sich weiter annehmen, in einer fernen Zukunft aber vergessen werden oder unerkannt bleiben. Die Idee erhält Relevanz nur, wenn es Subjekte gibt, die diese Idee als Aufgabe erkennen (»sie sich überhaupt zusprechen«)[66] und in die Tat umsetzen können (siehe das Pflichtadressaten-Argument). Die Existenz solcher Subjekte ist heute aufgrund der menschlichen Handlungsmacht aber prekär – derartige Subjekte und ihre Fähigkeiten sind, so Jonas, durch kollektiv-menschliche Handlungen zerstörbar. Wer aber die Idee des Menschen erfasst, so interpretiere ich Jonas, sieht ein, dass sie »die Anwesenheit ihrer Verkörperungen in der Welt fordert«.[67] D.h., nicht die einzelnen, zukünftigen Menschen und ihre antizipierten Wünsche (oder auch ihr Leid, die Verletzung ihrer moralischen Rechte o.ä.) sind Grund der moralischen Verpflichtung, sondern da wir heutigen (zumindest manche), so Jonas, die Idee des Menschen erfasst haben, soll aufgrund der Idee für Realisierung der Exemplare dieser Idee auch zukünftig gesorgt werden. Nach diesem Argument geht es also nur sekundär um die einzelnen Menschen, nämlich nur insofern sie einen Wert als Exemplare der Idee und ihrer praktischen Verwirklichung haben.

Wir müssen hier eine von Jonas nicht ausgeführte Prämisse ergänzen: Weil das, was die Idee ausdrückt, gut ist, ist es auch gut, wenn sie erkannt und in die Tat umgesetzt wird. Daher dürfen das Dasein und Sosein als Pflichterkenntnis und praktische Umsetzung den Menschen auch gegen ihren Willen zugemutet werden.[68] Jonas erklärt dann, obschon sehr vage: »Erst die Idee des Menschen, indem sie uns sagt, warum Menschen sein sollen, sagt uns damit auch, wie sie sein sollen«.[69] Hierzu gibt es mindestens zwei Interpretationen:

---

63 Ebd., S. 90.

64 Ebd., S. 88.

65 Vgl. Hirsch Hadorn: *Umwelt, Natur und Moral*, S. 123, 141, 165, 379ff.

66 Jonas: *Das Prinzip Verantwortung*, S. 88.

67 Ebd., S. 90.

68 Vgl. ebd., S. 89.

69 Ebd., S. 90.

(1.) Jonas sagt an dieser Stelle noch nicht, welche Merkmale die Idee des Menschen genau enthält und auch nicht, was diese intrinsisch gut macht. Der Autor muss Erläuterungen und Gründe noch nachliefern.

(2.) Jonas unterstellt, dass die Idee des Menschen intrinsisch gut ist, belässt es aber bei einer formalen Charakterisierung. Die Pflicht würde dann in der nicht näher bestimmten Aufgabe bestehen: ›Ich soll ein echter Mensch sein!‹ Da hierfür vernünftiges Nachdenken und freies Handeln, also Handlungsfähigkeit in einem weiten Sinne, erforderlich sind, könnten Konzepte von Vernunft, Freiheit und Verantwortungsfähigkeit ›aus der bisherigen Ethik‹ als Elemente der Idee gedeutet werden.[70] Auch im Rückblick auf das Pflichtadressaten-Argument können wir sagen, dass Jonas eine menschliche Besonderheit in der Fähigkeit zu ethischer Reflexion sieht: »We are the only ethical beings«.[71] Daher ließe sich als Follow-Up-Pflicht weiter annehmen, dass die Sollforderung zu ethischer Reflexion auch anderen als Aufgabe ermöglicht werden muss. Wenn wir nun der zweiten Interpretation folgen, ergibt sich der folgende, dem Pflichtadressaten-Argument ähnliche Argumentaufbau:

1. Es gibt eine »ontologische Idee des Menschen«.[72]
2. Das, was die Idee ausdrückt, ist intrinsisch gut.[73]

---

70 So interpretiert dies beispielsweise auch Theresa Morris: *Hans Jonas' Ethic of Responsibility. From Ontology to Ecology*, Albany, NY, S. 120–125.

71 Émile P. Torres: *Human Extinction. A History of the Science and Ethics of Annihilation*, New York, London 2024, S. 291.

72 Jonas: *Das Prinzip Verantwortung*, S. 90.

73 Hier und in Prämisse 1 muss Jonas allerdings unterstellen, dass das Merkmal der intrinsischen Güte der Idee eine handlungspraktische Relevanz hat, sonst folgt die handlungspraktische Konklusion k nicht. Urteile wie z.B. ›X ist gut.‹ würden demnach nicht nur in teilnahmsloser, theoretischer Schau getroffen, sondern müssten im Sinne der Aristotelischen Platon-Kritik in Buch I der *Nikomachischen Ethik* als Bezugnahme auf ein praktisches Gut gedeutet werden. Jonas geht auf die Differenz des theoretischen und des praktischen Wissens allerdings nicht ein, was sich angesichts des auftretenden Problems der »praktischen Lücke« (in Abschnitt 3) als Defizit erweisen wird. Meine Argument-Interpretation ist hier also sehr wohlwollend. Jonas setzt, so müsste man strenger sagen, einfach voraus, dass »Wert oder das ›Gute‹, wenn es dergleichen gibt, [...] ja das Einzige [sei], das von sich her aus der bloßen Möglichkeit auf Existenz dringt« (ebd., S. 99). Wichtig ist zu sehen, dass Jonas hier eigentlich nicht von zu treffenden Urteilen eines Subjekts angesichts der ontologischen Idee spricht, sondern er schreibt so, als sei die Idee gleichsam aktiv forderndes Subjekt (ebd., S. 90). Ich hatte das oben wohlwollend interpretiert und die Einsicht des Subjekts in die Existenz der Idee mit der Einsicht des Subjekts in eine

3. Es wäre eine Welt möglich, in der diese Idee weder erkannt noch praktisch ausgeführt wird.
k. Also [vermiedener Widerspruch[74]]: Es muss für die Existenz »mögliche[r] Täter überhaupt«, die diese Idee erkennen und umsetzen, gesorgt werden.[75]

4. Wir wissen wenig vom Wesen des Menschen.[76]
5. Wir wissen aber, dass das Menschsein nicht voll determiniert ist, sondern auch eine praktische Aufgabe darstellt (›ein Sollen‹, ›eine Pflicht‹).[77]
c. Es muss also [aus k und 5] für die Existenz solcher Lebewesen gesorgt werden, die sich das Menschsein zur Aufgabe machen können.

6. [Konkretisierung von Satz 3; in Bezug auf Handlungsmacht] Es steht in unserer Macht, dass solche Lebewesen existieren oder nicht.
7. Wir sollen also [Analyse aus k und 6] erstens für das Dasein von pflichtfähigen Wesen[78] sorgen, damit es Adressaten der Pflicht, die durch die Idee des Menschen ausgedrückt wird, in der Welt gibt. [›Pflicht zum Dasein‹]
8. Wir sollen also [Analyse aus c und 6; Konkretisierung von Satz 7] zweitens dafür sorgen, dass die künftigen Wesen in der Lage sind, die

---

praktische Nötigung gleichgesetzt. Das ist aber nicht zwingend, da Jonas von der für sich existierenden »ontologischen Idee« des Menschen spricht.

74 Der Widerspruch bestünde zwischen Satz 1: ›Gehalt der Idee ist intrinsisch gut‹ und Satz 2: ›Es ist gut, sie nicht zu erkennen oder praktisch umzusetzen‹.

75 Ebd., S. 91.

76 Einerseits ist die Formulierung dieses Satzes hier plausibel, weil Jonas nichts Inhaltliches zum Wesen des Menschen ausführt sowie, contra Marxistische Geschichtsphilosophie und Fortschrittsglaube, die eigene Theorie mehr oder weniger kohärent als »nicht-eschatologisch« und »anti-utopisch«, also ohne positive Zielvorstellung, charakterisiert (ebd., S. 46f., 377–382). Andererseits ist Jonas vertraut mit existenzphilosophischen und existentialistischen Philosophemen (z.B. Heidegger), die eine negativ-formale, dynamische und reflexive Charakterisierung von Selbstsein (keine positive Wesensbestimmung) annehmen. In diese Richtung äußert sich Jonas an einigen Stellen, vgl. ebd., S. 243f., 370, 373f.

77 Ebd., S. 88.

78 Ich schreibe neutral ›Wesen‹ (obschon Jonas meistens von Menschen spricht). Denn erst das Sosein der Fähigkeit zum Erkennen und Ausführen der Pflicht macht diese Wesen zu echten Menschen. Diese sind also nur dann ›Menschen‹, wenn sie Erkennende und Ausführende der Idee sind. Wenn das Sosein bestimmter Lebewesen nicht diese Fähigkeiten einschließt, dann sind es zwar »Abkömmlinge der Menschenart« (ebd., S. 89), aber nicht echte Menschen.

Pflicht erkennen, sich zusprechen und ausführen zu können. [›Pflicht zum Sosein‹]

Zunächst scheint es, als priorisiere Jonas die Pflicht zur Daseinssorge gegenüber der Pflicht zur Sorge für ein bestimmtes Sosein.[79] An anderer Stelle wird jedoch gesagt, die Betonung liege »gleicherweise auf dem Dass und auf dem Was des Existierensollens«.[80] Insofern erscheinen die Pflichten in Satz 7 und Satz 8 doch nicht hierarchisch geordnet. Das ließe sich plausibilisieren, indem mit Blick auf diese Pflichten ihr Entdeckungs- und Begründungszusammenhang unterschieden wird. Die Entdeckung geht von der ontologischen Idee des Menschen zur Daseinspflicht: Es sollen Exemplare der Idee aufgrund des vermiedenen Widerspruchs existieren, sodann müssen die Exemplare identifiziert werden und wir stoßen auf die erste Soseinspflicht. Denn nicht nur irgendwelche »Abkömmlinge der Menschenart«[81] sollen sein, sondern solche, die in der Lage sind, die Idee zu erfassen und umzusetzen. Schließlich wird die Gruppe der nachgeordneten, zweiten Soseinspflichten entdeckt: Zu sorgen ist für bestimmte Lebensumstände, Wohlergehen und andere Güter, die für die Aktualisierung des typisch menschlichen Soseins relevant sind.

Im Begründungszusammenhang zeigt sich allerdings, dass die Pflicht zum Dasein und die Pflichten zum Sosein zugleich erfüllt werden müssen, da andernfalls ein Widerspruch zur Idee entstünde.

Es wird deutlich, dass Jonas die Sätze 7 und 8 als Ausdruck eines ›kategorischen‹ Imperativs bzw. als Moralprinzipien verstehen will. Zuvor war der »neue Imperativ«[82] noch auf das hypothetisch angenommene Axiom, dass es eine Menschheit geben soll, zurückgeführt worden. Wir hatten rekonstruiert: Wenn Du willst, dass es weiterhin eine Menschheit gibt, dann handle entsprechend der Formulierungen 1 bis 4. Nun will Jonas gezeigt haben, dass der normative Satz, dass es Menschen gebe, unbedingt gilt. In unserer Argument-Rekonstruktion trifft dies allerdings nur zu, wenn die Prämissen 1 und 2 akzeptiert werden. Und das ist die Schwachstelle. Jonas schreibt dazu in plausibilisierender Absicht: »Wert oder das ›Gute‹, wenn es dergleichen gibt, ist ja das Einzige, das von sich her aus der bloßen Möglichkeit auf Existenz dringt«.[83] Plausibler wäre es wohl zu sagen, wer das

79 Ebd., S. 89.
80 Ebd., S. 90.
81 Ebd., S. 89.
82 Ebd., S. 38.
83 Ebd., S. 99.

Gute erkennt, der tut es auch, weil ›gut‹ ein handlungspraktischer Begriff und keiner der teilnahmslosen theoretischen Schau ist. Jedoch will Jonas scheinbar nicht den Umweg über erkennende und handelnde Subjekte gehen, sondern objektivistisch das »existierende« Gute gleichsam für sich selbst sprechen lassen.[84] Wenn wir, wie im Pflichtadressaten-Argument ausgeführt, die Nicht-Relativität normativer Forderungen auf Eigenschaften dieses oder jenes Menschen annehmen (›Normativität als Struktur‹), dann können wir das in gewisser Hinsicht so sagen. Dennoch fehlt der Bezug auf die Bildung von Werturteilen, die, soweit wir wissen, nur von Subjekten ausgeführt werden.

Im *Pflichtadressaten-Argument* blieb die Frage unbeantwortet, warum es Werturteile oder Moral in der Welt geben soll. An dieser Prämisse hängt die normative Konklusion einer handlungspraktischen Sorge für die Existenz weiterer ›Kandidaten für ein moralisches Universum‹. Im Unterschied dazu wird im *Argument aus der ontologischen Idee* von Jonas gesetzt, dass das Menschensein in der vagen, umrisshaften Interpretation als vernünftige, freie, verantwortungsfähige und ethik-sensible Lebensform gut ist. Und was gut ist, soll durch unterstützende Taten sein.

Jonas ist der Meinung, dass dem Universum ohne Verwirklichung dieser Idee, etwas sehr Wertvolles fehlen würde.[85] Dieses Universum wäre gleichsam ärmer als ein Universum, in dem Werturteile und wertsensible Wesen vorkommen. Diese Perspektive ist einerseits nachvollziehbar, wenn etwas Gutes, das in der Welt bereits vorkommt, nun aufgrund von Manipulationsmöglichkeiten als kontingent und verlierbar erscheint. Man denke zum Beispiel an die Ausführungen von Karl Jaspers, der das typisch menschliche Leben als ein freies Leben naheliegenderweise durch den Totalitarismus vom Aussterben bedroht sah.[86] Andererseits ist jedoch zu konstatieren, dass es einen Unterschied macht, ob wir (einige, viele, alle?) etwas faktisch für gut halten oder ob wir etwas für gut halten *sollen* bzw. nach zwingender Argumentation für gut halten *müssen*. Jonas versucht im Sinne der philosophischen Ethik für Letzteres zu argumentieren, erreicht aber nur Ersteres und entsprechende Gefühlslagen: Menschen, die sich und ihres Gleichen, prima facie für gut halten (und dabei die Ambivalenz und für schlecht

---

84 Vgl. ebd., S. 159: »Das unabhängige Gute verlangt, Zweck zu werden. Es kann den freien Willen nicht zwingen, es zu seinem Zweck zu machen, aber es kann ihm die Anerkennung abnötigen.«

85 Vgl. ebd., S. 98f.

86 Torres: *Human Extinction*, S. 294ff.

gehaltene Aspekte menschlicher Aktivitäten ausblenden), wünschen die Fortexistenz dieses Menschseins. Manche sind also bereits überzeugt. Aber besteht diese Überzeugung zu Recht? Das zu prüfen wäre Aufgabe der Ethik: Man müsste hierfür zeigen, dass etwas wertvoll ist, ohne dass es relativ auf menschliche Subjekte oder deren Urteilsperspektive wertvoll ist. Das erscheint sehr herausfordernd und kaum machbar. In der sog. *Ethics of Extinction* wird dies allerdings in verschiedener Hinsicht diskutiert.[87] Hier kann eine Position sein, dass das nicht-gewaltsame oder nicht-leidverbundene Aufhören der menschlichen Gattung aus heutiger Sicht als womöglich bedauernswert erscheint, aber nicht als moralisch falsch gelten muss.[88] Dieses Szenario des Endes der menschlichen Gattung ohne moralische Schädigungen gegenüber einzelnen Menschen (›pure extinction‹) ist allerdings spekulativ; in realistischer Betrachtung besteht ständig eine generationelle Kontinuität der Menschen und hier sind moralische Schädigungen auch vorsorglich zu vermeiden.

Freilich ist aber auch die Frage, was wir fernsten, zukünftigen Generationen von Menschen schulden würden, von ethischer Relevanz. Jonas hat dazu beigetragen, diese Frage prominent in den Fokus philosophischer Auseinandersetzung zu rücken. Das *Pflichtadressaten-Argument* und das *Argument aus der ontologischen Idee des Menschen* bieten aber keine zwingenden ethischen Gründe, die Menschheit in jedem Fall erhalten zu sollen. Wer allerdings bereits überzeugt ist, Moral und die Menschheit seien intrinsisch gut und daher zu erhalten, findet in Jonas einen prominenten Gewährsmann und moralischen (aber nicht ethischen) Fürsprecher.[89] Dann aber wäre Jonas' ethische Argumentation aus epistemischen Gründen eigentlich gar nicht mehr erforderlich.

87 Ebd.

88 Vgl. z.B. Elizabeth Finneron-Burns: »What's Wrong With Human Extinction?«, in: *Canadian Journal of Philosophy*, 47 (2017), Heft 2–3, S. 327–343.

89 Jonas hat diese Problematik, mit seinen Ausführungen primär Gefühlslagen getroffen zu haben, selbst gesehen, wenn er im Band *Erinnerungen* rückblickend schreibt: »Die enorme Wirkung von *Das Prinzip Verantwortung* hängt [...], wenn ich es richtig einschätze, nicht mit seiner philosophischen Grundlegung zusammen, sondern verdankt sich dem allgemeinen Gefühl, dem sich schon damals die einigermaßen aufmerksamen Beobachter immer weniger entziehen konnten, dass mit unserer Menschheit etwas schiefgehen könnte, dass sie sogar eventuell drauf und dran ist, in diesem übermäßig werdenden Wachstum technischer Eingriffe in die Natur ihre eigene Existenz aufs Spiel zu setzen«, Hans Jonas: *Erinnerungen*, Frankfurt, Leipzig 2003, zit. nach Theiss 2019, S. 47.

Mit Blick auf das *Argument aus der ontologischen Idee des Menschen* sieht Jonas, dass die Prämissen 1 und 2 ›metaphysische‹ Sätze sind. Da metaphysische ›Ideen‹ generell kein Gegenstand der Erfahrung sind, können diese im wissenschaftlichen Zugang weder verifiziert noch falsifiziert werden. Es ist stattdessen zu fragen, ob es aus bestimmten Gründen Sinn macht, solche Ideen anzunehmen oder nicht. Daher will Jonas in seiner zweiten Argumentationslinie, die Möglichkeit einer »rationalen Metaphysik«[90] für ethische Argumentationen erörtern.

2.3 Der Eigenwert des Naturganzen und das Nirvana-Argument – die zweite Argumentationslinie

In einer methodologischen Selbstbetrachtung in *Das Prinzip Verantwortung* sieht Jonas den von ihm als erforderlich identifizierten Schritt von der Ethik zur Metaphysik als etwas methodisch Neues für die Ethik an.[91] Dazu lässt sich sagen, dass diese methodenbezogene Weichenstellung zunächst einmal harmlos und für die ethische Methodologie tatsächlich informativ ist. Wenn wir, mit Jonas, die Frage klären wollen, ob ›das Ganze‹ und ›die Menschheit‹ weiterhin existieren sollen, dann müssten wir logisch zuvor grundbegriffliche und damit auch ontologische Fragen klären. ›Metaphysik‹ ist in diesem Sinne zunächst einmal das Titelwort für den Bereich nicht-empirischer Grundbegriffe.[92]

Jonas schreibt: Es »ergibt sich, dass das erste Prinzip der ›Zukünftigkeitsethik‹ nicht selber in der Ethik liegt als einer Lehre vom Tun [...], sondern in der Metaphysik als Lehre vom Sein«.[93] Man kann diese Einlassung wie gesagt zunächst einmal ›harmlos‹ deuten: Jede ethische Ausführung ent-

90 Jonas: *Das Prinzip Verantwortung*, S. 93.

91 Ebd., S. 91ff.

92 Beispielsweise bestimmt Kant „Metaphysik" methodisch neutral wie folgt: »Erkenntnis a priori aus bloßen Begriffen«. Kant erklärt weiter: »Eine praktische Philosophie« wird eine »Metaphysik der Sitten voraussetzen und bedürfen: d.i. eine solche zu haben ist selbst Pflicht, und jeder Mensch hat sie auch, obzwar gemeiniglich nur auf dunkle Art in sich«, Kant: »Die Metaphysik der Sitten«, in: Ders.: *Die Metaphysik der Sitten*, S. 321 bzw. AA VI, 216. Ohne eine solche Begriffsklärung war Jonas' Rede von ›Metaphysik‹, wie Jan C. Schmidt feststellt, argumentationsstrategisch aufgrund der vielfältigen Assoziationsmöglichkeiten wohl nicht optimal, Schmidt: »Die Aktualität der Ethik von Hans Jonas«, in: *Deutsche Zeitschrift für Philosophie*, S. 549.

93 Jonas: *Das Prinzip Verantwortung*, S. 91.

hält bestimmte metaphysische oder genauer ontologische Annahmen.[94] Mit Quine kann man Jonas' Ausführung so interpretieren, dass durch Aussagen, auch in der Ethik, ein bestimmter Referenzbereich zum Thema wird, für den wir durch unsere Rede »ontological commitments« eingehen.[95] Wir verpflichten uns durch ethische Aussagen auf die Setzung von Entitäten sowie u.a. auf bestimmte Präsuppositionen, rationale Standards und handlungstheoretische Annahmen. Freilich kann das in einem zweiten Schritt wiederum reflektiert und begründet werden; unterlassen können wir derartige Setzungen bei der ethischen Theoriebildung jedoch nicht. Die Frage ist also nicht, darauf weist Jan C. Schmidt hin, ob wir in der Ethik eine Metaphysik haben oder haben wollen, sondern welche Metaphysik es sein kann und welche begründbar ist.[96] Insofern ist Jonas' Rede von ›Metaphysik‹ eine Erinnerung an die vorbehaltlose und selbstkritische Reflexion im ethischen Denken: Das Nachdenken in der Ethik kann nicht sinnvoll von anderen philosophischen Grundlagenfragen abgekoppelt und nur isoliert, z.B. in Teilbereichen der Bindestrichethiken, betrieben werden. Denn wenn irgendetwas ohne Begründung vorausgesetzt wird oder das Nachdenken abgebrochen wird, wird nicht vorbehaltlos philosophisch nachgedacht.[97] Insofern erschiene Jonas' ›metaphysische‹ Argumentation für das Dasein eines natürlichen Strebens, das zweckmäßig ist und daher einen Eigenwert hat, zwar als ungewöhnlich, wäre darum jedoch nicht sogleich falsch. Wenn dagegen aber mit ›Metaphysik‹ gemeint wäre, es solle etwas nicht Nachvollziehbares ohne explizite Begründung hingenommen werden, dann ist das nichts Neues für die Ethik, sondern eine Absage an das Bemühen um philosophisch-ethische Erkenntnis.[98] Jonas' ›Metaphysik‹ wäre dann nicht mehr harmlos, sondern kritikwürdig und müsste zurückgewiesen werden. Wir müssen Jonas' zweite Argumentationslinie als etwas potentiell Neues für die Ethik also genauer prüfen.

94 Ebd., S. 92f.

95 Willard Van Orman Quine: »On What There Is«, in: Ders.: *From a Logical Point of View*, Harvard 1953, S. 1–19.

96 Schmidt: »Die Aktualität der Ethik von Hans Jonas«, in: *Deutsche Zeitschrift für Philosophie*, S. 559.

97 Richter: »Die Unhintergehbarkeit der Reflexion in der anwendungsbezogenen Ethik«, in: Müller, Richter und Potthast (Hg.): *Abwägen und Anwenden*, S. 30, 34, 48–51.

98 Hier wäre Heiner Hastedts Kritik an Jonas' schlecht metaphysischem Vorgehen einschlägig, Heiner Hastedt: *Aufklärung und Technik – Grundprobleme einer Ethik der Technik*, Frankfurt am Main 1994, S. 167ff.

Der Autor weist zunächst darauf hin, dass eine mechanistische Ontologie, die im Bereich des Natürlichen, das durch Naturgesetze voll bestimmt sei und keine teleologischen Deutungsmuster zulässt, bestimmte Phänomene nicht hinreichend erklären kann.[99] Manche Phänomene des Lebendigen ließen sich, so Jonas, nicht anders als unter Hinzunahme teleologischer Kategorien eines intentionalen Mittel-Zweck-Denkens verstehen. Zum Beispiel sei ein neugeborener Säugling nicht eine Menge organischer Materie, sondern etwas, das durch Fürsorge weiterleben und erwachsen werden *soll*.[100] ›Säugling‹ bzw. ›Kind‹ wären demnach dichte Begriffe, die sowohl deskriptive als auch normative Elemente enthalten. Eine Ontologie, die dagegen nur mechanisch bewegte Materie kennt, könnte diesem und anderen Phänomen des Lebendigen nicht gerecht werden.

Im Unterschied zu Kant versteht Jonas die Annahme einer zweckgerichteten Organisation lebendiger Naturphänomene nicht als Konstruktionsleistung des menschlichen Subjekts. Während Kant das analogische Denken, es sei die Natur so etwas wie ein Mittel und Zwecke gebrauchendes Subjekt, bekanntlich »in den Status des Denkens einer Als-ob-Natur verweist [...], vertritt Jonas hier eine ontologische These«.[101] Es fällt allerdings schwer, bei Jonas ein schlagendes Argument auszumachen, weshalb wir über die ontologisch deutlich sparsamere Kantische Projektions- bzw. Konstruktionsthese hinausgehen und ein vom menschlichen Denken unabhängiges, gleichsam autonom prozessierendes Natursubjekt annehmen sollten. Die von Jonas vorgelegte immanente Widerlegung einer nur mechanistischen Ontologie erlaubt diesen Schluss nicht. Hier liegt keine vollständige Disjunktion vor. Zum Beispiel: ›Das natürliche Sein ist nur mechanisch‹ und ›Das natürliche Sein ist (auch) teleologisch‹. Beide Positionen können falsch sein, weil sie beispielsweise unpräzise oder zu allgemein formuliert und nicht auf erkennende und verstehende Aktivitäten von Menschen bezogen sind.

---

99 Fälle von mechanisch-teleologisch gemischten Entitäten (»Zwecke im Sein«), die Jonas in extenso diskutiert, sind die Fähigkeit zur intelligenten Körperbewegung (Jonas: *Das Prinzip Verantwortung*, S. 115–128) und die gleichsam automatische, aber organisch-zielorientierte Tätigkeit des Verdauungsorgans (ebd., S. 129ff.).

100 Ebd., S. 229ff.

101 Vgl. Christoph Hubig: »Zum Verhältnis von Natur und Technik in Hans Jonas' Zukunftsethik«, in: Gerald Hartung u.a. (Hg.): *Naturphilosophie als Grundlage der Naturethik. Zur Aktualität von Hans Jonas*, Freiburg, München 2013, S. 135–152, hier S. 141.

Nichtdestotrotz sucht Jonas zu plausibilisieren, dass Phänomene der lebendigen Natur gleichsam Ausdrücke einer affirmativen Wertung für ihre weitere Existenz und Entwicklung sind (›für das Sein und gegen das Nicht-Sein‹). Wenn wir dies, bei Ausblendung der alternativen Projektionsthese, nun akzeptierten, dann bliebe die Frage, warum wir Menschen uns das Streben der Naturphänomene auch zur universalmoralischen Erhalt- und Schutzaufgabe machen sollten. Ähnlich wie im Fall der zuvor diskutierten Argumentationslinie, muss Jonas auf die Frage reagieren, ob und inwiefern Leben, in der von ihm ausgeführten Form, etwas ist, das es in der Welt geben soll. Hierfür entwickelt der Autor ein Argument, das wir das Nirvana-Argument nennen können.[102] Es lässt sich wie folgt rekonstruieren:

1. Im Naturgeschehen zeigen sich affirmative Werturteile.
2. [Annahme vollständige Disjunktion als handlungspraktische Positionierung zu Prämisse 1:] These A: »Es soll Werturteile in der Welt geben.« und Nirvana-These: »Es soll keine Werturteile in der Welt geben«.[103]
3. Indifferenz zu dieser Disjunktion entspricht Affirmation der Nirvana-These.[104]
4. [Retorsionsargument zu Nirvana-These durch Explikation des performativen Aktes:][105] »Ich werte als gut, dass es keine Werturteile in der Welt gibt.«
5. [vermiedener Widerspruch:] These A trifft zu.[106]
6. Die Fähigkeit zu Werturteilen ist absolut wertvoll, weil sie [s. Prämisse 4] bei jeglichem Werturteil unbestreitbar in Anspruch genommen wird.[107]
7. [in Bezug auf Prämisse 1:] Wo Werturteile sind, da ist auch Wertungsfähigkeit.[108]

c. [aus Prämissen 6 und 7:] Die Natur als Ganzes verfügt über Wertungsfähigkeit und ist somit selbstzweckhaft und absolut wertvoll.[109]

---

102 Jonas: *Das Prinzip Verantwortung*, S. 125ff.

103 Ebd., S. 125, 158.

104 Ebd., S. 153. Dies gilt, weil die Indifferenz im Sinne einer Unterlassungshandlung der Unterlassung der praktischen Sorge um ›Werturteile in der Welt‹ gleichkommt.

105 Ebd., S. 153: »Paradox vom zweckverneinenden Zweck«.

106 Ebd.: »Überlegenheit von Zweck an sich über Zwecklosigkeit«.

107 Ebd., S. 153f.; vgl. ebd., S. 99.

108 Ebd., S. 154, 155, 158.

109 Jonas drückt das in hypostasierender Rede auch so aus: Es ginge dem Sein um etwas, mindestens um sich selbst (ebd., S. 154).

Dieses Argument ist bereits vielfach mit guten Gründen kritisiert worden.[110] Ich konzentriere mich auf einige wenige Punkte: Prämisse 1 kann durch die ontologisch sparsamere Kantische These widerlegt werden; des Gleichen lässt sich der abduktive Schluss in Prämisse 7 durch Alternativverklärungen zurückweisen. Der performative Widerspruch in Prämisse 4 bietet dem urteilenden Subjekt eine Selbsterkenntnis über das eigene Tun hinsichtlich seiner Kohärenz; die analogische Projektion auf das Nicht-Subjekt ›Natur‹ ist nicht zwingend. Wir müssen sagen: ›Es scheint mir, als sei dort Wertungsfähigkeit, das muss aber nicht so sein.‹ Alternativ könnte die Anmutung der ästhetischen und zweckmäßigen Wohlgeformtheit der Natur, gleichsam als Ausdruck ihrer Leistungsfähigkeit und Kunstfertigkeit (Prämisse 1 analogisch interpretiert), diese als für mich als Subjekt bedeutend erscheinen lassen, ohne der Natur als einem Quasi-Subjekt einen moralischen Eigenwert, der der Autonomie von Personen gleichwertig wäre, zuzusprechen. Indirekt kann es allerdings einen bildungsmäßigen Bezug zur Moralitätsfähigkeit von Subjekten geben. So hat beispielsweise Kant in der *Metaphysik der Sitten* in den Paragraphen zur *Amphibolie der moralischen Reflexionsbegriffe* argumentiert.[111] Jonas' Versuch, gleichsam

110 Hirsch Hadorn: *Umwelt, Natur und Moral*, S. 126ff., 156–166, 381–387. Hubig: »Zum Verhältnis von Natur und Technik in Hans Jonas' Zukunftsethik«, in: Hartung u.a. (Hg.): *Naturphilosophie als Grundlage der Naturethik*, S. 141–144. Schäfer: *Das Bacon-Projekt*, S. 152–173. Micha Werner: »Ist Wertenkönnen wertvoll?«, in: Gerhard Hartung u.a. (Hg.): *Naturphilosophie als Grundlage der Naturethik. Zur Aktualität von Hans Jonas*, Freiburg, München 2013, S. 187–214, hier S. 189–193, 202–204.

111 Kant hätte in Jonas' Argument einen Fehler aufgrund der »Amphibolie der moralischen Reflexionsbegriffe« diagnostiziert. Kant erläutert dieses Problem in den Paragraphen 16–18 in der *Metaphysik der Sitten*, vgl. Kant: »Die Metaphysik der Sitten«, in: Ders.: *Die Metaphysik der Sitten*, S. 577–580 bzw. AA VI, 442ff. Trotz dieser Mehrdeutigkeit moralischer Reflexionsbegriffe (gegen sich selbst, gegen andere) sagt Kant deutlich, dass es Pflichten nur gegenüber Menschen gibt. Oder anders ausgedrückt: Es muss immer ein Subjekt geben, dem eine Handlung geschuldet wird (AA VI, 442). Der Amphibolie erliegt, wer die Pflicht »in Ansehung« eines Gegenstandes als Pflicht gegenüber diesem Gegenstand deutet. Laut Kant besteht »in Ansehung« der Naturdinge eine indirekte Pflicht, sie zu bewahren, da das entgegengesetzte brutale oder rücksichtslose Verhalten die moralische Denk- und Handlungsfähigkeit des Menschen schwächen würde, die aber wiederum zur absolut wertvollen Autonomie zählt. Kant spricht von einer zu vermeidenden Verrohung der moralischen Fähigkeiten. Naturdinge haben demnach keinen moralischen Eigenwert, dürfen aber dennoch nicht willkürfrei ohne Bezug zum Erhalt der Moralität von Menschen gebraucht werden. Kants Ausführung kann als wichtiger Hinweis darauf gedeutet werden, dass vermeintlich objektive Naturinstanzen oder Meinungen über die ›ganze Natur‹ als Ideen notwendig immer primär »Reflexe

eine Würde oder Autonomie der Natur als Ganzes nachzuweisen, geht im Nirvana-Argument fehl, da das urteilende Subjekt, das ja u.a. auch die Anmutungen einer gleichsam affirmativ wertenden Natur erfahren muss, nicht gleichzeitig in der ethischen Argumentation adressiert und aus ihr verbannt werden kann.

Wir können nun, auch im Rückblick auf die erste Argumentationsstrategie sagen, dass Jonas' vermeintlich neuartige Ethik insgesamt versucht, Philosopheme der bisherigen Moralphilosophie Kants zu variieren, jedoch Kants langem Schatten zugunsten einer innovativen neuen Ethik, die eine alternative Moralbegründung und inhaltlich neue Normen leisten würde, nicht ganz entweichen kann.

Ungeachtet unserer Kritik will Jonas mit den zwei Argumentationslinien gezeigt haben, dass sowohl die Menschheit als Ganzes als auch die Natur als Ganzes mit universalmoralischer Verbindlichkeit geschützt werden müssen. Erstens hat der Autor also versucht zu zeigen, dass der lebendigen Natur als Ganzes ein moralischer Eigenwert zukommt.[112] Zweitens verfüge auch die ontologische Idee des Menschen über einen moralischen Eigenwert, der sich, über bei Jonas nicht klar definierte Merkmale, auf die Menschheit in extensionaler Bedeutung übertrage. Hierbei ist es allerdings wichtig zu sehen, dass es in Jonas' Moralbegründung auf problematische Weise nicht um Einzelnes (das z.B. unter eine Kategorie fiele), sondern stets ums Ganze geht.[113] Mit jeder individuellen und kollektiven Handlung der

---

unseres [menschlichen] Selbstverständnisses [sind]: Aus dem Spiegel der Natur schauen wir uns selbst entgegen«, Schäfer: *Das Bacon-Projekt*, S. 38. Bei Lothar Schäfer findet sich eine kritische Auseinandersetzung mit der Kantkritik von Jonas und die Entwicklung von Ansätzen für eine ökologische Ethik mit den Ressourcen der Kantischen Moralphilosophie. Schäfer geht dabei auch auf die Paragraphen zur Amphibolie der moralischen Reflexionsbegriffe ein, konzentriert sich jedoch stärker auf die Kritik der Urteilskraft, Schäfer: *Das Bacon-Projekt*, S. 200–222.

112 Vgl. z.B. Jonas: *Das Prinzip Verantwortung*, S. 239f.: »Eigenwürde« bzw. »Würde der Natur«.

113 Jonas artikuliert dies durchgehend in *Das Prinzip Verantwortung*, obschon in unterschiedlicher Begrifflichkeit. Das Ganze (ohne weitere Qualifizierung) sei zu erhalten, vgl. ebd., S. 22, 35, 73, 79, 138, 147, 227, 232. Daher spricht Jonas auch von einer totalen Verantwortung bzw. Totalität der Verantwortung für dieses Ganze, vgl. ebd., S. 192f., 210, 215, 234. Weiter finden sich Bezüge erstens auf das Ganze der Menschheit (gemeint ist sowohl die intensionale Integrität als auch der extensionale Bestand), zweitens auf die Natur als Ganzes sowie drittens auf »das Sein« als Ganzes, das sowohl ›die Menschheit‹ als auch ›die Natur‹ umfasst. Textstellen zu Menschheit (1): globale Bedingung menschlichen Lebens, ebd., S. 30; Existenz und Eigenschaften der menschlichen Gattung bzw. des Menschen in der Welt, ebd.,

Menschen seien die ganze Menschheit und die ganze Natur in Existenz und Integrität zu schützen. Den Konflikt zwischen zwei gleichwertigen, eigentlich nicht mehr überbietbaren moralischen Gütern will Jonas lösen, indem er im Zweifelsfall die Menschheit priorisiert sehen will.[114] Zur Übernahme der moralischen Aufgabe, diese zwei Ganzheitsphänomene zu schützen, will uns Jonas schließlich durch ein Analogieargument motivieren.

2.4 Das Kind als Archetyp der Verantwortung und das Verantwortungsgefühl für die Natur als Ganzes

Mit Jonas können wir annehmen, dass die Phänomene ›Säugling‹ oder ›Kind‹ durch eine mechanistische bzw. naturalistische Ontologie nicht hinreichend beschreibbar sind. Vielmehr sind diese u.a. als sich in Entwicklung befindliche Entitäten teleologisch zu charakterisieren.[115] Im Sinne des zweiten Verantwortungsverhältnisses (Abschnitt 2) bestehe, so Jonas, eine einseitige moralische Verantwortung der Eltern für die Aufzucht und Pflege des Kindes qua freiwilliger Zeugungstat. Diese Verantwortung zeige sich Menschen mit »unmittelbarer Evidenz«.[116] Es gelte: »Sieh hin und

---

S. 30, 37f., 49, 182; die ganze Existenz oder das ganze Wesen des Menschen, ebd., S. 80f.;S. 64, 243; Pflicht gegen spätere Geschlechter, ebd., S. 84; künftige Menschheit bzw. Zukunft der Menschheit, ebd., S. 85ff., 184, 239f.; das Ganze der Interessen anderer, ebd., S. 78f.; Bedrohung des Bildes des Menschen, ebd., S. 53, 65; das Überleben von Menschenwürde überhaupt, ebd., S. 96; das ganze Menschenlos, ebd., S. 211; das menschliche Unternehmen als Ganzes, ebd., S. 213. Textstellen zu Natur (2): Biosphäre als Ganzes, ebd., S. 29, 31; Gesamtzustand der Natur, ebd., S. 55; die das Leben tragende Natur, ebd., S. 128; die Natur selbst, ebd., S. 132, 136f.; Natur als bewusstloses Gesamtsubjekt, ebd., S. 140; die Natur als Subjekt von Zwecken und Wertungen, ebd., S. 151f., 242f.; die Gesamtnatur, ebd., S. 241. Textstellen zu Sein (3): Pflicht zum Sein gegen das Nichts, ebd., S. 82, 93; das Ganze des Seins, ebd., S. 98ff.; das Sein, oder die Natur, ebd., S. 135, 143; Selbstwahl des Seins, ebd., S. 153, 155; die generische Mannigfaltigkeit, ebd., S. 155; Zukunft der ganzen Existenz, ebd., S. 193; das Ganze der Dinge, ebd., S. 244.

114 Ebd., S. 240.

115 Ebd., S. 229ff., siehe auch Abschnitt 2.3.

116 Ebd., S. 228; vgl. S. 235.

Du weißt«.[117] Die elterliche Verantwortung sieht der Autor insgesamt als »Archetyp aller Verantwortung«.[118]

Nun setzt Jonas ein Analogieargument ins Werk: So wie die Eltern in einer übermächtigen und schuldhaften Position zur weiteren Existenz und Integrität des Kindes stehen, so soll sich das Kollektiv der Menschen in einer übermächtigen und schuldhaften Position zur weiteren Existenz und Integrität des Naturganzen sehen. Der Unterschied besteht darin, dass die Eltern durch die aktive Tat der Zeugung gegenüber dem Kind in der Verantwortung stehen, die Menschen jedoch aufgrund der geschichtlich auf sie gekommenen, gesteigerten Handlungsmacht in die Verantwortung für den Naturerhalt durch permanente Unterlassung bzw. Nicht-Zerstörung geraten sind. Die Natur ist in dieser Analogisierung gleichsam zu einem kontingenten, prozessualen Erzeugnis der Menschen geworden.

Einerseits ist es nicht unplausibel, sich in der Position eines Übermächtigen verantwortlich für eine hilflose Entität im eigenen Machtbereich zu fühlen und sich davon zu Handlungen motivieren zu lassen.[119] Andererseits hat Jonas Analogie-Argument jedoch mindestens zwei lose Enden. Zum einen trifft der Autor eine begründungsbedürftige Normalitätsunterstellung: Jeder sollte gegenüber Kindern so veranlagt sein und sich verantwortlich fühlen (bei Jonas sind hier scheinbar auch die kinderlosen Menschen angesprochen).[120] Zum anderen ist die Übertragung einer Anmutung aus dem zwischenmenschlichen Nahbereich auf das emotional nicht notwendig nahe Phänomen des Naturganzen nicht zwingend. Ob diese Übertragung bei allen Hörerinnen und Hörern verfängt, bleibt fraglich. Dass und inwiefern Menschen das Verantwortungsgefühl gegenüber Kindern

---

117 Ebd., S. 229. Wenn dieses Evidenzerlebnis einem Menschen angesichts eines Kindes fehlen würde, so sei dies, wie Jonas irritierenderweise schreibt, »mindestens im Falle der Mutter [...] als Entartung« anzusehen (ebd., S. 229). Drängend wird hier die Frage, ob naturalisierte Normalitätsunterstellung überhaupt normatives Gewicht haben können und sollten.

118 Ebd., S. 185.

119 Ebd., S. 171f.

120 Jonas schreibt: »Mitschuldig sind alle, denn die Tat der Erzeuger war generisch und nicht von ihnen erdacht [...] und die Anklage der Kinder und Enkel wegen versäumter Verantwortung [...] kann jeden jetzt Lebenden treffen.« (ebd., S. 235) Hier müsste die Verteilung von Verantwortung genauer analysiert werden. Zudem führt Jonas im Zitat einen neuen Aspekt von Verantwortlichkeit gegenüber Kindern ein, der nicht mehr auf die Verantwortung qua Zeugung zurückgeführt werden kann; das würde z.B. so etwas wie eine ›rechtliche‹ oder ›soziale‹ Elternschaft betreffen.

‚normalerweise' haben und warum wir dieses auf die Natur übertragen sollten, wird von Jonas argumentativ nicht weiter geklärt.

3. *Nichts Neues für die Angewandte Ethik? – Kritik in methodologischer Hinsicht*

Im Folgenden werde ich die oben argumentativ rekonstruierten Module mit Blick auf ihre Konsequenzen einer methodologischen Kritik unterziehen. Zudem sollen Jonas verstreute Anmerkungen über die Methode einer anwendungsbezogenen Ethik in *Prinzip Verantwortung* diskutiert werden. An Jonas' Versuch einer ›neuartigen Ethik‹ stellen sich zwei Fragen:

(1.) Das Ganze (in der zweifachen Bedeutung) sei mit universalmoralischer Verbindlichkeit zu bewahren – aber warum?
(2.) Das Ganze (in der zweifachen Bedeutung) ist zu bewahren – aber wie?

Auf die erste Frage können wir mit den von Jonas entwickelten, oben modular dargestellten Argumenten keine überzeugende Antwort geben. Die Argumentation weist Lücken auf. Mit Blick auf die zweite Frage müssen wir über die rekonstruierten Module hinausgehen und die Operationalisierung der von Jonas aufgestellten Moralprinzipien an Gegenständen hinsichtlich Aussagekraft, Orientierungsleistung und Plausibilität prüfen.

3.1 Das Ganze erhalten, aber warum? – Begründungsprobleme

Die erste Rückfrage betrifft die von Jonas vor allem traktierte Frage der Moralbegründung. Wie viele Ethikerinnen und Ethiker sieht Jonas darin die Hauptaufgabe der Ethik, wobei andere Aspekte aus dem Blick geraten. Methodisch betrachtet, führt der Autor die Moralbegründung auch fast klassisch gegen die Figur des totalen Skeptikers durch, wobei ihm als Ziel das Aufstellen unwidersprechlicher Forderungen in Gestalt von Motivationsgründen gilt.[121] Nach dieser verbreiteten Auffassung liegt moralisch falsches oder unzureichendes Handeln an einem Mangel moralischer Haltung und Überzeugung, und nicht etwa an Undurchsichtigkeit, Komplexität, mangelnder Einflussmöglichkeit oder an Zielkonflikten angesichts zu be-

---

121 Vgl. so ähnlich auch Hirsch Hadorn: *Umwelt, Natur und Moral*, S. 395.

wältigender Probleme. Insofern ist Jonas hier methodisch nicht innovativ, vielmehr folgt er alten Mustern.

Jonas' Versuch, über eine subjektorientierte Ethik hinauszugehen, hatten wir in den Abschnitten 2.1 bis 2.3 rekonstruiert und ihre Defizite benannt. Darüber hinaus sind beide Argumentationslinien aufgrund ihres Charakters als ›Objektethik‹ (›die bindende Kraft geht vom Anspruch eines Gegenstandes aus‹)[122] vom Problem der ›praktischen Lücke‹ im Sinne einer unzureichenden Berücksichtigung der Subjekte des praktischen Wissens und Urteilens betroffen. Mit dieser Lücke sehen sich auch konsequentialistische und andere nicht-reflexive Ansätze der Moralbegründung konfrontiert.[123] Das Problem besteht hier nicht direkt in Jonas' Verwendung ontologisierender Thesen und Argumentationen, sondern es betrifft den unausgeführten Bezug von dem, was objektivistisch betrachtet gut sei, und dem, was im praktischen Denken und Handeln aus bestimmten Gründen als gut beurteilt und getan werden soll.[124] Wenn nämlich gleichsam objektivistisch der universalmoralische Satz gelten solle, der Erhalt der Menschheit ist an sich gut, dann muss dieser Satz doch wiederum in die Subjektperspektive individuell oder kollektiv handelnder Menschen aufgenommen werden: ›Das Subjekt hält es für gut (oder weiß, dass es gut ist), dass der Erhalt der Menschheit objektiv gut ist.‹ Durch diese Verdopplung wird der vermeintlich universalmoralische, objektivistische Satz auf das moralisch-praktische Denken des Subjekts relativiert. Der objektivistische Satz ist dann nicht mehr Wertungsmaßstab. Vielmehr muss ein anderer Maßstab gesucht werden, der im und für das praktische Denken des Subjekts unbedingte Verbindlichkeit generieren kann. Insgesamt bedeutet dies, dass, selbst wenn Jonas' zwei Argumentationslinien überzeugend wären, ein objektivistischer und normativ geladener Begriff einer Idee oder des Naturganzen immer nur in abgeleiteter Weise, aber nie selbst universalmoralischer Maßstab sein kann. Das ließe sich eigentlich nur in einer vom Subjekt ausgehenden transzendentalen Argumentation nachweisen.

---

122 P. A. Obermeier: »Technologisches Zeitalter und das Problem der Ethik«, in: *Philosophisches Jahrbuch* 88 (1981), S. 426–441.

123 Vgl. Jens Kertscher und Philipp Richter: »Eine ›praktische Lücke‹ im Beweis – Zur methodologischen Kritik des Konsequentialismus und des Prinzips der maximierenden Rationalität«, in: *Zeitschrift für Ethik und Moralphilosophie* 3 (2020), S. 193–222.

124 Diese Problematik versucht Jonas ebd., S. 157–159 zu behandeln.

3.2 Das Ganze erhalten, aber wie? – Anwendungsfragen

In Jonas' Versuch einer ›neuartigen Ethik‹ geht es immer ums Ganze: Die neuartige Moralbegründung stellt uns vor die Schutzaufgabe zweier Ganzheitsphänomene. Die herausfordernden Fragen Angewandter Ethik liegen aber, z.B. im Bereich der Klimaethik, im Einzelnen möglicher und wirklicher Szenarien. Wie also sollen die langfristige Erhaltung der Menschheit und des natürlich Lebendigen mit klugem Blick in eine Zukunft hier und jetzt in die Tat umgesetzt werden? Was genau sollen wir (die heutigen Menschen) tun?[125]

Für den Umgang mit den unvermeidbaren Wissensdefiziten mit Blick auf zukünftige Entwicklungen schlägt Jonas bekanntlich eine ›Heuristik der Furcht‹ vor. Diese kann jedoch höchstens negativ zur Qualifizierung von Maßnahmen und Handlungsweisen genutzt werden. Die aus dem »Idealwissen der ethischen Prinzipienlehre«[126] abgeleitete ›Heuristik‹ ist auf die Auszeichnung negativer Zielzustände in einer fernen Zukunft orientiert, nicht auf die vergleichende Erkenntnis von Mitteln heute (z.B. spezifische Formen der Adaptation oder Mitigation des Klimawandels).

Zum einen soll die ›Heuristik der Furcht‹ eine Erkenntnishilfe sein: Suche und identifiziere die schlimmstmöglichen Folgen einer Technologie, die diese für den Bestand des Ganzen (im zweifachen Sinne) haben kann.[127] Damit verbundene Angst- und Verlustgefühle sollen zu Unterlassungs- oder Alternativhandlungen motivieren. Zum anderen handelt es sich bei der ›Heuristik der Furcht‹ um eine der Maximin-Regel ähnliche Entscheidungsregel (›doom over bliss‹): Handlungsoptionen sollen hinsichtlich potentiell schädigender Folgen verglichen werden; die Regel fordert zum Ignorieren möglicher positiver Folgen auf, und verlangt die Wahl der Handlung mit den am wenigsten schädigenden Handlungsfolgen.[128] Die nach dieser Priorisierungsregel unterlegenen, technologischen Alternativoptionen sollen aus Jonas' Sicht politisch verboten werden. Pointiert gesagt, fordert uns Jonas auf: Stellt euch zukünftig mögliche Katastrophen vor;

125 Eine Übersicht über die (vor allem diskursethisch motivierten) Kritikpunkte zur »Umsetzung« des Prinzips Verantwortung findet sich bei Micha Werner: »Dimensionen von Verantwortung. Ein Werkstattbericht zur Zukunftsethik von Hans Jonas«, in: Dietrich Böhler (Hg.): *Ethik für die Zukunft. Im Diskurs mit Hans Jonas*, München 1994, S. 303–338, hier S. 319–324.

126 Jonas: *Das Prinzip Verantwortung*, S. 64.

127 Valentin Pluder: »Heuristik der Furcht«, in: Bongardt u.a. (Hg.): *Hans Jonas-Handbuch*, S. 309.

128 Ebd., S. 310.

behandelt diese, als seien sie epistemisch gesichert, um sodann mit allem, was in eurer Macht steht, diese Katastrophen zu verhindern.

Daraus ergeben sich allerdings neue Probleme. Der gut gemeinte Versuch, eine in der Zukunft mögliche Katastrophe für das Ganze zu verhindern, kann auf dem falschen Vermeidungsweg viele vermeintlich kleinere, aber reale Katastrophen generieren. Entscheidend ist hier, wie der jeweilige Handlungsplan und wie mögliche Szenarien im Detail aussehen, und welche neuen moralischen Problemlagen sich dabei auftun. Hier erweist sich zunächst Jonas' allgemeine und vage Bestimmung der Zielgröße des Ganzen als klärungsbedürftig.

Wenn wir ›das Ganze‹ als eine Gesamtheit moralisch gleichwertiger Elemente verstehen, dürfte gar kein einzelnes Lebendiges, da Selbstzweck, geschädigt oder in seiner Existenz riskiert werden. Das aber würde auf menschlicher Seite zur totalen Handlungs- und Versorgungsunfähigkeit führen. Das kann nicht gemeint sein, da die Menschen nach Jonas ja gerade als Hüter des Ganzen und auch aufgrund der Teilhabe an der ontologischen Idee weiterhin existieren sollen.

Geboten erscheint es daher, ›das Ganze‹ mit Jonas als wesentliche Strukturgrundlage mit einigen existenten Elementen zu begreifen. Es müsste dann, zum Erhalt des Ganzen, stets einiges an Leben geben, so dass die Existenz des menschlichen, tierischen, pflanzlichen, bakteriellen Lebens etc. nachhaltig als gesichert erscheint. Hieraus ergeben sich jedoch ungelöste Gerechtigkeitsfragen: Welche Arten von Lebewesen und welche Individuen genießen besonderen Schutz und werden ggf. priorisiert? Welche dürfen und sollen im Konfliktfall für das Ziel, das Ganze in seinem strukturellen Fortbestand zu sichern, eingesetzt, geschädigt oder in ihrer Existenz riskiert werden?

Moralisch besonders herausfordernd wird dieses Fragefeld jedoch mit Blick auf den Umgang mit Menschen. Hier zeigt sich: Wenn nach Jonas' Überlegungen das Ganze (Menschheit, Natur) Priorität haben soll, dann kann der Einzelne moralisch nicht zählen, sondern es zählt eine Anzahl von Exemplaren der ›ontologischen Idee des Menschen‹ (oder des Lebendigen). Nach Jonas' Argumentation ist es geboten, dass mindestens irgendwelche Menschen existieren, um sich zum Erhalt der Art fortzupflanzen und die Tradition der Menschheit fortzuführen. Die Interessen und Ansprüche von Individuen sind den Erfordernissen eines Erhalts des Ganzen untergeordnet. Wie die Varianten des Utilitarismus, so kann auch der neuartige Ethikentwurf von Hans Jonas keine moralischen Rechte des einzelnen Menschen begründen.[129] Rechtebasierte Ethiktheorien könnten hier z.B. angesichts der moralischen Herausforderungen des Klimawandels eine Alternative darstellen, da sie neben der starken Begründung offen sind für maximierende Konkretisierungen in Szenarien und auch eine moralische Berücksichtigung von Naturgütern zulassen.[130]

Ein Ausweg aus der Problematik kann für Jonas allerdings in der Fortführung der ›bisherigen Ethik‹ von Immanuel Kant mit der Begrifflichkeit von Würde und Selbstzweckcharakter des einzelnen Menschen liegen. Es gibt einige wenige Stellen im *Prinzip Verantwortung*, an denen sich Jonas affirmativ zur Kontinuität von Prinzipien der ›bisherigen Ethik‹ äußert;[131] insbesondere stünde »nicht ihre Gültigkeit im eigenen Bereich [...] in Frage.«[132] Wenn nun aber im Nahbereich die Würde des Einzelnen absoluter Wert ist, wie verhält sich dies zum Fernbereich der neuartigen Ethik, in der Natur und Menschheit je als Ganze absolut wertvoll sein sollen? Und nach Jonas soll ja gelten, dass alle diese Gesichtspunkte das heutige moralische Handeln gleichermaßen orientieren müssen. Es ergeben sich hier also Fragen nach Kriterien zur Priorisierung der Werte und zur Abwägung entsprechender Handlungsweisen. Jedoch gilt bei isolierter Betrachtung, dass Jonas' neuartige Ethik (ohne die bisherige) den Wert des Einzelnen dem der Idee der Menschheit sowie dem des Naturganzen unterordnet.

Dessen ungeachtet scheint mir eine methodische Hürde für den Anwendungsbezug von Jonas ›neuartiger Ethik‹ darin zu liegen, dass der Autor das von ihm entwickelte *Precautionary Principle* nicht nochmals hinsichtlich seiner handlungspraktischen Aussagekraft problematisiert.[133] Unabhängig von Jonas hat sich dieses Prinzip heute in der Diskussion der *Climate Ethics* etabliert.[134] Ein *Precautionary Principle* besagt, dass unter Bedingungen der

---

129 Vgl. Alan Gewirth: »Can Utilitarianism Justify any Moral Rights?«, in: *Ethics, Economics and the Law* 24 (1982), S. 158–193. Auch Micha Werner erkennt mit Karl-Otto Apel, dass Jonas' Argumentation isoliert betrachtet zu derart »zynischen« Folgerungen führt, vgl. Micha Werner: »Dimensionen von Verantwortung«, in: Böhler (Hg.): *Ethik für die Zukunft*, S. 319f.

130 Marcus Düwell und Gerhard Bos: »Why ›Rights‹ of Future People?«, in: Marcus Düwell, Gerhard Bos und Naomi van Steenbergen (Hg.): *Towards the Ethics of a Green Future. The Theory and Practice of Human Rights for Future People*, London, New York 2018, S. 9–27.

131 Vgl. Jonas: *Das Prinzip Verantwortung*, S. 28, 48, 52.

132 Ebd., S. 48.

133 Vgl. Torres: *Human Extinction*, S. 291.

134 Vgl. Stephen M. Gardiner: »A Core Precautionary Principle«, in: *Journal of Political Philosophy* 14 (2006), Heft 1, S. 33–60, hier S. 55f.

Unsicherheit eine realistisch-mögliche Katastrophe aus moralischen Gründen nicht riskiert werden darf, wenn die Katastrophe mit relativ geringen Kosten vorsorglich vermieden werden kann.[135] Aufgrund der Dringlichkeit und der Ausmaße der erwartbaren und möglichen Folgen des Klimawandels ist das Festhalten an einem derartigen Prinzip, wie es auch Jonas zum Ausdruck bringt, nachvollziehbar. Jedoch sind mit dieser methodischen Entscheidung neue Probleme für die Ethik verbunden. Ich will das an einer Argumentation des Klimaethikers Henry Shue verdeutlichen.

Shue argumentiert *prima facie* sehr überzeugend für eine Strategie der ›ambitious mitigation‹ im Sinne einer unmittelbar durchzuführenden Dekarbonisierung der globalen Energiesysteme im Unterschied zu einer moralisch unterlegenen Strategie einer ›less ambitious mitigation‹.[136] Letztere sei moralisch falsch, weil durch die ungebremst fortschreitende Erwärmung qua CO2-Ausstoß unkontrollierbare und unumkehrbare Veränderungen der natürlichen Umwelt in globalem Ausmaß realistisch möglich sind. ›Realistisch möglich‹, aber nicht gesichert, weil es sich (a) um zukünftige Ereignisse mit nicht hinreichend klaren Eintrittszeitpunkten sowie (b) um im Einzelnen epistemisch nicht vollständig gesicherte Kausalitäten, Ereignisausprägungen und Effekte handelt.[137] Wir wissen angesichts der Folgen des kommenden Klimawandels, dass etwas für Menschen Negatives in einem großen Ausmaß geschehen wird; wir wissen aber nicht sicher wann, wo und in welchem Ausmaß genau. Dennoch ist vorsorgendes Handeln jetzt erforderlich.

Ähnlich wie bei Jonas verstellt jedoch auch bei Shue die Fokussierung auf das *Precautionary Principle* den Blick für nahe moralische Herausforderungen, die sich aus der Wahl bestimmter Strategien gegen den Klimawandel relativ zu diesen in der Komplexität des möglichen Geschehens auftun werden. Shues Argument kann überzeugend eine allgemeine normative

---

135 Lauren Hartzell-Nichols: *A Climate of Risk. Precautionary Principles, Catastrophes, and Climate Change*, New York 2017, Kap. 3, 5.

136 Henry Shue: »Mitigation Gambles. Uncertainty, Urgency and the Last Gamble Possible«, in: *Philosophical Transactions of the Royal Society* 356 (2018), S. 1–11, hier S. 3–6.

137 Nachzulesen beispielsweise in den Berichten des *Intergovernmental Panel on Climate Change* (IPCC) der UN, z.B. im Dossier »Climate Change. Impacts, Adaptation and Vulnerability« mit Fällen von erwarteter Versalzung von Trinkwasservorkommen, regionaler Erschwerung oder Verunmöglichung von Landwirtschaft, Überschwemmungen von Dörfern und Landstrichen, Erwärmung und Veränderung der Ozeane, Zunahme von Naturkatastrophen und Artensterben, vgl. https://www.ipcc.ch/about/preparingreports/ (abgerufen am 01.03.2024).

These begründen: Beende deine Untätigkeit angesichts der bevorstehenden Klimakatastrophe! Aber es sagt nicht aus, was genau im Einzelnen positiv getan oder unterlassen werden soll. Shues Argument kann demnach als vollständig nur angesehen werden, wenn eine unausgesprochene Prämisse akzeptiert wird. Die Prämisse liegt in der Annahme, dass die Mittel und Maßnahmen zur Verhinderung der Klimakatastrophe offensichtlich sind und bereits in den Händen eines Akteurs liegen, der sich nur noch zum Handeln motivieren muss. Das erforderliche Wissen über die effektiven, gesellschaftlich und politisch umsetzbaren sowie gerechten Mittel und Maßnahmen liegt aber nicht vor. Es ist eine Aufgabe der Angewandten Ethik an deren Eruierung mitzuarbeiten. Auch ist kein einheitliches Subjekt für globale Entscheidungen greifbar – hier besteht das Problem der Organisation kollektiver Handlungen in internationaler Abstimmung. In einem moralphilosophischen Gedankenexperiment sind diese zwei Problemfelder vernachlässigbar, jedoch nicht unter den praktischen Handlungsumständen einer komplexen Realität, die uns mit Wissensdefiziten und Unsicherheit über zukünftige Entwicklungen konfrontiert.

Für Shue, und Jonas würde wohl beipflichten, sind nun aber pauschal *alle* Maßnahmen, die der globalen Dekarbonisierung dienen, moralisch geboten. Aber einige der Maßnahmen könnten zu Verletzungen moralischer Rechte führen[138] oder sich als kontraproduktiv herausstellen, wenn es z.B. darum geht, den Zielkonflikt zwischen globaler Energiesicherheit und globaler Dekarbonisierung zu erreichen. Shue scheint davon auszugehen, dass, wenn ›wir‹ nur wirklich wollen, ›wir‹ eine Dekarbonisierung mit gesicherter wirtschaftlicher (Weiter-)Entwicklung und ohne Energiearmut erreichen können.[139] Neben den Motivationsgründen sind aber primär und zugleich die Wissensfragen darüber zu klären, was denn mit voller Motivation genau zu tun ist.

Wir können festhalten, dass Jonas und Shue einen Punkt machen. In motivationaler Hinsicht gilt: Entweder bringe ich mich zur Handlung oder ich bleibe untätig – hier ist ein Argument mit der zu vermeidenden Kata-

138 Z.B., indem sie arme Länder dazu zwingen, auf erneuerbare Energiesysteme umzusteigen und ihnen die wirtschaftliche Entwicklung durch fossile Brennstoffe zu verweigern.

139 Henry Shue: *The Pivotal Generation: Why We Have a Moral Responsibility to Slow Climate Change Right Now*, Princeton 2021, S. 63: »It simply has to be made politically possible by acts of determination and will.«

strophe für die Ethik nicht ohne Bedeutung.[140] Wenn aber das Erfordernis, aus moralischen Gründen tätig werden zu müssen, anerkannt ist, dann muss immer noch in kleinteiliger Arbeit an realistischen Szenarien geprüft werden, wie einzelne Strategien in einer komplexen Welt unter Hinzunahme von moralisch-normativen Gesichtspunkt aussehen können und wie diese zu beurteilen sind. Eine wichtige Rolle spielt dabei die Frage, wie bei Beschreibung und Beurteilung von Szenarien mit Risiken und Unsicherheiten umzugehen ist.[141] Die Herausforderungen der ökologischen Ethik müssen, so meine These, demnach eher als Wissensprobleme und weniger als Motivationsprobleme behandelt werden.

3.3 Das Subsumtionsmodell und drei unverbundene Wissenstypen

Angesichts der Wissensproblematik stellt Jonas treffend heraus, dass die Findung ethischer Urteile im Anwendungsbezug epistemische Pflichten einschließt.[142] Das, worüber normativ geurteilt werden soll, z.B. langfristige Auswirkungen einer Technologie oder Szenarien zur Dekarbonisierung der globalen Energiesysteme, muss in einem deskriptiven Zugang empirisch und theoretisch verstanden werden. Hierzu zählt für Jonas vor allem die Extrapolation von Wissen auf zukünftige, »sichere, wahrscheinliche oder mögliche Folgen« des gegenwärtigen Einsatzes von Technologien.[143] Normative Gesichtspunkte, bei Jonas die Forderung der Nicht-Schädigung des Ganzen, müssen hier also in Verbindung mit deskriptiven Wissensbeständen gebracht werden. Für individuell und kollektiv handelnde Menschen besteht hierbei die Aufgabe, sich geleitet von normativen Gesichtspunkten das für die Urteilsbildung erforderliche Wissen zu verschaffen (›epistemische Pflicht‹). Jonas unterscheidet hierbei drei Ebenen relevanter Wissenstypen:

140 Vgl. auch Stephen M. Gardiner, der die moralische Problematik angesichts des Klimawandels vor allem als Problem mangelnder moralischer Motivation sieht, Stephen M. Gardiner: *A Perfect Moral Storm. The Ethical Tragedy of Climate Change*, New York 2011.

141 Vgl. Klaus Steigleder: »Climate Risks, Climate Economics, and the Foundations of a Rights-based Risk Ethics«, in: *Journal of Human Rights* 15 (2016), Heft 2, S. 251–271.

142 Jonas: *Das Prinzip Verantwortung*, S. 63f.; Jonas spricht von einer »Denkpflicht«, ebd., S. 68.

143 Ebd., S. 64; vgl. auch ebd., S. 30.

1. das Idealwissen der ethischen Prinzipienlehre
2. das theoretische »Real- und Eventualwissen bezüglich der Tatsachensphäre«
3. das praktische Wissen der »politischen Anwendung«[144]

Jonas scheint hier eine Art Subsumtionsmodell im Sinn zu haben, wobei er die Konklusion in der politischen Entscheidung durch eine Machtelite sieht. Moralisch-normative Prinzipien werden, so Jonas' Konzept, a priori ermittelt (Ebene 1); hierzu zählen die zwei oben rekonstruierten Argumentationslinien zur Moralbegründung, die vierfache Formulierung des ›neuen Imperativs‹ sowie die hinzutretende Heuristik der Furcht. Dabei werden der politischen Anwendung (Ebene 3) die Ziele deduktiv durch das empirisch informierte Moralprinzip (Ebene 1 & 2) vorgegeben. Die Ebene 2 ist laut Jonas keine Domäne der Philosophinnen und Philosophen (und auch nicht der Politik), sondern ausschließlich Aufgabenbereich einer Expertise aus dem Bereich der MINT-Fächer. Dies wird an einer Stelle besonders deutlich, an der Jonas auf die Grenzen des Wachstums menschlicher Zivilisation eingeht und die wissenschaftliche Erforschung dieser Grenzen fordert. Jonas schreibt dort:

> »Diese Frage liegt [ganz] im Aufgabenkreis der noch jungen Umweltwissenschaft und im Einzelnen im Sachgebiet der Biologen, Agronomen, Chemiker, Geologen, Klimatologen und so weiter, dazu auch der Ökonomen und Ingenieure, der Städtebau- und Verkehrsfachleute und so weiter, deren interdisziplinäre Zusammenfassung erst zu der globalen Umweltwissenschaft führt, wie sie hier benötigt wird. Der Philosoph hat da nichts zu sagen und nur zu hören«.[145]

Es ist sicher richtig, dass es eine epistemische Arbeitsteilung nach fachlicher Kompetenz gibt und geben muss. Wer anwendungsbezogene Ethik betreiben will, muss sich daher um ein Grundverständnis der wissenschaftlichen Fachmethodik anderer Disziplinen bemühen und sich über Sachverhalte und Forschungsergebnisse belehren lassen. Das heißt aber nicht, dass »der Philosoph« hierbei gar »nichts zu sagen und nur zu hören hat«. Jonas hat zwar einerseits Recht, dass normative und empirische Formen der Wissensgenerierung zu unterscheiden sind. Andererseits wird jedoch eine Trennung dieser Wissenssphären bzw. eine unidirektionale Information der

144 Ebd., S. 64.
145 Ebd., S. 322.

einen durch die andere den anwendungsbezogenen Problemstellungen der Ethik, zumal in ökologischen Fragen, nicht gerecht. Das Handlungsfeld ist geprägt von normativ-ethisch gemischten Urteilen und in Bezug darauf ist von philosophischer Seite nach den Gründen für epistemisch-normative Entscheidungen in wissenschaftlichen Untersuchungen zu fragen, z.B. wie bestimmte Schwellenwerte zustande kommen, aus welchen Gründen welcher Stoff als gefährlich gilt, warum in einer Simulation mit diesen oder jenen Werten gerechnet wird. Das Erschließen der Möglichkeit des Andersseins sowie fehlender oder unsicherer Wissensbestände eröffnet hier einen Raum, in dem vom Standpunkt ethischer Gesichtspunkte wissenschaftlich zu klärende Fragen aufgeworfen werden können, um für ethische Urteile erforderliches Wissen zu generieren. Jonas' Konzept der epistemischen Arbeitsteilung erscheint dagegen starr.[146]

Um in methodischer Hinsicht hier anders denken zu können, dürften allgemeine Prinzipien der Universalmoral allerdings nicht, wie bei Jonas, als von der Welt isolierte Subsumtionsregeln verstanden werden. Diese könnten vielmehr als normative Gesichtspunkte und Kriterien zur inhaltlichen Anreicherung an realen und realistisch-möglichen Szenarien gesehen werden.[147] Dann wäre die Möglichkeit gegeben, im Nahbereich mit Blick auf die Zukunft mehr von den schwierigen und vielleicht zum Teil nicht schadlos auflösbaren moralischen Herausforderungen des Klimawandels zu verstehen sowie unterwegs reale Katastrophen und Verletzungen moralischer Rechte zu vermeiden.

Es wird ersichtlich, dass Jonas' Konzeption hierfür nicht empfänglich ist. Nehmen wir die Wasserstoffstrategie der EU als Beispiel.[148] Ziel ist es, durch Energiewende den CO2-Ausstoß zu minimieren. Ein Teil des Konzepts besteht darin, eine internationale Industrie zur Produktion von grünem Wasserstoff aufzubauen. So sollen z.B. Meerwasserentsalzungsanlagen und Solarkraftwerke in afrikanischen Ländern Material und Elektrizität für die Gewinnung von Wasserstoff durch Elektrolyse liefern. Von dort soll der Wasserstoff über ein Pipelinesystem oder per Schiff nach Europa

---

146 Diese Kritik übt auch Gertrude Hirsch Hadorn an Jonas, vgl. Hirsch Hadorn: *Umwelt, Natur und Moral*, S. 194–207.

147 Vgl. Richter: »Die Unhintergehbarkeit der Reflexion in der anwendungsbezogenen Ethik«, in: Müller, Richter und Potthast (Hg.): *Abwägen und Anwenden*, S. 30, 34, 48–51.

148 Vgl. European Commission: *A Hydrogen Strategy for a Climate-Neutral Europe*, 2020, https://eur-lex.europa.eu/legal-content/EN/TXT/?uri=CELEX:52020DC0301 (aufgerufen: 01.03.2024.).

transportiert werden. Dort soll grüner Wasserstoff als partieller Ausgleich für die Energieunsicherheit dienen, die mit erneuerbaren Energiequellen notwendig einhergeht.[149] Diese Strategie könnte also dazu beitragen, die Energieversorgung in Europa sowohl zu dekarbonisieren als auch zu sichern (obschon letzteres genauer zu prüfen wäre). Aber sollten Wasserstoff, Wasser und Elektrizität nicht direkt im Erzeugerland genutzt werden? Was hat hier moralisch betrachtet Vorrang? Da Wasserstoff, z.B. zu Transportzwecken, in Ammoniak umgewandelt wird, Ammoniak aber wiederum zur Gewinnung von Düngemitteln, die für effektive Landwirtschaft unerlässlich sind, eingesetzt wird, wird es hier Nutzungskonflikte geben. Dies ist nur eines von vielen, hier lediglich oberflächlich betrachtetes Beispiel für einen moralisch nahen Zielkonflikt in der Klimaethik: Soll hier nun eher die Überwindung von Energieunsicherheit bzw. Versorgungsarmut oder eher die Verringerung der globalen Erwärmung priorisiert werden? Derartige Probleme stellen sich im Komplex lokaler, regionaler, nationaler und globaler Ereignisse jeweils anders dar und erfordern eine detaillierte Beschreibung und Abwägung.[150] Wenn wir tiefer in Themen rund um die Bekämpfung und Eindämmung der globalen Erwärmung eintauchen, gibt es viele solcher Konflikte um Mittel, Ziele und Rechte.[151] Die bei Jonas allgemein formulierten Moralprinzipien können diese nicht abbilden. Die Frage, ob der Aufbau einer Wasserstoffindustrie sich positiv oder negativ auf ›das Ganze‹ auswirkt, führt hier nicht weiter und erlaubt keine ethische Erkenntnis.

4. Ergebnisse: Das Prinzip Verantwortung – *nicht neu genug?*

›Nicht neu genug!‹, das können wir in der hier gewählten Perspektive einer anwendungsbezogenen Ethik über Jonas' Versuch einer neuartigen Ethik und der Begründung neuer inhaltlicher Normen sagen. In ethischer Absicht hat sich der Autor aktuellen, außertheoretischen Problemstellungen zugewendet; sein Versuch einer alternativen Moralbegründung ist aller-

---

149 Julia Weinheimer: *Stromnetze für die Nutzung von Solarenergie. Eine klimaethische Untersuchung von Aufgaben, Risiken und Lösungsvorschlägen*, Marburg 2023.

150 Vgl. zur Betrachtung dieser Konfliktlage für den deutschen Kohleausstieg mit Blick auf das Ruhrgebiet, Friderike Henke: *Die Rolle Deutschlands im Kontext der Energiewende. Eine ethische Untersuchung normativer Zielkonflikte unter besonderer Berücksichtigung des Braunkohleausstiegs*, Wiesbaden 2022.

151 Anna Luisa Lippold: *Climate Change and Individual Moral Duties. A Plea for the Promotion of the Collective Solution*, Münster 2020.

dings, wie rekonstruiert wurde, aufgrund der vielen, argumentativ offenen Fragen nicht erfolgreich. Jonas ist gewissermaßen der ›bisherigen Ethik‹ gefolgt, und hat eine Applikation und Variation Kantischer Philosopheme auf zwei Ganzheitsphänomene versucht, denen allerdings kein Subjektstatus zugeschrieben werden kann (die Menschheit, die Natur als Ganzes). Kants reflexive Argumentation weist jedoch gerade nur bestimmte Strukturen des Denkens der Subjekte als absolut wertvoll aus. Jonas' Moralbegründung scheitert u.a., da sie Subjekte einerseits als Instanzen von moralischen Wertungen berücksichtigen muss, diese andererseits im Sinne einer objektivistischen Ethik aber nicht priorisieren will. Es hat sich zudem gezeigt, dass der Weg einer ›metaphysiksensiblen‹ Ethik bei Jonas entweder die Methode der philosophischen Ethik aufgibt oder aber harmlos und informativ, dann aber aufgrund offener Fragen ohne Erfolg ist.

Müssen wir aber für Fragen der Angewandten Ethik, z.B. angesichts der Herausforderungen des Klimawandels, überhaupt nach einer neuartigen Moralbegründung suchen? Sollten wir uns darauf konzentrieren? Wie in Abschnitt 3 ausgeführt, ist das mit Blick auf das Vorgehen von Jonas klar zu verneinen. Die Fokussierung auf zukünftige Katastrophen, die den zwei Ganzheitsphänomenen gefährlich würden, führt ohne Hinzunahme der ›bisherigen Ethik‹ auf moralisch abwegige Konsequenzen (z.B. Missachtung der Rechte des Einzelnen) sowie zu Sichtverlust für nahe moralische Konfliktlagen und hierbei zu klärender Fragen.

Mir scheint, Jonas hat sich von den interessanten, aber handlungspraktisch fernen und spekulativen Fragen einer *Ethics of Extinction* von den nahen und realistischen, ethischen Fragen ablenken lassen. Womöglich ist es schlichtweg keine drängende ethische Frage, ob Werturteile durch die Menschen weiterhin in der Welt sein sollen oder nicht. Für die Ethik erscheint es ausreichend, dass Menschen, wenn sie existieren, wovon wir ausgehen können, moralische Rechte haben; und für die Erfüllung dieser Rechte sollte bereits jetzt auch Vorsorge getroffen werden.[152]

Jonas kann der Angewandten Ethik jedoch auch neue Impulse mitteilen, die einer Prüfung standhalten. Hier ist die bei Jonas rekonstruierbare Vorsorgepflicht für die effektive Normenerfüllung zu nennen, die mit jeder moralischen Pflicht verbunden ist. Ebenfalls ist Jonas' Grunddiagnose, die der Autor im Sinne eines methodologischen Schlusses artikuliert,[153] zuzu-

152 Düwell und Bos: »Why ›Rights‹ of Future People?«, in: Düwell, Bos und van Steenbergen (Hg.): *Towards the Ethics of a Green Future*, S. 17f.

153 Vgl. Jonas: *Das Prinzip Verantwortung*, S. 59, 17.

stimmen. Wie Jonas zu Recht betont, führen veränderliche und veränderte Handlungsumstände auf neue moralische Fragen, die ethische Theorieressourcen zur kritischen Selbstprüfung und Weiterentwicklung herausfordern. Zumindest sollten wir im Sinne eines ernsthaften, außertheoretisch-deskriptiven Gegenstandsbezuges die philosophische Ethik so betreiben, als ob es im Gegenstandsbereich nur wenig generell Konstantes gebe und sich Voraussetzungen und Umstände des Handelns sowie das praktische Denken jederzeit ändern können. Das entspräche dem kritischen Neuheitsanspruch, mit dem philosophische Ausführungen antreten müssen.

Abhandlungen

Tim-Florian Steinbach

Systematische Aspekte einer Geistesgeschichte der Technik

Abstract

Hans Blumenbergs Projekt einer Geistesgeschichte der Technik hat zum Ziel, die Motivationsrückhalte aufzudecken, die dazu geführt haben, dass die Technik mit der Neuzeit ins Zentrum der menschlichen Selbstdeutung und Auslegung der Wirklichkeit gerückt ist. Die vorliegende Untersuchung folgt der These, dass dieses Projekt implizit eine Handlungstheorie voraussetzt, die es ermöglicht, die historiographische Arbeit einer geistesgeschichtlichen Darstellungsweise und technisches Handeln auf die gemeinsame Grundstruktur teleologischen Handelns zurückzuführen. Dadurch kann gezeigt werden, inwieweit für Blumenberg Technikphilosophie nicht ohne eine Geistesgeschichte der Technik auskommt und umgekehrt – systematische und historische Perspektiven bedingen einander.

Hans Blumenberg's project of an Intellectual History of Technology (*Geistesgeschichte der Technik*) seeks to uncover the motivations behind technology's becoming central to self-interpretation and the interpretation of reality in modern age. This study develops the thesis that this project implicitly presupposes a theory of action and that its teleological structure accounts for the coherence between the way in which an Intellectual History of Technology is represented and technical action itself. We can thus see the extent to which, for Blumenberg, a Philosophy of Technology cannot dispense with an Intellectual History of Technology and vice versa. This means that systematic and historical perspectives are always mutually dependent and complementary.

Einleitung

Hans Blumenberg hat in den 1950er und 1960er Jahren an einem Projekt mit dem Arbeitstitel *Geistesgeschichte der Technik* gearbeitet.[1] Das Ziel und Anliegen dieses Forschungsprogramms lautet, den »Ursprüngen des technischen Geistes« nachzuspüren, da die ausschließliche Konzentration auf technische Artefakte den Blick für die Motivationsrückhalte verstellt, die

1 Eine Monographie hat Blumenberg unter diesem Titel nicht publiziert, dennoch lassen sich verschiedene Schriften Blumenbergs als Beiträge zu einer *Geistesgeschichte der Technik* verstehen (vgl. hierzu Tim-Florian Goslar und Christian Voller: »Geistesgeschichte der Technik als ›Kritik der Fortschrittskritik‹. Editorischer Kommentar«, in: *Zeitschrift für Kulturphilosophie* 7 (2013), Heft 2, S. 423–429 sowie Rüdiger Zill: »Von der Atommoral zum Zeitgewinn: Transformationen eines Lebensthemas. Hans Blumenbergs Projekt einer Geistesgeschichte der Technik«, in: *Jahrbuch Technikphilosophie* 3 (2017), S. 291–313).

dazu geführt haben, dass die Technik mit der Neuzeit zunehmend ins Zentrum der menschlichen Selbstdeutung und Auslegung der Wirklichkeit gerückt ist.[2]

Für seine historisch orientierte Auseinandersetzung mit der Philosophie musste sich Blumenberg wiederholt rechtfertigen. So monierte Manfred Thiel, seinerzeit Schriftleiter der Zeitschrift *Studium Generale*, vor Drucklegung von Blumenbergs Kieler Antrittsvorlesung mit dem Titel »Das Verhältnis von Natur und Technik als philosophisches Problem« die Verschränkung von historischen und systematischen Aspekten, da erstere sich nachteilig auf letztere auswirken. Blumenberg erwiderte, dass eine systematische Behandlung des Problems der Technik »nur und erst auf dem Boden einer bestimmten Sinngebung des Technischen« entstehen kann, die »unmöglich abzulösen ist von der ›Geschichte‹ als dem Inbegriff derartiger Sinngebungen überhaupt«.[3]

Eine Geistesgeschichte der Technik mag noch keine Philosophie der Technik sein, doch sie schafft laut Blumenberg die Voraussetzungen, von denen ein Philosophieren über Technik abheben muss. Erst im Zuge einer kritischen Reflexion auf die Genese artikuliert sich der Geltungsanspruch des Phänomens Technik und treten die systematischen Probleme überhaupt zutage. Die Genealogie wird zur Voraussetzung philosophischer Kritik, die Kritik zum integralen Bestandteil und konstitutiven Moment einer Philosophie der Technik.

Wenngleich zuletzt mitunter bezweifelt wurde, dass Blumenbergs Schriften zur Technik überhaupt so etwas wie eine Geistesgeschichte der Technik enthalten,[4] hat diese in den letzten Jahren doch vermehrt Interpretation

---

2 Hans Blumenberg: Rezension zu Friedrich Klemm: *Technik – eine Geschichte ihrer ›Probleme‹*, Freiburg im Breisgau 1954, in: Hans Blumenberg: Nachlass DLA Marbach, A: Blumenberg, Zugangsnummer: HS.2003.0001, Ordnungsgattung: Manuskripte, Gattung: Prosa, Rezensionen, Haupttitel: Friedrich Klemm, Technik: Eine Geschichte ihrer Probleme / José Ortega y Gasset, Vergangenheit und Zukunft im heutigen Menschen, Entstehungszeit: 1955. Für die Genehmigung zum Abdruck dieses Zitats aus dem Nachlass Hans Blumenbergs danke ich Bettina Blumenberg sowie dem Deutschen Literaturarchiv Marbach.

3 Hans Blumenberg: »Brief an Manfred Thiel vom 31.01.1951«, zitiert nach: Rüdiger Zill: *Der absolute Leser. Hans Blumenberg – Eine intellektuelle Biographie*, Berlin 2020, S. 221.

4 Die Herausgeber des Bandes *Schriften zur Technik* stellen in Frage, dass Blumenbergs Schriften zur Technik eine Geistesgeschichte der Technik enthalten, betonen jedoch, dass gerade deren fehlende theoretische Gesamtorientierung und die damit einhergehende Offenheit von Blumenbergs Auseinandersetzung mit dem Thema Technik in

erfahren und eigenständige Untersuchungen angeregt.[5] In diesem Kontext steht auch die vorliegende Untersuchung, die dem Anliegen folgt, einen systematischen Aspekt herauszuarbeiten, den eine Geistesgeschichte der Technik implizit voraussetzt, den Blumenberg selbst aber nicht explizit macht: eine Handlungstheorie, die aufgrund ihrer teleologischen Struktur ermöglicht, Aspekte einer Technikphilosophie und einer Geistesgeschichte der Technik zusammenzudenken, insofern technisches Handeln und die historiographische Arbeit einer geistesgeschichtlichen Darstellungsweise gleichermaßen ein Primat der Teleologie voraussetzen.

Die folgenden Ausführungen gehen einem Anliegen nach, das Blumenberg selbst andeutet, wenn er von den Schwierigkeiten und methodologischen Problemen einer Geistesgeschichte der Technik spricht, die aus dem Anliegen resultieren, den Ursprüngen des technischen Geistes nachzuspüren. Zunächst macht Blumenberg deutlich, dass eine materialistische Geschichtsschreibung keine Alternative für ihn darstellt, da diese allzu schnell unter Ideologieverdacht gerät.[6] Das Resultat einer Geschichte der Technik,

---

den letzten Jahren vielfältige Interpretationen angeregt hat (vgl. Alexander Schmitz und Bernd Stiegler: »Nachwort«, in: Hans Blumenberg: *Schriften zur Technik*, hrsg. v. Alexander Schmitz und Bernd Stiegler, Berlin 2015, S. 281–297, hier S. 284).

5 Vgl. insbes. Oliver Müller: *Selbst, Welt und Technik. Eine anthropologische, geistesgeschichtliche und ethische Untersuchung*, Berlin, Boston MA 2014; zur Auseinandersetzung mit Blumenbergs Geistesgeschichte sowie Philosophie der Technik vgl. Tim-Florian Steinbach: »Hans Blumenberg (1920–1996)«, in: Martina Heßler und Kevin Liggieri (Hg.): *Technikanthropologie. Handbuch für Wissenschaft und Studium*, Baden-Baden 2020, S. 169–175; Rüdiger Zill: »Von der Atommoral zum Zeitgewinn: Transformationen eines Lebensthemas«, in: *Jahrbuch Technikphilosophie* 3; Jürgen Goldstein: »Entfesselter Prometheus«, in: Cornelius Borck (Hg.): *Hans Blumenberg beobachtet* [2013], Freiburg im Breisgau, München 2014, S. 23–46; Birgit Recki: »Technik und Moral bei Hans Blumenberg«, in: Cornelius Borck (Hg.): *Hans Blumenberg beobachtet* [2013], Freiburg im Breisgau, München 2014, S. 64–87; dies.: »Auch eine Rehabilitierung der instrumentellen Vernunft: Hans Blumenberg über Technik und die kulturelle Natur des Menschen«, in: Michael Moxter (Hg.): *Erinnerung an das Humane. Beiträge zur phänomenologischen Anthropologie Hans Blumenbergs*, Tübingen 2011, S. 39–61; Alexander Schmitz und Bernd Stiegler: »Editorische Notiz«, in: Hans Blumenberg: *Geistesgeschichte der Technik. Mit einem Radiovortrag auf CD*, hrsg. v. Alexander Schmitz und Bernd Stiegler, Frankfurt am Main 2009; Oliver Müller: »Natur und Technik als falsche Antithese. Die Technikphilosophie Hans Blumenbergs und die Struktur der Technisierung«, in: *Philosophisches Jahrbuch* 115 (2008), S. 99–124; Tim-Florian Goslar und Christian Voller: »Geistesgeschichte der Technik als ›Kritik der Fortschrittskritik‹. Editorischer Kommentar«, in: *Zeitschrift für Kulturphilosophie* 7 (2013), Heft 2, S. 192–197.

6 Vgl. Hans Blumenberg: »Einige Schwierigkeiten, eine Geistesgeschichte der Technik zu schreiben« [2009], in: *Schriften zur Technik*, hrsg. v. Alexander Schmitz und

die von den technischen Errungenschaften ihren Ausgang nimmt, wäre eine Geschichte, die zwar die innere Logik und Entwicklung der Technik aufzuzeigen imstande wäre, die jedoch nicht verständlich machen könnte, wie es dazu kam, dass die Technik die moderne Wirklichkeit im Kern bestimmt. Historische Zeugnisse sind zwar Resultate intentionaler Handlungen, doch lassen sich die ursprünglichen Intentionen am Gegenstand selbst nicht mehr ablesen.[7] Die Frage, »aus welchen Antrieben die Organisation einer neuen Realität hervorgegangen ist, bevor ihre Elemente selbst die Forderungen ihrer Weiterbildung und Integration präsentieren konnten«, bliebe weiterhin offen.[8] Je mehr die Technik nun die Wirklichkeit bestimmt, desto eher legt sie auch die Wahl der Methoden und Mittel ihrer Analyse fest. Die »*Verdichtung* der *immanenten Logik* des technischen ebenso wie des wissenschaftlichen Prozesses« bestimmt dann, wie die Geschichte des technischen und wissenschaftlichen Fortschritts geschrieben wird.[9]

Blumenberg beschreibt diese Prozesse der Verdichtung technischen Fortschritts in Anlehnung an Edmund Husserl als Prozesse der Technisierung. Die Gefahr, die diese Prozesse mit sich bringen, liegt in ihrer Tendenz, die ursprünglichen Handlungsmotivationen zu verdecken und ihrerseits handlungsmotivierend zu wirken. Fragen danach, zu welchem Zweck eine bestimmte Technik eingesetzt werden soll, kommen dann nicht mehr auf, wenn die Frage nach dem Zweck bereits mit dem bloßen Einsatz der Mittel beantwortet zu sein scheint. Die bloße Abfolge von theoretischer Einsicht und praktischer Anwendung schreibt eine Fortschrittsgeschichte, die die Frage nach den Zwecken aus dem Blick verliert.[10]

Wer daher »Zugang zum Hintergrund geistiger Antriebe« erhalten möchte, darf sich nicht bloß an den technischen Artefakten orientieren.[11] Eine Geistesgeschichte der Technik spürt daher den Motivationsrückhalten

---

Bernd Stiegler, Berlin 2015, S. 203–229, hier S. 206, 228; ders.: »Methodologische Probleme einer Geistesgeschichte der Technik« [2009], in: *Schriften zur Technik*, hrsg. v. Alexander Schmitz und Bernd Stiegler, Berlin 2015, S. 230–253, hier S. 252.

7 »Der historische Gegenstand läßt eine eindeutige Zuordnung geistiger Faktoren und materieller Zustände [...] nicht zu.« (Blumenberg: »Einige Schwierigkeiten, eine Geistesgeschichte der Technik zu schreiben«, in: *Schriften zur Technik*, S. 227).

8 Ebd., S. 205.

9 Blumenberg: »Methodologische Probleme einer Geistesgeschichte der Technik«, in: *Schriften zur Technik*, S. 252.

10 Vgl. ebd., S. 234; ders.: »Einige Schwierigkeiten, eine Geistesgeschichte der Technik zu schreiben«, in: *Schriften zur Technik*, S. 203–205.

11 Blumenberg: »Einige Schwierigkeiten, eine Geistesgeschichte der Technik zu schreiben«, in: *Schriften zur Technik*, S. 206.

nach, die die Technik ins Zentrum der Wirklichkeit gerückt haben, um im Anschluss danach fragen zu können, zu welchen Zwecken Technik eingesetzt werden kann oder soll. Wider materialistische Ansätze, die die Sicht auf die Frage nach den Motivationsrückhalten verstellen, plädiert Blumenberg daher für einen »Pluralismus der Aspekte und methodischen Ansätze«, um »das Potenzial auch nur der Fragen auszuschöpfen, die sich einer Geistesgeschichte der Technik stellen«.[12]

Die folgenden Ausführungen möchten einen Beitrag dazu leisten, indem sie Blumenbergs Programm einer Geistesgeschichte der Technik in systematischer Hinsicht um eine Handlungstheorie ergänzen. Voraussetzung dafür ist, dass sowohl die im Folgenden mit Paul Ricœur entwickelte Handlungstheorie als auch technisches Handeln eine teleologische Grundstruktur aufweisen, d.h. Zweck-Mittel-Relationen folgen. Dadurch ist die Möglichkeit gegeben, den Status quo der technischen Wirklichkeit als Resultat von Technisierungs- und Verdichtungsprozessen zu durchbrechen, um nicht lediglich eine Geschichte dieser Prozesse zu schreiben, sondern auch »die Geschichte des Heraustretens der Technik aus der Geschichte«.[13] Die folgende Darstellung erfolgt in drei Argumentationsschritten:

Erstens ist mit Blumenberg der geistesgeschichtliche Übergang vom Mittelalter zur Neuzeit darzustellen. Dieser steht im Zentrum seiner Geistesgeschichte der Technik und bietet zugleich einen Rahmen für die im Folgenden zu erarbeitenden theoretischen Voraussetzungen. In der Darstellung Blumenbergs wird die Teleologie mit dem Ende des Mittelalters freigesetzt,

12 Hans Blumenberg: »Zusammenfassung des Vortrags ›Methodologische Probleme einer Geistesgeschichte der Technik‹« [2009], in: *Schriften zur Technik*, hrsg. v. Alexander Schmitz und Bernd Stiegler, Berlin 2015, S. 254–257, hier S. 256.

13 Blumenberg: »Einige Schwierigkeiten, eine Geistesgeschichte der Technik zu schreiben« in: *Schriften zur Technik*, S. 206. Die im Folgenden entwickelte Handlungstheorie entspricht nicht Blumenbergs Verwendungsweise dieses Begriffs. Blumenberg spricht in diesem Kontext zwar selbst von einer Handlungstheorie, z.T. jedoch recht unspezifisch und kritisch gegen eine materialistische Geschichtsschreibung gewendet, die Handlungen lediglich als Resultate von Prozessen der Verdichtung und Technisierung betrachtet (vgl. ebd., S. 203–205; ders.: »Methodologische Probleme einer Geistesgeschichte der Technik«, in: *Schriften zur Technik*, S. 244). Im Gegensatz dazu gilt es für Blumenberg, die Kontexte zu rekonstruieren, aus denen Handlungen hervorgingen. Diese Kontexte machen das aus, was er an dieser Stelle als Geist bezeichnet, der sich durchaus in Artefakten manifestiert, der jedoch über deren bloße Faktizität hinausreicht. Vor diesem Hintergrund verwendet Blumenberg den Begriff des Geistes synonym zum Begriff einer Handlungstheorie, da aus einer Analyse des Geistes verständlich wird, weshalb bestimmte Handlungen ausgelöst, wie diese beeinflusst oder weshalb sie blockiert wurden (vgl. ebd., S. 232f.).

sie löst sich aus etablierten Strukturen und kann nachfolgend in anderen Kontexten Verwendung finden. War die Teleologie im Mittelalter noch ganz in die Struktur der christlichen Heilsgeschichte eingespannt, begreift der Mensch diese mit der Neuzeit mit einem Mal als Potenzial, die Wirklichkeit selbst zu gestalten. Je deutlicher der Mensch sein eigenes Handeln als ein technisches versteht, desto mehr avanciert die Technik zum Zentrum der modernen Wirklichkeit – je selbstverständlicher die Technik jedoch wird, desto eher scheint sie sich der Einflussnahme durch individuelle Handlungsvollzüge zu entziehen. Probleme scheint die technische Sphäre gerade dort mit sich zu bringen, wo sie menschliches Handeln bestimmt und die Möglichkeit unterläuft, selbstgesetzte Zwecke zu verfolgen. Blumenberg ist der Frage der Bedeutung der Teleologie zwar im Kontext seiner geistesgeschichtlichen Arbeiten nachgegangen, im Kontext seiner Schriften zur Technik jedoch nicht.

Um dieses Moment herauszuarbeiten, werden in einem zweiten Schritt die Phänomenologie Husserls sowie die kulturphilosophischen Ansätze Moritz Lazarus' und Georg Simmels einbezogen. Die Begriffe der Technisierung und Verdichtung bieten die Möglichkeit, die Tendenz, Technik als Selbstzweck zu betrachten und nicht mehr danach zu fragen, ob der Einsatz technischer Mittel gerechtfertigt ist und zu welchen Zwecken Technik angewendet werden sollte, theoretisch zu bestimmen und zu hinterfragen. Blumenberg ist der Frage der Teleologie mit Blick auf seine Auseinandersetzung mit Husserls Begriff der Technisierung nicht nachgegangen. Der Begriff der Technisierung lässt sich jedoch durch weitere Spezifizierungen mit Lazarus und Simmel auf die Frage der Teleologie beziehen und produktiv weiterentwickeln.

Über Blumenbergs Darstellung hinaus wird drittens zu zeigen sein, dass eine Geistesgeschichte der Technik eine Handlungstheorie voraussetzt, die den Menschen als ein frei handelndes Wesen begreift. Ricœur hat in Auseinandersetzung mit geschichtstheoretischen Ansätzen eine Handlungstheorie entwickelt, die sich Blumenbergs Projekt an diesem Punkt integrieren lässt, so dass sich Blumenbergs geistesgeschichtlicher Ansatz mit dem zuvor entwickelten systematischen Aspekt der Technisierung verschränken lässt. Dadurch wird es möglich, die Geistesgeschichte der Technik als Komplement zu den Technisierungsgeschichten zu etablieren, die sie auch schreibt.

Die Genese der technischen Moderne

Blumenberg zufolge liegen die Ursprünge des technischen Geistes im Epochenumbruch von Mittelalter zur Neuzeit begründet. Das christliche Mittelalter potenzierte die Abhängigkeit des Menschen von Gottes Willen, aufgrund dessen die Erklärungsleistung der seinerzeit vertrauten, kosmologischen Modelle schwand und das Verständnis der eigenen Wirklichkeit fraglich wurde. Diese Entwicklung lässt sich Blumenberg zufolge am Begriff der Kontingenz ablesen, stand dieser seinerzeit doch für die »überschwengliche Behauptung einer ständigen, innigsten, radikalsten Abhängigkeit der Welt von Gott, der nicht nur ihr einmaliger Schöpfer, nicht nur ihr Regent und Verwalter, sondern ›Erhalter‹ im striktesten Sinne sein mußte«.[14] Die Wirklichkeit besaß aus sich heraus kein eigenes Existenzrecht, sie galt als abhängig von Gottes Willen. Eine Antwort auf die Frage, warum er diese und keine andere Welt geschaffen hat, verweigerte Gott. Die Antwort, die Augustinus gab, erwies sich laut Blumenberg als paradigmatisch für das gesamte Mittelalter: *Quia voluit, weil er es wollte.*[15] Dieses Diktum lieferte jedoch keine nähere Begründung und diente eher dazu, weitere Fragen abzuweisen. Das Mittelalter erzeugte dadurch einen »Problemüberhang«, der mit den Mitteln und Möglichkeiten nicht mehr zu lösen war, die dem Menschen seinerzeit zur Verfügung standen.[16]

Diese Entwicklung kulminierte in dem von Blumenberg sog. Voluntarismus und theologischen Absolutismus: Das Vertrauen auf eine kosmologische und gottgegebene Ordnung schwand und wurde mit dem Nominalismus Wilhelm von Ockhams vollends erschüttert, insofern es mit einem Mal möglich schien, den Schöpfungsbegriff und die Negation der Schöpfung zusammenzudenken. Die von Ockham zum Ausdruck gebrachte »Symmetrie zwischen *creatio* und *annihilatio*« sprach Gott die Möglichkeit zu, seine

---

14 Hans Blumenberg: »Selbsterhaltung und Beharrung. Zur Konstitution der neuzeitlichen Rationalität« [1970], in: Hans Ebeling (Hg.): *Subjektivität und Selbsterhaltung. Beiträge zur Diagnose der Moderne*, Frankfurt am Main 1996, S. 144–207, hier S. 156.

15 Vgl. Hans Blumenberg: »Kontingenz« [Art.], in: Kurt Galling u.a. (Hg.): *Religion in Geschichte und Gegenwart. Handwörterbuch für Theologie und Religionswissenschaft*, Bd. 3: H–Kon. Tübingen 1986, Sp. 1793–1794, hier Sp. 1794.

16 Blumenberg: »Selbsterhaltung und Beharrung«, in: Ebeling (Hg.): *Subjektivität und Selbsterhaltung*, S. 156.

eigene Schöpfung vernichten zu können.[17] Die Abhängigkeit der Existenz der Welt war in einem nicht mehr steigerbaren Grad abhängig von Gottes Willen, da die Gründe für oder wider die Erhaltung der Welt dem Menschen nicht einsichtig waren: »Das Sein der Welt nimmt Gnadencharakter an.«[18]

Mit dem Schwund der göttlichen Ordnung wurde der Mensch auf sich selbst zurückgeworfen. Dieser Ordnungsschwund ging laut Blumenberg mit einem Schwund der teleologischen Strukturen einher. Dadurch wurden der Sinn und Zweck der Welt sowie der eigenen Existenz in Frage gestellt.[19] Der Mensch konnte rational nicht mehr nachvollziehen, weshalb Gott diese und keine andere Welt geschaffen hatte. Gottes Handeln schien dem Menschen unberechenbar, die Fragen, die er an ihn richtete, ließ er unbeantwortet. »Der Leitfaden des Schöpfungsgedankens für das menschliche Selbstverständnis war abgerissen«.[20] Dies zog die Konsequenz nach sich, dass der Mensch sich nunmehr »auf die Auseinandersetzung mit der nicht für ihn eingerichteten Welt seinerseits einrichten muß, um der Rücksichtslosigkeit der Prozesse zuvorzukommen und den Mangel ihrer Erträge durch Herstellung auszugleichen«.[21] An die Stelle der Fremderhaltung der Welt durch Gott rückt die Selbsterhaltung des Menschen, der sich nunmehr auf seine eigenen Fähigkeiten verlassen muss, um diesseits eine Ordnung zu schaffen, die ihm jenseits nicht mehr gegeben scheint. »Die theozentrische Struktur bedingt und erzwingt die anthropozentrische.«[22]

Die objektive Teleologie der Aristotelischen *causa finalis*, bis in das späte Mittelalter hinein eingebunden in eine kosmologische Ordnung und die

17 Ebd., S. 180. Zur Kritik an Blumenbergs Nominalismus-Deutung vgl. Jürgen Goldstein: *Nominalismus und Moderne. Zur Konstitution neuzeitlicher Subjektivität bei Hans Blumenberg und Wilhelm von Ockham*, Freiburg im Breisgau, München 1998.

18 Blumenberg: »Kontingenz«, in: Galling u.a. (Hg.): *Religion in Geschichte und Gegenwart*, Sp. 1794.

19 Vgl. Hans Blumenberg: *Säkularisierung und Selbstbehauptung*, erweiterte und überarbeitete Neuausgabe von *Die Legitimität der Neuzeit* erster und zweiter Teil [1966], Frankfurt am Main 1974., S. 201f. sowie Blumenberg: »Teleologie« [Art.], in: Kurt Galling u.a. (Hg.): *Religion in Geschichte und Gegenwart. Handwörterbuch für Theologie und Religionswissenschaft*, Bd. 6: Sh–Z. Tübingen 1986, Sp. 674–677, hier Sp. 675f.

20 Blumenberg: *Säkularisierung und Selbstbehauptung*, S. 207.

21 Ebd., S. 235.

22 Hans Blumenberg: »Ordnungsschwund und Selbstbehauptung. Über Weltverstehen und Weltverhalten im Werden der technischen Epoche« [1962], in: *Geistesgeschichte der Technik*, hrsg. v. Alexander Schmitz und Bernd Stiegler, Frankfurt am Main 2009, S. 99–136, hier S. 125.

christliche Heilsgeschichte, wird freigesetzt. Mit der beginnenden Neuzeit entdeckt der Mensch die Teleologie zunehmend als Struktur der eigenen, subjektiven Potenzialität.[23] Er wird zum Schöpfer seiner selbst sowie der Wirklichkeit, in der er lebt – eine Wirklichkeit, die, je technischer verfasst, desto eher eine inhärente Eigendynamik aufweist, sich ihrem Schöpfer zu entziehen scheint.

Von der Technisierung zur Verdichtung: Ein systematisches Kernproblem von Blumenbergs Technikphilosophie

Dieses Moment einer Eigenlogik der technischen Sphäre hat Blumenberg in Anschluss an Husserl herausgearbeitet.[24] Das für Blumenberg entscheidende Moment in diesem Zusammenhang bezeichnet Husserl in der *Krisis*-Schrift als Technisierung bzw. Formalisierung, das er als zentrale Funktion der Methode mathematisch-naturwissenschaftlicher Verfahrensweisen ausweist.

In der *Krisis*-Schrift moniert Husserl eine zunehmende Entfernung der objektiven und positivistischen Wissenschaften von der Lebenswelt. Gaben die Wissenschaften dem Leben laut Husserl ursprünglich Sinn und Orientierung, so können sie diese Leistung gegenwärtig nicht mehr erbringen, da sie ihre Erkenntnisse nicht mehr aus der Auseinandersetzung mit der

---

23 Vgl. Hans Blumenberg: »Der kopernikanische Umsturz und die Weltstellung des Menschen. Eine Studie zum Zusammenhang von Naturwissenschaft und Geistesgeschichte«, in: *Studium Generale* 8 (1955), Heft 10, S. 637–648, hier S. 642 sowie hierzu sowohl Goldstein: *Nominalismus und Moderne*, S. 117f. als auch Nicola Zambon: *Das Nachleuchten der Sterne. Konstellationen der Moderne bei Hans Blumenberg*, München 2017, S. 76, 83–89; vgl. ausführlich zum teleologischen Denken in der europäischen Tradition Robert Spaemann und Reinhard Löw: *Natürliche Ziele. Geschichte und Wiederentdeckung des teleologischen Denkens*, Stuttgart 2005.

24 Vgl. Hans Blumenberg: »Lebenswelt und Technisierung unter Aspekten der Phänomenologie« [1963], in: *Wirklichkeiten in denen wir leben. Aufsätze und eine Rede*, Stuttgart 1981, S. 7–55, hier S. 43f.; vgl. hierzu Recki: »Technik und Moral bei Hans Blumenberg«, in: Borck (Hg.): *Hans Blumenberg beobachtet*, S. 68–72. Blumenberg hat diesen Aspekt bereits früh im Blick, ohne zunächst näher darauf einzugehen (vgl. Hans Blumenberg: »Kant und die Frage nach dem ›gnädigen Gott‹«, in: *Studium Generale* 7 (1954), Heft 9, S. 554–570, hier S. 564; ders.: »Technik und Wahrheit« [1953], in: *Schriften zur Technik*, hrsg. v. Alexander Schmitz und Bernd Stiegler, Berlin 2015, S. 42–50, hier S. 50).

konkreten Lebenswelt gewinnen.[25] Sie haben unlängst gelernt, sinnliche Qualitäten in Quantitäten zu übersetzen.[26] Um dies zu gewährleisten, übersetzen sie die Welt in abstrakte Formeln, deren Resultate für die Orientierung in der alltäglichen Lebenswelt irrelevant sind. Die objektiven Wissenschaften sind »unverständlich geworden«, sie bewegen sich nur mehr in einem Reich reiner Selbstbezüglichkeit.[27] Technisierung resp. Formalisierung bringt eine Welt der Formeln und berechenbaren Größen hervor, die zwar keinen Bezug zur alltäglichen Lebenswelt mehr erkennen lässt, aber technischen und wissenschaftlichen Fortschritt gewährleistet.

Dies ist möglich, da die Anwendbarkeit und die Genese wissenschaftlicher Methoden unabhängig voneinander sind. Die Entwicklungsschritte, die notwendig waren, um den Status quo einer Methode zu erreichen, müssen ausgeklammert werden, um sie anwenden zu können. Aufgrund dieses Vorgehens vergessen die objektiven Wissenschaften laut Husserl zwar ihren eigenen Ursprung, doch der Vorteil liegt auf der Hand: Was methodisch aufbereitet wird, kann über Generationen hinweg tradiert werden und jederzeit zur Anwendung kommen, ohne dass ein jedes Mal die eigene Genese – die »*Traditionalität*«, wie Husserl sagt – berücksichtigt werden muss.[28]

Folgen wir Husserl, dann bildet Technisierung ein intrinsisches Moment einer sich autonom fortschreibenden, technischen Rationalität, die die Frage, wozu ihre Erkenntnisse eigentlich dienen sollen, längst vergessen hat. Bestimmte einst eine umfassende Vernunft Sinn und Zweck der Wissenschaften, dann reduzieren die neuzeitlichen Wissenschaften dieses umfassende Verständnis, indem sie die Vernunft mit einer rein technischen, rechnenden und berechnenden Form der Rationalität gleichsetzen.[29] Technisierung gewährleistet Anwendbarkeit der wissenschaftlichen Methode, bringt zugleich jedoch einen Verlust an Lebensbedeutsamkeit mit sich.[30]

---

25 Vgl. Edmund Husserl: *Die Krisis der europäischen Wissenschaften und die transzendentale Phänomenologie. Eine Einleitung in die phänomenologische Philosophie* [1936, 1954], hrsg. v. Walter Biemel, Den Haag ²1976, S. 51; vgl. hierzu Ludwig Landgrebe: »Das Problem der transzendentalen Wissenschaft vom lebensweltlichen Apriori« [1963], in: *Phänomenologie und Geschichte*, Gütersloh 1967, S. 148–166, hier S. 149–155.

26 Vgl. hierzu Ralf Becker: *Qualitätsunterschiede. Kulturphänomenologie als kritische Theorie*, Hamburg 2021.

27 Husserl: *Die Krisis der europäischen Wissenschaften*, S. 125.

28 Ebd., S. 47.

29 Vgl. ebd., S. 1–14.

30 Vgl. ebd., S. 46.

Im Gegensatz zu Husserls Darstellung sieht Blumenberg in der Technisierung keine defizitäre Einstellung, sondern vielmehr einen regulären Prozess menschlichen Bewusstseins: »[A]uf der untersten elementaren Stufe seiner Leistungen ist der menschliche Intellekt stets schon in der Formalisierung begriffen«.[31] Jede wissenschaftliche Methode kann über Generationen hinweg tradiert werden, ohne dass ihre Genese ein jedes Mal expliziert werden müsste, an diesem Punkt stimmt Blumenberg Husserl zu.[32] Zudem mag Technisierung Probleme herbeiführen, auch dies stellt Blumenberg nicht in Abrede.[33]

Wenn Technisierung jedoch einen regulären Prozess menschlichen Bewusstseins darstellt, der traditionsbildend ist – und der von dem abzweckt, was überliefert wurde –, dann wird Technisierung zu einem Prozess der Kulturbildung und eignet nicht länger nur den Wissenschaften. Das individuelle Bewusstsein und die intersubjektiv geteilte Sphäre der Kultur, der Tradition und Geschichte sind an diesem Punkt untrennbar miteinander verschränkt. Methodisch regulierte Wissensvermittlung unterscheidet sich in dieser Hinsicht nicht von »sonstigen Kulturgebilde[n]«, um an dieser Stelle Husserls Formulierung aus den nachgelassenen Notizen zur *Krisis*-Schrift aufzunehmen.[34] Husserls transzendentale Phänomenologie sieht jedoch vor, den unter der Tradition verschütteten, ursprünglichen Sinn zu bergen, der die Wissenschaften einst ganz in den Dienst des Lebens stellte. Wenngleich Husserl darauf verweist, dass Tradierungsprozesse die kulturelle Dynamik insgesamt bestimmen, so ist seine Phänomenologie doch nicht darauf aus, diese Prozesse positiv zu beschreiben. Dies jedoch wird möglich, wenn wir den Begriff der Technisierung in Bezug zu einer kulturphilosophischen Strömung setzen, die von Lazarus zu Simmel führt.

Lazarus beschreibt, was Blumenberg in Anschluss an Husserl als Technisierung bezeichnet, als einen Prozess der Verdichtung: Kulturelle Tradie-

31 Blumenberg: »Lebenswelt und Technisierung unter Aspekten der Phänomenologie«, S. 68; vgl. Birgit Recki: »Technik als Kultur. Plessner, Husserl, Blumenberg, Cassirer«, in: *Zeitschrift für Kulturphilosophie* 7 (2013) Heft 2, S. 287–303, hier S. 296.

32 Vgl. Blumenberg: »Lebenswelt und Technisierung unter Aspekten der Phänomenologie«, S. 30f., 41f.

33 Vgl. ebd., S. 34–37.

34 Husserl: *Die Krisis der europäischen Wissenschaften*, S. 377. Es handelt sich hierbei um ein Zitat aus der Beilage III der *Krisis*-Schrift, die Eugen Fink 1939 bereits veröffentlicht hat, vgl. Edmund Husserl: »Der Ursprung der Geometrie als intentionalhistorisches Problem«, in: *Revue Internationale de Philosophie* 1 (1939), Heft 2, S. 203–225.

rungsprozesse kulminieren in einer »*Verdichtung der Vorstellungen*«, die stets eine »Verdichtung des Denkens [...] und Handelns« gleichermaßen darstellt.[35] Phänomene der Verdichtung müssten zwar einen »langen und beschwerlichen Weg vermittelter Erkenntniß« zurücklegen,[36] führen im Resultat jedoch zu einer »steigenden Erleichterung des Schwierigen«.[37] Was einst »Entdeckung« war, wird zu einer »Idealität«, so Lazarus.[38]

Prozesse der Verdichtung sind das Ergebnis von Idealisierungsprozessen und dies in doppelter Hinsicht. Erstens bilden Phänomene der Verdichtung Idealitäten, die immer auch normativ wirken. Wer sich auf den Satz des Pythagoras beruft, muss nicht eigens die Leistungen rekonstruieren, die zu dessen Entwicklung geführt haben; wollen wir die Seitenlänge in einem rechtwinkligen Dreieck berechnen, die uns nicht bekannt ist, sind zwei von drei Seitenlängen aber bekannt, dann kennen wir die Regel, nach der wir zu verfahren haben. Zweitens sind Resultate von Verdichtungsprozessen in ihrer Idealität intersubjektiv zugänglich, sie sind »Gemeingut«.[39] Die Anwendung des Satzes des Pythagoras ist jeder und jedem möglich, die oder der Kenntnis von diesem hat. Als Resultate von Verdichtungsprozessen sind Idealitäten Mittel und Werkzeuge gegenseitiger Verständigung, in ihnen kreuzen sich die Handlungssphären verschiedener Individuen.[40] Ebendieses Moment der Idealisierung nutzt Blumenberg argumentativ, um Husserls Begriff der Technisierung das negative Vorzeichen zu nehmen: Als ein regulärer Prozess menschlichen Bewusstseins ermöglicht Technisierung Kulturbildung.

Mit dem Begriff der Technisierung ist im Kontext von Blumenbergs Schriften zur Technik zunächst ein weiter Technikbegriff gewonnen,[41] der sich auf die Funktion kultureller Tradierungsdynamiken insgesamt übertragen lässt. Die Frage der Teleologie lässt Blumenberg im Kontext seiner

---

35 Moritz Lazarus: »Verdichtung des Denkens in der Geschichte. Ein Fragment« [1862], in: *Grundzüge der Völkerpsychologie und Kulturwissenschaft*, hrsg. v. Klaus Christian Köhnke, Hamburg 2003, S. 27–38, hier S. 27.

36 Ebd., S. 30.

37 Ebd., S. 34.

38 Ebd., S. 27, 32.

39 Ebd., S. 27.

40 Die Beispiele, die Lazarus gibt, reichen von den Sitten und Institutionen über Kunstwerke bis hin zu alltäglichen Gegebenheiten, die das gemeinsame Miteinander strukturieren, wie z.B. die Uhr, der Wochenmarkt oder der Briefkasten (vgl. ebd., S. 32–34).

41 Vgl. Recki: »Technik und Moral bei Hans Blumenberg«, in: Borck (Hg.): *Hans Blumenberg beobachtet*, S. 68–72.

Auseinandersetzung mit dem Begriff der Technisierung unberücksichtigt. Wird jedoch in Rechnung gestellt, dass menschliches Handeln sich auf die von Lazarus beschriebenen Idealitäten als Resultate von Verdichtungs- bzw. Technisierungsprozessen bezieht und von diesen ihren Ausgang nimmt, dann rückt die Frage der Teleologie erneut in den Blick, wie sich mit Simmel verdeutlichen lässt.[42] Simmel hat die Eigenlogik der Technik, die aus Technisierungsdynamiken resultiert, und die Frage der Teleologie vor dem Hintergrund der von Lazarus beschriebenen Verdichtungsprozesse aufeinander bezogen.

Die Selbstzweckwerdung der Technik

In seinem Beitrag *Zur Psychologie des Geldes* (1889) stellt Simmel die These auf, dass mit zunehmender Entwicklung einer Kultur eine Verlängerung teleologischer Zweckreihen einhergeht; je komplexer und in sich differenzierter eine Kultur ist, desto mehr Mittel müssen ergriffen, desto mehr Umwege müssen gegangen werden, um ein Ziel realisieren zu können. Die daraus resultierende Komplexität der teleologischen Reihen setzt sich jedoch nicht *ad infinitum* fort, sondern bricht sich an kulturellen Formen. Diese fangen die teleologischen auf und verdichten sie zu Symbolen. Symbole bilden für Simmel nicht lediglich die Summe einzelner Handlungen, sondern sind Resultate von Akkumulationsprozessen, Kulminationspunkte, die aus menschlichem Handeln hervorgehen und von denen menschliches Handeln zugleich abhebt und die diesem dadurch Orientierung bieten.

Simmel schließt an diesem Punkt an Lazarus' Begriff der Verdichtung an: Insofern Symbole zu Idealitäten aufwachsen, leiten sie das Erkennen und Handeln der Individuen einer Gesellschaft. Diese Verdichtungs- und Idealisierungsprozesse akkumulieren theoretisches Wissen und praktische Fertigkeiten und bilden für Lazarus wie Simmel den Motor von Traditionsbildung und kulturellem Fortschritt.[43] Selbst Husserl erkennt diese Dynamik an, wie die nachgelassenen Schriften zur *Krisis*-Schrift erkennen lassen.

42 Ohne Bezug auf Lazarus oder Simmel zu nehmen, spricht Recki mit Blick auf Blumenbergs Technikverständnis von dem der Technik inhärenten »Potential zu methodischer Verdichtung« (Birgit Recki: »›...was sich von selbst versteht‹? Über Elemente und Motive der ungeschriebenen Ethik Hans Blumenbergs«, in: Hannes Bajohr und Eva Geulen (Hg.): *Blumenbergs Verfahren. Neue Zugänge zum Werk*, Göttingen 2022, S. 119–139, hier S. 124).

43 Vgl. Lazarus: »Verdichtung des Denkens in der Geschichte«, in: *Grundzüge der Völkerpsychologie und Kulturwissenschaft*, S. 29f.; Georg Simmel: »Zur Psychologie des

Mit Blumenberg lassen sich beide Positionen – Husserl auf der einen, Lazarus und Simmel auf der anderen Seite – einander annähern.

Während die Phänomenologie Husserls in den sich auf Ebene der Kultur vollziehenden Idealisierungsprozessen eine defizitäre Dynamik sieht, die sie ausklammern und abtragen möchte, um einen ursprünglichen, darunter liegenden Sinn zu bergen, sieht die Kulturphilosophie Lazarus' und Simmels nicht nur keine Notwendigkeit darin, diese Idealisierungsprozesse zu stigmatisieren, sondern findet in diesen ihren Gegenstandsbereich.[44] In diesem tragen die Praxisformen das theoretische Erkennen ebenso wie die Theorie die Praxis zu leiten sucht. Reflektieren wir die erkenntnisleitenden Strukturen, stoßen wir daher zwangsläufig auf die teleologische Struktur menschlichen Handelns, wobei das Wissen um teleologische Strukturen und das Wissen um Kausalität einander bedingen.[45]

Simmel argumentiert, dass kausales Denken auf psychologischer Ebene ein Verständnis teleologischen Handelns voraussetzt.[46] Nur dadurch, dass wir Zwecke verfolgen und zu deren Realisierung die entsprechenden Mittel suchen, bildet sich überhaupt kausales Denken aus. Wir antizipieren einen Zweck, indem wir im Denken von A zu B zu C zu D usw. fortschreiten und danach fragen, welche Mittel, richtig eingesetzt, Ursache zur Realisierung dieses Zwecks sein könnten. Komplementär dazu setzt teleologisches Denken kausales Denken voraus, jedoch auf logischer Ebene. Nehmen wir an, dass ein Zweck D realisiert wurde und fragen nach den logischen Bedingungen seiner Realisierung, dann sehen wir D durch C, C durch B, B durch A verursacht und rekonstruieren die Reihe, die wir im kausalen Denken in

---

Geldes« [1899], in: *Gesamtausgabe*, Bd. 2, hrsg. v. Heinz-Jürgen Dahme, Frankfurt am Main 1989, S. 49–65, hier S. 49.

44 Vgl. ebd.

45 Vgl. ebd.

46 Mit dem Begriff der Psychologie adressiert Simmel keine Tiefen- oder Individualpsychologie. Gegenstand der Psychologie sind Motivationsrückhalte, die zu Handlungen anleiten und diese sind Simmel zufolge nichts anderes als Bewusstseinsinhalte. Sie bilden die, metaphorisch gesprochen, innere, noch nicht sichtbare Seite von Empfindungen; diese richtet sich auf ein Bedürfnis, bleibt zunächst jedoch noch unspezifisch, wird erst vom Willen allmählich konkretisiert und im Zuge dessen als Zweck-Mittel-Relation vor Augen gestellt, um die entsprechenden Mittel ergreifen zu können. Die Handlung selbst bildet genau genommen nur die äußere und damit sichtbare Seite der Handlung. Erst beide Seiten zusammengenommen konstituieren laut Simmel eine Handlung (vgl. Georg Simmel: »Skizze einer Willenstheorie«, in: *Gesamtausgabe*, Bd. 5, hrsg. v. Heinz-Jürgen Dahme und David P. Frisby, Frankfurt am Main 1992, S. 130–144).

entgegengesetzter Richtung antizipiert haben. »Niemals kann also eine teleologische Kette erwachsen, ohne daß die umgekehrt gerichteten kausalen Verbindungen ihrer Glieder bekannt wären.«[47] Kausales und teleologisches Denken stehen in Wechselwirkung zueinander, wie Simmel sagt – und diese Wechselwirkung bezeichnet nichts anderes als »das Verhältnis von Theorie und Praxis«.[48]

Simmel zufolge ist ein solch analytischer Blick auf die Struktur teleologischen Handelns jedoch nur eine Simplifizierung der alltäglichen, praktischen Handlungsvollzüge. In einer weitestgehend institutionalisierten Kultur stoßen sich die Handlungen einzelner Individuen für gewöhnlich an den Institutionen, über die die Individuen innerhalb einer Gesellschaft miteinander verbunden sind. Das Werkzeug stellt für Simmel »das absolute Mittel« dar, da es keinen Zweck kennt, außer dem, zu dem es erdacht worden ist.[49] Die Zweck-Mittel-Relation lässt sich jedoch geistig reproduzieren, ihre Leistungsfähigkeit dadurch potenzieren, so z.B. in Form von Institutionen. Institutionen bilden laut Simmel das geistige Äquivalent zu einfachen Mitteln wie Werkzeugen. Im Unterschied zu Werkzeugen sind Institutionen jedoch imstande, verschiedenen Individuen gleichzeitig Zugriff und Gebrauch zu gestatten, während ein Werkzeug zu einem bestimmten Zeitpunkt nur von einem Individuum genutzt werden kann. In Institutionen kreuzen und treffen sich die Handlungsvollzüge, die »unzählige[n] teleologische[n] Kurve[n] der Individuen«.[50] Sie ermöglichen Individuen Zwecke zu verfolgen, die ihnen, allein auf sich gestellt, unerreichbar blieben.

Doch je eher ein Mittel dazu tendiert, sich über den bloßen Charakter eines Mittels hinwegzusetzen, das *einem bestimmten* Zweck dient, desto reiner, d.h. geistiger und unabhängiger ist es von seiner materiellen Realisierung und dadurch imstande, andere Zwecke unter sich zu subsumieren. Das daraus resultierende Phänomen mit Blick auf die Technisierung bezeichnet Husserl als »Totalität« der Formelwelten: Die Mathematisierung und Technisierung der Welt wird zum Produkt geistiger und materieller Interferenzen und lässt die ursprünglich intendierten Zwecksetzungen mitunter ganz vergessen.[51] Emanzipiert sich die Technik von den Zweckrei-

47 Georg Simmel: *Philosophie des Geldes* [1900], in: *Gesamtausgabe*, Bd. 6, hrsg. v. David P. Frisby und Klaus C. Köhnke, Frankfurt am Main 1989, S. 261; vgl. ebd. S. 259f.

48 Simmel: *Philosophie des Geldes*, in: *Gesamtausgabe*, Bd. 6, S. 260.

49 Ebd., S. 262.

50 Ebd.

51 Husserl: *Die Krisis der europäischen Wissenschaften*, S. 45.

hen, dann führt sie, wie Simmel deutlich macht, »von jedem beliebigen Anfangspunkt zu jedem beliebigen Endpunkt« der menschlichen Wirklichkeit.[52] Technik ist nicht mehr Mittel zum Zweck innerhalb einer teleologischen Reihe, sondern vermittelt die teleologischen Reihen miteinander, die sich in ihr kreuzen.[53] Für Simmel kommt der Prozess der Verdichtung daher einer Internalisierung und Komprimierung teleologischer Zweckreihen gleich, denn müssten »wir in jedem Augenblick die ganze teleologische Reihe vor Augen haben, die eine bestimmte Handlung rechtfertigt, so würde sich das Bewusstsein in unerträglicher Weise zersplittern«.[54] Dieses »Prinzip der Kraftersparnis« stellt eine der »zweckmäßigsten Einrichtungen des geistigen Organismus« dar – eine Teleologie zweiter Ordnung, welche die endlos sich fortsetzenden teleologischen Reihen bricht, diese in ihrer Gesamtheit auf ein überschaubares Maß reduziert und dem Menschen dadurch Orientierung verschafft.[55] An diesem Punkt wird die Technik zum Selbstzweck und damit laut Simmel zu einem Symbol.

Im Zuge dessen verschiebt sich die Aufmerksamkeit und richtet sich ganz auf das, was lediglich als Mittel zum Zweck vorgesehen war. Im Gegenzug werden die ursprünglich intendierten Zwecke vergessen und alle weiteren Zwecke dem untergeordnet, was nunmehr – ursprünglich lediglich Mittel – als End- und Selbstzweck allzu selbstverständlich scheint.[56] Hinzu kommt, dass Technik desto selbstverständlicher wird, je mehr Orientierung sie dem alltäglichen Handeln bietet – und je selbstverständlicher sie wird, desto eher lässt sie vergessen, danach zu fragen, ob es auch sinnvoll ist, überhaupt Gebrauch von ihr zu machen.

Da in diesen Prozessen der Produktion von Selbstverständlichkeit Theorie und Praxis immer schon miteinander verschränkt sind, ist es möglich, die handlungsleitenden Strukturen zu reflektieren, die die Technik zum Selbstzweck erhoben haben. Kann in einem nächsten Schritt gezeigt werden, dass jede Form der Geschichtsschreibung das zuvor beschriebene wechselseitige Bedingungsverhältnis von Kausalität und Teleologie voraussetzt, dann wird verständlich, weshalb Blumenberg einer möglichen Technikphilosophie, in deren Zentrum der Begriff der Technisierung steht, einen historischen Ansatz an die Seite stellt: Eine Geistesgeschichte der Technik kann dem Empfinden einer zunehmenden Autonomie der techni-

52 Simmel: *Philosophie des Geldes*, in: *Gesamtausgabe*, Bd. 6, S. 289.

53 Vgl. ebd., S. 290.

54 Simmel: »Zur Psychologie des Geldes«, in: *Gesamtausgabe*, Bd. 2, S. 49.

55 Ebd.

56 Vgl. ebd., S. 51f.

schen Sphäre entgegenwirken, um sich über die Zwecke und Ziele des Einsatzes technischer Mittel zu verständigen. Geistesgeschichte folgt darin keinem bloß antiquarischen Interesse, sondern öffnet die Geschichte als einen Raum der Selbstverständigung.

Zum Zusammenhang von Geschichts- und Handlungstheorie. Paul Ricœurs interventionistische Handlungstheorie

Geschichte ist stets das Resultat von Interpretationen. Eine detailgetreue Kopie der Vergangenheit wäre bloße Wiederholung und ergäbe keine Geschichte. Geschichte im modernen Sinne setzt die Selektion des gegebenen Materials und insofern ein handelndes und interpretierendes Subjekt voraus. Um ein historisches Ereignis erklären zu können, muss es in Bezug zu anderen Faktoren und Ereignissen gesetzt werden. Ist dies gelungen, mag es scheinen, als resultiere das nunmehr erklärte Ereignis mit zwingender Notwendigkeit aus den zutage geförderten Faktoren. Ließen sich nur die Ursachen eindeutig identifizieren, wäre Geschichte nichts anderes als deren Wirkung, deren konsequente Vollstreckung und Entfaltung. Historische Erklärungen folgen scheinbar kausalen Strukturen. Doch da Geschichte stets die Selektion des Materials voraussetzt, sind Variationen möglich, Geschichte impliziert narrative Aspekte und dadurch die Möglichkeit konkurrierender Perspektiven. Sie ist das Resultat eines Eingriffs und jeder Eingriff unterläuft die kausalen Strukturen, die auf Darstellungsebene in Erscheinung treten. Ricœur hat diesen Aspekt in *Zeit und Erzählung* deutlich herausgearbeitet. In Anschluss an Georg Henrik von Wright entwickelt er eine eigene Spielart einer interventionistischen Handlungstheorie, die Geschichtstheorie und Handlungstheorie miteinander verschränkt.[57]

Geschichte, so macht Ricœur deutlich, folgt weder monokausalen Strukturen, noch Gesetzen, die ihr vorausliegen. Vielmehr werden Gesetze »im narrativen Geflecht« der historischen Darstellung allererst »interpoliert«, was auf Darstellungsebene den Eindruck erwecken mag, historische Ereignisse folgten einem monokausalen Schema von Ursache und Wirkung.[58] Entscheidend ist, dass diese Art von Gesetzen einen anderen Status besitzt

57 Zu den folgenden Ausführungen vgl. auch Tim-Florian Steinbach: *Gelebte Geschichte, narrative Identität. Zur Hermeneutik zwischen Rhetorik und Poetik bei Hans Blumenberg und Paul Ricœur.* Freiburg, München 2020, S. 351–370.

58 Paul Ricœur: *Zeit und Erzählung*, Bd. 1: *Zeit und historische Erzählung* [1983], übers. v. Rainer Rochlitz, München 1988, S. 190. Im Hintergrund von Ricœurs Erörterungen

als Naturgesetze. Sie liegen der Geschichte nicht idealiter zugrunde oder voraus, sie determinieren sie nicht, sondern sie ergeben sich erst aus der Analyse des historischen Materials und setzen einen Eingriff in das Material voraus.

Mit von Wright unterscheidet Ricœur zwei kausale Erklärungsmuster voneinander, die Kausalanalyse und die kausale Erklärung. Die Kausalanalyse schließt von einer Ursache auf eine Wirkung, sie ist progressiv: *p* bringt *q* hervor. Die kausale Erklärung hingegen erklärt *q*, indem sie auf *p* zurückgeht, sie ist regressiv. Im Kontext des Modells kausaler Erklärung ändert sich die Bewegungsrichtung, *p* und *q* stehen in diesem Fall für zwei Zustände, die zunächst isoliert werden. Suchen wir ein historisches Ereignis zu erklären, dann bildet *q* den Ausgangspunkt, von dem aus wir zurückfragen nach den Bedingungen und Ursachen. Der Übergang von *p* zu *q* stellt das Ereignis dar. Beide Punkte bilden zunächst statische Ausschnitte aus dem großen Ganzen, das wir Geschichte nennen: den »Gesamtzustand« der Welt vor und nach dem Ereignis, das erklärt werden soll.[59] Das Ereignis als Übergang von *p* zu *q* wird als Verknüpfungszeichen *T* dargestellt. Daraus ergibt sich: *pTq*.

T markiert nun den Punkt, an dem sich Handlungstheorie und Geschichtstheorie überschneiden. Zwischen den beiden Systemzuständen *p* und *q* klafft eine Lücke, die nur geschlossen werden kann, wenn *p* aufgewiesen wird. Greifen wir auf einen bestimmten, in sich geschlossenen Ausgangszustand *p* zurück, dann setzen wir eben jene Bewegung in Gang, die wir als Geschichte zur Darstellung bringen. Dieses »In-Bewegung-setzen« ist für Ricœur besagter Eingriff, der am »Schnittpunkt« zwischen dem Akteur und den Systemzuständen *p* und *q* durchgeführt wird; Handlung und Verursachung stehen in einem engen Zusammenhang.[60]

---

steht die von Carl Gustav Hempel und Paul Oppenheim angestoßene Debatte um die Frage, inwiefern Geschichte Gesetzen folgt. Sind die Gesetze nur allgemein genug gehalten, so Hempel und Oppenheim, dann lassen sich historische Ereignisse sowie menschliches Handeln auf Gesetze zurückführen, die Naturgesetzen in nichts nachstehen. Bekannt geworden ist das von Hempel und Oppenheim vorgestellte Modell unter dem Titel des deduktiv-nomologischen Modells (vgl. Carl Gustav Hempel und Paul Oppenheim: »Studies in the Logic of Explanation«, in: *Philosophy of Science* 15 (1948), Heft 2, S. 135–175; Carl Gustav Hempel: »The Function of General Laws in History«, in: *The Journal of Philosophy* 39 (1942), Heft 2, S. 35–48 sowie zu einer kritischen Diskussion Emil Angehrn: *Geschichte und Identität*, Berlin, New York NY 1985, S. 109–230).

59 Ricœur: *Zeit und Erzählung*, Bd. 1, S. 200.

60 Ebd., S. 203.

Ricœur zufolge ist die historische Darstellung als ein Ergebnis, das mittels Interpretation allererst hergestellt wird, immer schon »Teil der Handlung«, d.h. sie ist in eine teleologische Struktur eingebettet und besitzt daher einen »nicht-kausalen Sinn«.[61] Die regressive Bewegung, die der Struktur der kausalen Erklärung implizit ist, kann verständlich machen, weshalb wir – in einem nicht-kausalen Sinne – durchaus von Ursachen und Wirkungen in der Geschichte sprechen. Der teleologische Zugriff fundiert die auf Darstellungsebene zutage tretenden kausalen Zusammenhänge.

Diese Verschränkung von Handlungs- und Geschichtstheorie kulminiert bei Ricœur in dem Begriff der rückwirkenden Neugliederung (*réalignement rétroactif*), der dem bisher entwickelten Modell ein narratives Moment integriert. In Anlehnung an Arthur Coleman Danto weist Ricœur darauf hin, dass wir im Zuge der Reflexion auf die Analyse und Darstellungsweise historischer Begebenheiten das vorgestellte Modell um die Position der Historikerinnen und Historiker erweitern müssen, denn jede historische Darstellung weist genauer besehen drei Zeitpositionen auf: Erstens die des Verhältnisses von p zu q, zweitens die des beschriebenen Ereignisses T sowie drittens die Zeitposition der Historikerin bzw. des Historikers. Das entscheidende Moment resultiert aus dem Zusammenspiel dieser drei Zeitpositionen, das Danto als »rückwirkende Neugliederung der Vergangenheit« bezeichnet.[62] Dieses Verfahren der rückwirkenden Neugliederung verweist auf das Moment der zeitlichen Distanz zwischen dem historischen Ereignis und dem Eingriff durch die Historikerinnen und Historiker. Die Zuschreibung einer Ursache erfolgt stets nachträglich von der Position der eigenen Gegenwart aus, die aus Perspektive des Ereignisses in der Zukunft liegt. Die kausale Erklärung folgt einer regressiven Struktur. Die Zeitposition derer, die sie anwenden, ist dieser Struktur implizit eingeschrieben. Da sie außerhalb der Struktur pTq liegt, ermöglicht sie allererst die rückwirkende Neugliederung des historischen Materials. Sprechen wir davon, dass im Jahr 1749 der Autor von *Die Leiden des jungen Werthers* geboren wurde, dann bringen wir das Geburtsjahr Goethes und die Publikation des vielleicht populärsten Briefromans dieser Zeit in einen Zusammenhang, der nur aus der Retrospektive hergestellt werden kann.[63] Goethes Geburt wird aus einer Perspektive beschrieben, die die Publikation des Romans

61 Ebd., S. 204.

62 Arthur C. Danto: *Analytische Philosophie der Geschichte* [1965], übers. v. Jürgen Behrens, Frankfurt am Main 1980, S. 270.

63 Vgl. Ricœur: *Zeit und Erzählung*, Bd. 1, S. 218f.

antizipiert; die rückwirkende Neugliederung bekannter Fakten folgt der regressiven Struktur der kausalen Erklärung.[64] Beziehen wir dieses Modell auf Blumenbergs Projekt einer Geistesgeschichte der Technik, dann wird verständlich, inwiefern ein geistesgeschichtlicher Ansatz den Boden bereitet, auf dem systematischen Fragen einer Technikphilosophie nachgegangen werden kann.

Fazit

Die Art und Weise, wie wir Geschichte schreiben, unterscheidet sich strukturell nicht von technischem Handeln. In beiden Fällen greifen wir handelnd in die gegebenen Bedingungen ein, um diese eigenen Zwecken zu unterstellen. Die Verschränkung einer Geistesgeschichte der Technik mit der Reflexion auf die ihr impliziten Momente einer Handlungstheorie eröffnet die Möglichkeit, die Tendenz einer vermeintlichen Verselbständigung der Technik zu hinterfragen. Die von Blumenberg kritisierte Tendenz zur Dämonisierung der Technik ist Symptom einer Abwehrbewegung, die sich gegen eine technische Sphäre richtet, die zunehmend als autonom empfunden wird.[65] Dass technische Prozesse im Detail nicht von jeder und jedem nachvollziehbar sind, ist weniger ein Problem, als vielmehr die Frage, zu welchem Zweck Technik eingesetzt werden soll, wenn sie die moderne Wirklichkeit nicht nur im Kern bestimmt, sondern zum Selbstzweck wird und als solcher die ursprünglich intendierten Zwecke aus den Augen verlieren lässt. Technik als Mittel zu betrachten, bedeutet, sie Zwecken zu unterstellen, die nicht der Technik selbst entstammen.[66]

---

64 Vgl. hierzu auch Friedrich von Petersdorff: »Verstehen und historische Erklärung«, in: Andris Breitling und Stefan Orth (Hg.): *Erinnerungsarbeit. Zu Paul Ricœurs Philosophie von Gedächtnis, Geschichte und Vergessen*, Berlin 2004, S. 138–140.

65 Vgl. Hans Blumenberg: »Das Verhältnis von Natur und Technik als philosophisches Problem«, in: *Studium Generale* 4 (1951), Heft 8, S. 461–467, hier S. 462.

66 Blumenbergs Projekt einer Geistesgeschichte scheint damit ethische Fragen aufzuwerfen, vgl. hierzu Hans Blumenberg: »Ist eine philosophische Ethik gegenwärtig möglich?«, in: *Studium Generale* 6 (1953), Heft 3, S. 174–184 sowie hierzu Recki: »Technik und Moral bei Hans Blumenberg«, in: Borck (Hg.): *Hans Blumenberg beobachtet*. Die Frage, inwieweit weitergehende ethische Überlegungen anschlussfähig an Blumenbergs Technikphilosophie und Geistesgeschichte der Technik sind, muss an dieser Stelle offenbleiben. Zill hat rekonstruiert, dass Blumenberg in frühen Jahren durchaus intendierte, seine Arbeiten zur Technik um einen ethischen Teil zu erweitern, verweist jedoch darauf, dass die Verbindung beider Themen im Werk

Das Anliegen einer Geistesgeschichte der Technik lautet daher nicht, Technisierungsprozessen entgegenzuwirken, sondern sich über Sinn und Zweck dieser Prozesse und den Einsatz technischer Mittel zu verständigen. Wenngleich die Eigenlogik technischer Artefakte menschliches Handeln bestimmen mag, ist menschliches Handeln doch nicht durch diese determiniert; dass die alltägliche Erfahrung im Umgang mit Technik mitunter das Gegenteil vor Augen führen mag, bezeugt nur die Notwendigkeit zur Selbstverständigung über die Zwecke technischen Handelns. Die Einsicht, technisch handeln zu können, aber nicht zu müssen, erfordert eine Verständigung über die Möglichkeit und Notwendigkeit des Einsatzes technischer Mittel sowie die Möglichkeit zur Intervention, wenn denn Technik Mittel zum Zweck und nicht Selbstzweck sein soll.

Blumenbergs äußerlich bleibt und von Blumenberg schlussendlich auch nicht weiter verfolgt wurde (vgl. Rüdiger Zill: »Eine Philosophie der Freiheit. Hans Blumenbergs frühe Versuche, Technik und Ethik zu verbinden«, in: *Archiv für Begriffsgeschichte* 64 (2022), Heft 2, S. 147–180; ders.: »Ethik als Selbstbestimmung. Hans Blumenbergs Bargteheider Vorträge über die vier Kardinaltugenden«, in: *Allgemeine Zeitschrift für Philosophie* Beiheft 2 (2023), S. 45–56).

Archiv

Heinrich Hardensett

Auszug aus Philosophie der Technik. Ihr Leben in der 1. Hälfte des 20. Jahrhunderts

Unveröffentlichtes Manuskript, ausgewählt und eingeleitet von Stefanie Theuerkauf

Einleitung

Heinrich Hardensett (1899–1947), einer der führenden Köpfe der deutschen Technokratiebewegung und Mitbegründer der Technokratischen Union,[1] erlangte 1932 mit seiner Dissertation *Der kapitalistische und der technische Mensch* große Aufmerksamkeit.[2] »[V]on der technischen Fachpresse« wurde Hardensetts Arbeit, wie Stefan Willeke schreibt »überwiegend euphorisch aufgenommen«.[3] Und das obwohl oder vielleicht gerade deswegen, weil er einen gänzlich anderen Technikbegriff in seinem Buch entwickelt, der Technik nicht als Mittel, sondern als Zweck etabliert. Weg vom Objekt und der schlichten Reproduktion von Gegenständen geht bei Hardensett die Technik in der vielgestaltigen technischen Arbeit des Ingenieurs auf, welche von dem Entwurf bis zur Überwachung der Ausführung alles beinhaltet. Als Zweck ist sie nicht zuletzt zu bezeichnen, weil sie auch eine Aktualisierung der Fähigkeiten sowie die Selbstverwirklichung des Technikers beinhaltet.[4]

Aufgrund umfangreicher Recherchen zu Heinrich Hardensetts Werk sowie zu seiner Person – nicht zuletzt auch wegen der Anschuldigung Jan Sparsams Hardensetts Werk oder zumindest die Dissertation *Der kapitalistische und der technische Mensch* sei dem rechten Antikapitalismus zuzu-

1 Stefan Willeke: *Die Technokratiebewegung in Nordamerika und Deutschland zwischen den Weltkriegen. Eine vergleichende Analyse*, Studien zur Technik-, Wirtschafts- und Sozialgeschichte, Bd. 7, hrsg. v. Hans-Joachim Braun und Peter Lang, Frankfurt am Main/Berlin/Bern/New York/Paris/Wien 1995, S. 194–195.

2 Siehe Nachlass Heinrich Hardensett, Deutsches Museum, NL 275/405: Rezensionen zu Hardensetts Veröffentlichung »Der technische und kapitalistische Mensch« und Zeitungsartikel mit Verweisen auf das Werk.

3 Vgl. Stefan Willeke: *Die Technokratiebewegung in Nordamerika und Deutschland zwischen den Weltkriegen*, S. 164–165.

4 Vgl. Heinrich Hardensett: *Der kapitalistische und der technische Mensch*, hrsg. und mit einem Nachwort v. Arno Bammé, Marburg 2016, S. 80, 81, 83, 85, 86, 96–98.

ordnen[5] – stellte sich heraus, dass es zum einen mehr über die Veröffentlichungsgeschichte zu Hardensetts nie selbst veröffentlichten Hauptwerk der *Philosophie der Technik* zu sagen gibt. Zum anderen fand sich noch eine dritte, zeitlich spätere Version der *Philosophie der Technik.*

Bevor auf die Veröffentlichungsgeschichte näher eingegangen wird, ist noch etwas zu der Anschuldigung Sparsams zu sagen. Über den antikapitalistischen Charakter von Hardensetts Werk kann kein berechtigter Zweifel bestehen. Ihm jedoch in seinem Werk oder ihm direkt eine rechte Gesinnung zuzuschreiben, wie dies bereits durch Jeffrey Herff geschehen ist, kann nur als gänzlich verfehlt bezeichnet werden. Bei den von beiden Autoren angeführten Textstellen handelt es sich entweder um Dekontextualisierungen oder grobe Fehldeutungen, wie sich an mehreren Stellen des Textes eindeutig belegen lässt.[6] Die Nationalsozialisten selbst konnten sein Werk erwiesenermaßen nicht in ihre politische Ideologie einordnen, wie sich durch eine Rezension im *Völkischen Beobachter* eindeutig nachweisen lässt.[7] Vielmehr waren sie bestrebt Hardensett für ihre Sache zu gewinnen, indem sie eine Untersuchung auf eine rassische Herkunft der Idealtypen anregten,[8] die nie erfolgte.

Den entscheidenden Hinweis, dass es eine dritte, noch nicht bemerkte Variante der *Philosophie der Technik* geben könnte, lieferte Eva Hölzl vom Archiv der Technischen Universität München.[9] Zu dem angefragten Lebenslauf von Heinrich Hardensett, der sich in seinem Promotionsakt befindet, sandte sie auch die Kopie eines Briefes von Emma Hardensett an Manfred Schröter aus dessen Nachlass mit. In dieser Reaktion auf das

---

5 Vgl. Jan Sparsam: »Rehabilitierung des rechten Antikapitalismus?«, in: *Soziopolis*, 19.05.2017, https://soziopolis.de/lesen/buecher/artikel/rehabilitierung-des-rechten-antikapitalismus/ (aufgerufen: 26.5.2020).

6 Vgl. zu den Dekontextualisierungen ebd.; Hardensett: *Der kapitalistische und der technische Mensch*, S. 32, 76; vgl. zu den groben Fehldeutungungen Jeffrey Herf: *Reactionary Modernism. Technology, Culture, and Politics in Weimar and the Third Reich*, Cambridge UK/New York 1984, S. 186; Heinrich Hardensett: »Vom technisch-schöpferischen Menschen«, in: Rudolf Heiss (Hg.): *Die Sendung des Ingenieurs im neuen Staat*, Berlin 1934, S. 12–18, hier S. 12, 17–18.

7 Vgl. K. Schmitt: »Rezension« in: *Deutsches Bildungswesen*, Januar 1936, ohne Seitenangabe, Nachlass Hardensett Deutsches Museum NL 275/405: Rezensionen zu Hardensetts Veröffentlichung »Der technische und kapita-listische Mensch« und Zeitungsartikel mit Verweisen auf das Werk.

8 Vgl. ebd.

9 An dieser Stelle sei Eva Hölzl noch einmal herzlich gedankt für Ihre zahlreichen Hilfestellungen im Rahmen der Recherche.

Kondolenzschreiben Schröters überlässt sie dem Freund ihres Mannes »das letzte Manuskript, an dem mein Mann bis in die letzten Tage noch gearbeitet hat«.[10] Neben dem überarbeiteten Manuskript samt neuem Inhaltsverzeichnis, das sich über drei Mappen erstreckt,[11] fanden sich auch noch zwei weitere Mappen, die u.a. mehr Informationen über Schröters Anstrengungen zur Veröffentlichung der Schrift nach Hardensetts Tod preisgeben.

Dankenswerterweise haben bereits Stefan Willeke und Arno Bammé ein umfassendes Bild über die Veröffentlichungsgeschichte der *Philosophie* gezeichnet,[12] sodass hier nur noch die neuen Funde ergänzt werden müssen. Die Hinweise auf die Veröffentlichung der *Philosophie der Technik* von Heinrich Hardensett und Manfred Schröter mögen voreilig gewesen sein. Jedoch scheinen beide fest an die Publikation bei Junker und Dünnhaupt zu glauben, nicht nur 1934, sondern auch 1936.[13] Selbst nach der Ablehnung seiner Schrift durch die »Parteiamtliche Prüfungskommission 1937 war Hardensett noch nicht geneigt das Buchprojekt aufzugeben«.[14] Er berät sich brieflich mit Theodor Pütz darüber, in welcher Weise eine Veröffentlichung doch noch gelingen könne. Pütz rät Hardensett zu einer »Verlagerung des Titels u. Inhalts auf die *Geschichte* der Ph. d. T.« sowie der

---

10 Brief von Emma Hardensett an Manfred Schröter vom 26.12.1947, TUM.Archiv.Einrichtungen.NL.priv. 32 Prof. Manfred Schröter, FortlNum 5023.

11 In Anlehnung an Stefan Willekes Nomenklatur der unterschiedlichen Varianten der *Philosophie der Technik*, Willeke-Exemplar und Steinbrenner Exemplar, schlage ich vor die dritte Version Schröter-Exemplar zu nennen, da sich dies einerseits in seinem Nachlass befindet und andererseits von Hardensetts Witwe Emma in Schröters treue Freundeshände gelegt wurde. Vgl. Arno Bammé: »Editorischer Bericht«, in: Heinrich Hardensett: *Philosophie der Technik*, hrsg. m. einem Nachwort v. Arno Bammé und einer Einführung von Stefan Willeke, Marburg 2017, S. 302; Brief von Emma Hardensett an Manfred Schröter vom 26.12.1947; Heinrich Hardensett: *Philosophie der Technik. Ihr Leben in der 1. Hälfte des 20. Jahrhunderts*, unveröffentlichtes Manuskript, TUM.Archiv.Einrichtungen.NL.priv. 32 Prof. Manfred Schröter, FortlNum 5024–5026.

12 Vgl. Willeke: *Die Technokratiebewegung in Nordamerika und Deutschland zwischen den Weltkriegen*, S. 225, 258–259, 313; Bammé: »Editorischer Bericht«, in: Hardensett: *Philosophie der Technik*, hrsg. m. einem Nachwort v. Bammé und einer Einführung v. Willeke, S. 301–304.

13 Vgl. Hardensett: »Vom technisch-schöpferischen Menschen«, in: Heiss (Hg.): *Die Sendung des Ingenieurs im neuen Staat*, S. 13; Manfred Schröter: *Philosophie der Technik*, Oldenbourg, München, Berlin 1934, S. 70; Manfred Schröter: »Technik – Mensch – Natur«, in: Sonderdruck aus dem Juliheft 1936 der deutschen Monatshefte, S. 585–589, hier S. 587.

14 Vgl. Willeke: *Die Technokratiebewegung in Nordamerika und Deutschland zwischen den Weltkriegen*, S. 258–259.

»Vermeidung einer Behandlung gegenwärtiger (d. h. seit 1933) Anschauungen & Veröffentlichungen« und bei Oldenbourg oder Gustav Fischer anzufragen.[15] Allerdings scheint Hardensett seine Bemühungen daraufhin eingestellt zu haben. 1947 zeigte nicht nur der Oldenbourg-Verlag Interesse an einer Veröffentlichung, sondern auch Otto Maier, bei dem im gleichen Jahr Hardensetts *Maschinenzeichnen* in der dritten Auflage erscheint.[16] 1958 ist anscheinend der letzte Versuch Schröters, Hardensetts Hauptwerk zu publizieren. Er erhielt einen Brief von Dr. Albert Hachfeld von der Akademischen Verlagsgesellschaft Athenaion, der sich dazu bereit erklärt Schröters Angebot, den Text auf dreieinhalb bis vier Bögen – maximal 92 Seiten – zu verkürzen und anzunehmen.[17] Dass Schröter tatsächlich vorhatte bei Athenaion zu veröffentlichen, kann den Umständen entnommen werden, dass Hardensetts Textüberarbeitung vor seinem Tode nicht vollendet war, der Text des Schröter-Exemplars ab dem zweiten Teil, der Kulturphilosophie der Technik, wesentlich kondensierter ist, anderes Papier verwendet wurde und noch weitere Änderungen, wie Streichungen und Anmerkungen in seiner Handschrift vorgenommen wurden.

Bereits bei der Betrachtung des neuen Inhaltsverzeichnisses wird die umfassende Änderung, die Hardensett plante und von Schröter weitergeführt wurde, deutlich. Zum einen erhalten die Kapitel im ersten Teil eine neue Reihenfolge, zum anderen fallen auch Kapitel weg – *Die Weltmaschine* – oder werden zusammengelegt, wie beispielsweise *Kulturbilanz der Technik* und *Ethische und kulturelle Lenkung der Technik* in *Kulturbilanz und kulturelle Lenkung der Technik*. Bei anderen Kapiteln werden Bestandteile der Überschrift gestrichen oder auch gänzlich ersetzt.[18] Neu hinzu kommt eine Übersicht über den ersten Teil sowie ein »Ergebnis« an dessen Schluss.

15 Brief von Theodor Pütz an Heinrich Hardensett vom 23.02.1938, Nachlass Deutsches Museum Heinrich Hardensett, NL 275/223, Herv. i. Orig. Gedankt sei an dieser Stelle Lioba Nägele für die Hilfe bei der Transkription des Briefes.

16 Vgl. Brief von Emma Hardensett an Manfred Schröter vom 26.12.1947; Heinrich Hardensett: *Maschinenzeichnen. Ein Einführungs- und Übungsbuch*, Ravensburg 1947; Willeke: *Die Technokratiebewegung in Nordamerika und Deutschland zwischen den Weltkriegen*, S. 313.

17 Vgl. Brief von Dr. Albert Hachfeld, Akademische Verlagsgesellschaft Athenaion an Herrn Professor Dr. Manfred Schröter vom 21. Juli 1958, TUM.Archiv.Einrichtungen.NL.priv. 32 Prof. Manfred Schröter, FortlNum 5023.

18 Siehe Überarbeitetes Inhaltsverzeichnis.

Ebenfalls neu ist auch der Untertitel *Ihr Leben in der 1. Hälfte des 20. Jahrhunderts*,[19] den er dem Werk, vielleicht auf Pütz' Anregung hin, hinzufügt.

Überarbeitetes Inhaltverzeichnis

19 Vgl. Hardensett: *Philosophie der Technik. Ihr Leben in der 1. Hälfte des 20. Jahrhunderts*, a. a. O.

I. Naturphilosophie der Technik

Der Mensch gehört als natürliches Wesen der Natur an, als geistiges Wesen jedoch steht er der Natur gegenüber. Die Technik gestaltet Stoffe und Energien der Natur zu menschlichen Zwecken. Die Gebilde der Technik sind also sowohl der Natur als Kultur, sowohl natürlichen als geistigen Ursprungs. Sie haben eine naturwissenschaftliche und eine geisteswissenschaftliche Seite.

Die Naturphilosophie der Technik beschäftigt sich mit der Technik, insoweit sie Natur ist oder in die Natur hineinwirkt. Neben die anorganische und organische Welt ist die Welt der organisierten Natur getreten, die Welt der technischen Gebilde. Ist diese Welt nun – naturhaft gesehen – eine völlig neue Welt? Daß sie aus den Stoffen und Energien der anorganischen und organischen Welt aufgebaut ist, das ist unbestritten. Aber auch das eigentümliche Technische an ihr – die »Kategorie des Technischen« – ist nicht erst mit der menschlichen Technik in die Welt gekommen. Alles Lebendige (Pflanzen und Tiere) gestaltet auch Stoffe und Energien zu seinen Zwecken; diese Technik des Lebendigen nennt man *Biotechnik*.

Diese oft bewunderte, aber noch wenig durchdachte Tatsache hat zu manchen voreiligen Erklärungen geführt. Die meisten Deutungen versuchen die eine der beiden Techniken in die andere aufzulösen. Man faßt einmal die ganze Welt als »Maschine« auf und zieht die biotechnischen Tatsachen als Beweis für die Maschinenhaftigkeit der organischen Welt heran. Technikphilosophisch wird diese Deutung heute nur noch als Vorwurf gegen die Technik benützt, wogegen sie immer noch ein Hauptproblem der Biologie ist. Die gegenteilige Lehre faßt auch die menschliche Technik als Natur auf. Alle menschliche Technik sei nur Nachahmung natürlicher Vorbilder. Verweist man darauf, daß die Biotechnik keine Fortschritte kennt, so wird entgegnet, daß sie bereits seit langem vollendet sei, während die menschliche Technik noch zu ihren bestmöglichen Lösungen fortschreite. Diese bestmöglichen Lösungen lägen fertig vor, ehe sie verwirklicht würden (sie seien präexistent); der Erfinder habe lediglich die im »vierten Reich« prästabilierten Formen der Technik in die Wirklichkeit herüberzuholen (F. Dessauer).

Neben der Biotechnik gibt es die Personaltechnik der Pflanzen und zumal der Tiere (Bauten der Insekten, Nester, Spinnennetz usw.). Ihr Umfang ist klein, sie macht keine Fortschritte und beschränkt sich auf primitive Bedürfnisse. Trotz dieses klaren Befundes wird auch sie technisch-philosophisch oft genug verzerrt beurteilt. Die Tatsachen der Biotechnik und der Personaltechnik der Pflanzen und Tiere einerseits wie der menschlichen Technik andererseits bedürfen jenseits aller Spekulationen einer Erklärung. Der Mensch ist wie alle anderen Lebewesen in Wechselwirkungen mit der äußeren Natur hineingestellt; dabei hat auch er gleiche Urbedürfnisse und hat sich mit der gleichen Einrichtung der Natur auseinanderzusetzen. Die technischen Lösungen werden also notwendig in vielem übereinstimmen. Die Tatsache der Technik als ein das Naturganze durchwaltendes allgemeines Prinzip aber eröffnet einen noch weiter reichenden Blick auf die innere technische Struktur jedes lebendigen Gebildes. In diesem Betracht wäre auch eine Technik der anorganischen Welt, soweit sie gestalthaft ist (z. B. des Planetensystems), zu fordern.

Wird die menschliche Technik ausschließlich als natürliche Technik begriffen – was nicht zutreffend ist –, so ist dann das technische Werk das Werk einer *naturhaft wirkenden Schöpferkraft* (des »Willens«). Die technische Entwicklung ist vom Menschen unabhängig und nicht zu stoppen. Es gibt kein Ende der Technik, solange es kein Ende der organischen Welt überhaupt gibt. Bei religiöser Haltung erscheint die Technik als Fortsetzung der göttlichen Schöpfungsgeschichte. Wird die Technik dagegen negativ beurteilt, so gilt sie als natürliches Schicksal oder Naturkatastrophe oder als das Werk natürlicher Dämonen. – Da das technische Werk wie jede körperliche Gestalt notwendig auch Form hat, so tritt neben die Formwelt der Natur noch die *Formwelt der Technik* (und als *nicht* zweckhafte Gestaltung die Formwelt der Kunst). Beide sind oft so weit verbreitet, daß sie »Landschaft« Bilden. Neben die Naturlandschaft tritt die »Maschinenlandschaft«. Über die Schönheit der Technik und die Beziehungen von Technik und Kunst ist schon sehr viel gesagt worden. Hier interessiert zumal der Zusammenhang mit den Formen der organischen Welt. Am auffallendsten ist die Ähnlichkeit mit der Insektenwelt. Auch auf die mancherlei Ähnlichkeit der modernen Arbeitsgliederung mit den Arbeitsstaaten der Bienen, Ameisen und Termiten wurde oft verwiesen. Aber eine befriedigend tiefe überzeugende Darstellung der Frage der natürlichen und technischen Formwelt steht noch aus.

Die von E. Kapp 1877 veröffentlichten »Grundlinien einer Philosophie der Technik« erklären die technischen Werke als unbewußte *Projektionen menschlicher Organe*. Diese Lehre wird auch heute noch vorgetragen. Da auch Pflanze und Tier gleiche biotechnische Einrichtungen zeigen, hat man die Organprojektionslehre auch auf diese ausgedehnt. Die Entfernung der menschlichen Technik von organischen Vorbildern ist jedoch nicht abzustreiten; man deutet sie entweder als spätere Episode oder sieht die menschliche Technik als Vervollkommnung der menschlichen Organe an. »Der Mensch ist sozusagen eine Art Prothesengott geworden« (S. Freud). Andererseits wird behauptet, die besonders mangelhafte Organanpassung des Menschen an seine Umwelt habe dazu geführt, daß der Mensch seine Organe aus dem Lebenskampf auszuschalten gewußt habe zugunsten des Werkzeugs und der Maschine (P. Alsberg).

Eine Gruppe von Naturphilosophien der Technik gibt sich unseres Erachtens nur mit Scheinproblemen ab. Sie erklären irgend eine Seite der Natur zum eigentlichen Wesen der Natur und deuten dann in gleicher Weise die Technik, da diese ja auch ein Teil der Natur sei. Dabei werden verständlicherweise solche naturalen Seiten herausgegriffen, die in der Technik besonders hervortreten. Die *energetische Anschauung* hält die Energieumsätze für das eigentliche und wirkliche Wesen der Welt. Sinn und Zweck der Welt ist die möglichst nutzhafte Umsetzung von Energie.

Energetische Anschauungen sind in den letzten Jahrzehnten zumal auf technisch-wirtschaftstheoretischen Gebieten vorgetragen worden, da ja die Energie möglichst genützt, also ökonomisch verwendet werden soll. Von hier ist es nicht weit zur Behauptung von dem *allgemein ökonomischen Verhalten* der Natur, eine Behauptung, die sich noch durch weitere angeblich ökonomische Naturgesetze scheinbar stützen läßt. Ökonomie, Stabilität und Harmonie machen darnach das Wesen der Welt und der Technik aus. Aber es läßt sich leicht zeigen, daß es sich bei all diesen Gesetzen um Täuschungen handelt und daß ferner ein Ökonomismus an sich eine inhaltlose Aussage ist. Schließlich ist der *sozialbiologischen Theorien* zu gedenken, die entweder aus dem »Kampf ums Dasein« die Technik als die Taktik des Lebenskampfes herleiten (O. Spengler) oder aus dem Prinzip der »gegenseitigen Hilfe« sowie der biologischen Gemeinschaftsarbeit der Zellen und Organe die Technik sozial begründen.

»Die Technik soll durch klimatische Bedingungen entstanden sein. Vor allem die Kälte habe den Menschen der nördlichen Zonen zur Technik gezwungen, während die Völker der warmen Zonen paradiesisch ohne Technik leben konnten. So hat eindringlich Coudenhove-Kalergi (2, S. 24–26) gelehrt, auch Waffenschmidt (S. 20), Jensen (1, S. 68, 69, 173, 297) u.a. trugen diese Ansicht vor. Aber von einer primären Klima-Abhängigkeit der Technik kann nicht die Rede sein. Die Völker auch der günstigsten Klimata besitzen entgegen dieser Theorie durchaus beachtenswerte Techniken, die Völker der ungünstigsten Klimata (der Polarvölker z.B.) müßten nach dieser Theorie die bedeutendste Technik haben. Zudem ist diese Lehre gänzlich materialistisch. Denn die Technik dient durchaus nicht nur der Notdurft. Gewiß wird das Klima die Technik beeinflussen. So führt Graebner die arktischschamanistische Technik großenteils auf Klimaeinflüsse zurück, auch sollen in der europäischen Technik arktische Einflüsse vorhanden sein (z.B. die heutigen Kleidungs- und Haustypen). Die moderne Technik hingegen machte sich immer mehr von klimatischen Bedingungen unabhängig, sie wird planetarisch und ist zudem im Begriffe, sich durch die Autarkiebewegungen auch von der Rohstoff-abhängigkeit zu befreien.«[20]

Die Mehrzahl der bisher erörterten Lehren begreift auch die menschliche Technik und die Kultur überhaupt als Natur (Monismus oder Biologismus). Im Gegensatz hierzu sieht eine Gruppe von Denkern im Geist

20 Text aus der veröffentlichten Philosophie der Technik, Heinrich Hardensett: *Philosophie der Technik*, a. a. O., S. 237–238. Das Kapitel Klima und Rassenlehre entfällt im Schröter-Exemplar und alle rassischen Bemerkungen entfallen komplett.

und in der Kultur den Feind der Natur und des Lebendigen. Die Technik wird dann nicht als Fortbildung der Natur, sondern als Feind der Natur, anderseits als Übermächtigung der Natur empfunden. Sie erscheint dann letztlich als Verkörperung des Machttriebs. An ernsthaften Fragen tauchen hier vornehmlich zwei auf: Wie ist das Gleichgewicht zwischen Mensch und Erde, Technik und Natur neu zu bestimmen und zu gewinnen? Wie ist von Geist und Bewußtsein her eine neue Natürlichkeit und Triebsicherheit zu erlangen?

Die Alternative Leben oder Geist, Natur oder Kultur wird – so scheint uns – den Fragen nicht gerecht. Die Kultur ist sowohl vom Bios abhängig wie auch selbständig. Ebenso ist auch die menschliche Technik sowohl Natur als Kultur. Der Mensch ist in die Welt hineingestellt; seine Existenz ist auf Wechselwirkung mit der Natur angelegt. Die Frage »Was ist der Mensch?« muß also dahin beantwortet werden, daß er notwendig auch ein technisches Wesen ist. Die Lehre vom Menschen, die philosophische *Anthropologie*, wird die technische Seite der Menschhaftigkeit nicht übersehen können. Die Naturphilosophie der Technik wird daher erst durch eine entsprechende Kulturphilosophie endgültig zu begründen sein.

II. Kulturphilosophie der Technik

Die Kulturphilosophie der Technik betrachtet die Technik, soweit sie menschliches Werk und nicht natürliche Erscheinung ist. Sie untersucht, ob die Technik ein selbständiges Kulturgebiet ist oder nicht; wie sie zu den anderen Kulturgebieten steht und welche Wirkungen sie auf diese und die Kultur allgemein hat. Daraus ergibt sich eine Anordnung des umfangreichen Fragenkreises nach zwei Gesichtspunkten: a) von nicht technischen Gebieten ausgehende Theorien, b) von der Technik als wesenseigenem Gebiet ausgehende Theorien.

a) Von nicht-technischen Gebieten ausgehend

1. Ausgehend von Naturwissenschaft und Positivismus schlechthin

Neuzeitliche Technik und Naturwissenschaft sind gleichzeitig entstanden. Die Naturwissenschaft liefert Erkenntnisse für die naturale Seite des technischen Schaffens. Deshalb wird of die Technik *als angewandte Naturwis-*

senschaft aufgefaßt. Diese Bestimmung wird der Technik nicht gerecht. Technik ist viel mehr als nur Anwendung naturwissenschaftlicher Erkenntnisse. Deren Reichweite ist beim technischen Schaffen sogar erheblich geringer als sich der technische Laie vorstellt. Ferner werden oft technische Leistungen ohne naturwissenschaftliche Einsichten oder selbst im Gegensatz zu naturwissenschaftlichen Lehren vollbracht, sodaß die Technik der Wissenschaft erst die Probleme stellt. Von der Technik aus gesehen ist die Naturwissenschaft nur eine technische Theorie, genauer: die spezielle Hilfstheorie von den Funktionalbeziehungen der Natur. Die Naturwissenschaft ist so angelegt, daß ihre Erkenntnisse technifizierbar sind. *E. Mach* meint, die Wissenschaft sei zwar aus der Technik hervorgegangen, aber im Grunde bestände kaum ein Unterschied zwischen beiden. Sieht man hingegen in Wissenschaft und Technik mehr als rationales Zweckwissen und -handeln, so gewinnt man neue Einsichten: dass hinter dem allgemeinen Kennzeichen der Rationalität erst die eigentlichen Bereiche stehen und daß sie neben anderem aus der besonderen Art ihrer Rationalität erschlossen werden können; daß die Rationalität der modernen Naturwissenschaft nur auf grundsätzlich technifizierbare Erkenntnis angelegt ist; daß somit die moderne Naturwissenschaft von der allgemeinen Wissenschaft her gesehen nur eine spezielle Wissenschaft ist, und es also einen weiteren Wahrheitsbegriff und damit auch eine umfassendere Wissenschaft geben muss.

Auf den Naturwissenschaften baut die Philosophie des *Positivismus* auf. Nach ihr erkennt die Wissenschaft die Welt, während die Technik sie zweckhaft – nützlich zu verändern hat. Der Begriff »Technik« wird sehr weit als methodisches Mittel gefaßt, das fast alle Kulturgebiete umschließt, so daß schließlich selbst Erziehung, Sitte, Recht, Verwaltung und Politik als »Gesellschaftstechnik« gedeutet werden. Dieser Technikbegriff ist ein anderer als der unserer Fragestellung. Aber da er auch auf die eigentliche Technik angewendet wird (ausgehend etwa von der »Technik des Klavierspiels«), erscheint nun deren Wesen als rationale Methodik schlechthin, als zivilisatorisches Mittel und ohne eigenen Wert, als nur auf die Erfüllung individueller materiell-physischer Bedürfnisse ausgerichtet; technisches Streben verstehe Kultur nur platt zweckhaft-nützlich. Schließlich wird die Technik in *positivistischen Trieblehren* nur noch leitökonomisch gewertet. Freud meint, durch Triebverzicht werde Nützliches gewonnen; P. Gast deutete den technischen Trieb aus der »Unlust des gehemmten Handelns«; Haeberlin konstruierte eine unaufhebbare zwiespältige »praktische Situation«, da in der Praxis immer das Neue gewollt werde und, kaum erreicht, stets wieder notwendig als unzulänglich erlebt werden müsse.

2. Ausgehend von der Wirtschaft

Die Technik sei – so erklärte A. Voigt 1912 – Mittelwahl bei gegebenem Zweck, die Wirtschaft hingegen Zweckwahl bei gegebenen Mitteln, so daß also die Wirtschaft den Zweck der Technik vorsetzt und vorauszusetzen hat. Dabei wird die Wirtschaft stillschweigend konkret als Unterhaltsfürsorge durch Erwerb, formal als Ökonomismus verstanden, was im Grunde nur für die kapitalistische Wirtschaft zutrifft. Diese Theorie hat viele Nachfolger gefunden. Technik wird dabei nur als ein System von ökonomistisch zu verbindenden Mitteln begriffen. Gegen diesen Begriff hat sich schon früh lebhafter Widerspruch von technischer Seite erhoben. Man widerlegte, daß die Erfindung die automatische Folge eines Bedürfnisses oder der Konkurrenz wäre; man verwies auf nicht kapitalistische Seiten der Wirtschaft; man zeigte, daß es ein »ökonomisches Prinzip« schlechthin nicht gibt; man wies den Unterschied zwischen dem technischen und dem wirtschaftlichen »Waren«-Begriff auf: »Das Erzeugnis technischen Fleißes [...] heißt in der Wirtschaft Ware. Und indem es zur Ware wird, geht es aus seiner eigenen Sphäre in eine ganz andere über [...]. Die Ziffer besteht nur noch im Geltungsbereich der Strebung nach Gewinn [...]. Aber im Geist der Technik ist die Ware etwas anderes – dargebotene Menschenhilfe [...] ist technisches Werk von Menschen für andere Menschen [...]. Hier hat es, rein technisch gesehen, gar nichts vom Gelde an sich, sondern nur von dem Kraftwert oder Qualitätswert für den Menschen« (F. Dessauer). Auch der Marxismus sieht die Technik positivistisch als Dienerin der Wirtschaft, einer sozialistischen Konsumwirtschaft allerdings, wodurch das Verständnis der technischen Wesenseigenart immerhin erheblich gefördert wird. »Der Ingenieur ist gegenüber dem Arbeiter ohne jegliche Bedeutung. Grundsätzlich bleibt in der Theorie die Produktion auf höchsten Ertrag ausgerichtet (konsumwirtschaftlichen und nicht kapitalistischen Ertrag selbstredend), wobei jedoch dem inneren Sinn und der inneren Beglückung der technischen Arbeit mehr zugestanden wird als in der kapitalistischen Wirtschaft.«[21] Auch staatswirtschaftliche Theorien werden der Technik nicht gerecht, da sie diese wiederum als bloße Verfahrensweise im Dienste der Wirtschaft, der Staatswirtschaft, sehen. Es entsteht die Frage, wie denn die der Technik

21 Heinrich Hardensett: *Philosophie der Technik*, a. a. O., S. 63.

gemäße Wirtschaft auszusehen habe, welche Wirtschaft von technischer Gesinnung und Gesittung her zu fordern sei.

[...][22]

3. Ausgehend von Staat, Macht (Freiheit)

Von der Unterstellung der Technik unter die Staatswirtschaft zu ihrer direkten Unterordnung unter den *Staat* scheint nur ein kleiner Schritt zu sein. Jedoch kann er nur vollzogen werden, wenn dem Begriff Staat (Nation, Volk usw.) eine irrationale Bedeutung zuerteilt wird. Technik wird dann zum Mittel des Staates, zu einem zunächst meist nur wirtschaftlichen Mittel, bald dann auch zum Machtmittel oder Dikaturmittel. Tritt noch der Rassengedanke hinzu, so reduziert sich die Philosophie der Technik auf die einfache Formel: Die Technik ist das Erzeugnis der nordischen Rasse; sie hat dem »völkischen Staat« zu dienen. Bei negativer Beurteilung der Technik erscheint die Technik umgekehrt als das satanische staatsfeindliche Prinzip, zumal wenn der Staat mythisch erhöht wird.

Ist Technik nur *ein* mögliches Mittel zur Macht neben anderen oder ist sie Wille zur *Macht* schlechthin über Natur und Mensch? Man weiß, daß alles und jegliches als Machtmittel gedeutet werden kann, aber um solche mögliche Generaldeutung geht es hier nicht, sondern um die ganz spezielle Deutung der Technik als Wille zur Macht schlechthin im Unterschied zu anderen Kulturbereichen. In der Tat ist dies oft behauptet worden. Das spezifische Motiv der Technik sei Macht im Gegensatz zu Wert (Ewald); die Technik sei durch Macht- und Herrschaftstriebe bestimmt (Scheler); die Technik sei hervorgerufen »durch die Apriorität des Willens zur Macht: Nicht der Übermensch bewirkt die Technik, sondern die Technik den Übermenschen«. Wenn der ganze Erdball techniziert ist, dann erst ergibt sich des Machtwillens »Wendung nach innen – zum Geist, der in der Freiheit substantiell ist« (Georg Foerster). Die »Idee der Technik ist Macht des Geistes über die Materie der Welt« (Zschimmer). Die Macht über die Natur soll die Freiheit bringen. Aber der Machtwahn sei unchristlich, er bringe nur erhöhte Unfreiheit. Gegen alle diese Lehren ist einmal zu sagen, daß die Technik wesentlich und wesenhaft nicht auf Übermächtigung der Natur geht (Erfinder sind fast nie Machtmenschen, Ingenieure sind meist

22 Es geht weiter mit dem Text von Heinrich Hardensett: *Philosophie der Technik*, a. a. O., S. 63–65.

auffallend unpolitische Naturen und zweitens, »daß Macht über« schlechthin und »Freiheit von« schlechthin leere und anarchische Zielsetzungen sind. [...][23]

4. Ausgehend von Sprache und Erkennen

Die Sprache »vergißt über dem Werkzeug des Geistes den Geist des Werkzeuges. Aber beide, Wort und Werkzeug, sind ein Erzeugnis derselben geistigen Urkraft ... Heute stehen wir inmitten eines heftigen Kampfes, der bestrebt ist, das Verhältnis der beiden, wenn nicht umzugestalten, so doch auf seine richtigen Grundlagen zurückzuführen« (Max Eyth). Es geht um den vermeintlichen Überlegenheits- und Führungsanspruch des reinen Denkens über das Können. Der Mensch ist aber grundsätzlich beides: Denker und Macher, Wesen des »Auges« und der »Hand«. Nach E. Cassirer ist »alle geistige Bewältigung der Wirklichkeit an diesen doppelten Akt des ›Fassens‹ gebunden: an das ›Begreifen‹ der Wirklichkeit im sprachlich-theoretischen Denken und an ihr ›Erfassen‹ durch das Medium des Wirkens; an die gedankliche wie an die technische Formgebung«. Das Entscheidende im Werkzeuggebrauch liegt niemals in den materiellen Gütern. Die Überwindung aller »räumlichen und zeitlichen Schranken [...] wäre letzten Endes dennoch ohne Frucht [...]. Der eigentliche, der tiefere Ertrag liegt auch hier im Gewinn der ›Form‹: in der Tatsache, daß die Ausdehnung des Wirkens zugleich seinen qualitativen Sinn verändert, und daß sie damit die Möglichkeit eines neuen Welt-Aspektes erschafft.« Über die Möglichkeiten »technischen« Erkennens ist auch von anderen (Dessauer, Graebner, Lufft) Bemerkenswertes beigebracht worden. Es wird darauf ankommen, die erkenntnismäßige Bedeutung der Technik nicht zu ihrem eigentlichen Wesen zu übersteigern; dann würde man das Gegenteil zur positivistischen Erkenntnislehre erhalten, bei der Methodologie und Logik schließlich zur Technologie und Technik des Denkens werden.

5. Ausgehend von der Kunst

Die *bildende Kunst* und die Technik gestalten Stoffe der Welt zu materiellen Gebilden, zu Werken mit Form. Beim Kunstwerk ist die materielle Seite

23 Es geht weiter mit dem Text von Heinrich Hardensett: *Philosophie der Technik*, a. a. O., S. 78–79.

unwesentlich, es verwirklicht einen aesthetischen Wert; beim Sachwert jedoch ist die materielle Seite wesentlich, es verwirklicht einen technischen Dienstwert. Aber so wichtig das Herausarbeiten der schöpferisch-gestaltenden Wesenszüge der Technik ist, so ist Technik doch nicht eine Art von Kunstbetätigung. Popper machte »die Ästhetik zur treibenden Kraft der technischen Entwicklung« (V. Engelhardt). Nach R. Benz ist die Technik »im Grunde ein irrealer, ein versetzter künstlerische Prozeß«. »Solche Deutungen der Technik sind jedoch heute von geringerem Interesse. Man hat sich durchweg mit Entschiedenheit der Erörterung der praktischen Fragen zugewandt, die zwischen Technik und Kunst bestehen, wie den Problemen der ›Technischen Schönheit‹, der ›Technischen Form‹.«[24]

6. Ausgehend vom Christentum

»Die *neuzeitliche Technik* ist ein Kind des *christlichen Europa*«,[25] aber sie stammt nicht in unmittelbarer Folge vom Christentum ab. Zumal L. Klages hat das Christentum ganz allgemein der modernen Technik zugeordnet, desgleichen O. Spengler u. a. Nach R. Benz wurde der nordische Mensch durch das ihm fremde Christentum zur »stummen Hand« gedrängt und damit von der nationalen Sprache zur internationalen Technik. Da die moderne Technik seit Renaissance und Reformation einsetzt, so müssen zwischen Reformation und Technik Zusammenhänge bestehen. Die neue puritanische Arbeitsgesittung trägt stark zur Entfaltung kapitalistischen Geistes und damit indirekt auch der modernen Technik bei. Im Protestantismus ist noch heute diese Verknüpfung von asketisch-innerweltlicher Arbeitsauffassung mit kapitalistischer Wirtschaftsgesinnung (Max Weber) und fortschrittlicher Technik spürbar. So sieht denn auch die protestantische Technikphilosophie in der Technik die Erfüllung des Gebotes »Machet euch die Erde untertan« und ein bevorzugtes Feld asketischer Arbeitsbewährung. H. Lilje fordert, daß alle Arbeit Gottesdienst sein soll und daher ihre metaphysische Weihe hat .... Technische Arbeit heißt zuchtvollste Sachlichkeit, entschlossene Hingabe, geheiligte Tatkraft. Die Rationalisierung wird anerkannt wegen der »beiden großen Gedanken der Ordnung und der Zucht«. Arbeit soll »immer zugleich auch Last, Fron, ›heilige Plage‹ sein«. Aber die Gefahren einer materialistischen Gottlosigkeit und eine Empörung gegen Gott werden gesehen. Manche sehen im technischen

24 Heinrich Hardensett: *Philosophie der Technik*, a. a. O., S. 95.
25 Heinrich Hardensett: *Philosophie der Technik*, a. a. O., S. 96.

Denken den Todfeind der christlichen Haltung. E. Jünger nennt »die Technik [...] die entscheidende antichristliche Macht«. O. Spengler u. a. sprechen vom Satanismus der Maschine. Nach Donald Brinkmann wird »der christliche Erlösungsglaube vom technischen Menschen in eine Sehnsucht nach Selbsterlösung umgebogen«. Auch auf katholischer Seite findet man einerseits die Bejahung der Technik als »persönliche Tat, die den Schöpfungsakt Gottes fortsetzt und ihn darin preist« André Philip, wie es zumal von F. Dessauer und Friedrich Muckermann S. J. dargestellt wurde; nach E. O. Rindt hat Christus den Menschen erlöst, diesem aber die Erlösung der Materie anvertraut. Andererseits hält Haecker die Automatentechnik für eine Strafe Gottes; J. Bernhardt meint, daß »sie und mit ihr der gefesselte Mensch in eine eschatologische Krise geraten ist.«

7. Ausgehend von der Arbeit und dem Werk

»Technische Arbeit macht mengenmäßig den beträchtlichsten Teil der menschlichen Gesamtarbeit aus«,[26] in der Technik selbst spielt die Arbeit, das Schaffen und das Geschaffene (das Werk) eine bedeutende Rolle. Es liegt daher nahe, die Technik als *Arbeit schlechthin* zu begreifen. Aber technische Arbeit ist Arbeit von eigentümlichen Sinn. Auf diesen eigentümlichen Sinn und Gehalt kommt es daher für die Philosophie der Technik an und nicht auf das damit verbundene Arbeiten an sich (Technik kann z. B sehr wohl auch spielerisch vor sich gehen). Auch darf das Automatenproblem, da ja der Automat die Arbeit ausschalten soll, nicht vergessen werden. Man hat die Technik gedeutet als das Energetische, Manuelle und Methodische jeglicher Arbeit; als die Erlösung von Arbeit zwecks Sicherung und Beglückung oder zwecks Erfüllung der angeblich wahren menschlichen Bestimmung, nämlich der Vergeistigung und der vergeistigten Kulturtätigkeit; als jegliche Arbeit, die solche ethischen und persönlichkeitsbildenden Wert habe; schließlich als schöpferische Arbeit, als werkschaffende Tätigkeit, als kulturelles Schaffen. »Die Frage ist, ob jener Funktionalbegriff der Arbeit nicht nur Eigenwert, sondern einen Eigenwert von so ausgezeichneter Art und so überwältigender Größe besitzt, daß alle Werte, auch die des Geistes, Geist verstanden im Sinne von Wissenschaft und Kunst, dagegen als nebensächlich, weil abgeleitet, erscheinen können [...]. Wird die Frage bejaht, so wird damit das Primat der Arbeit im Wertsystem des menschlichen Lebens festgestellt (S. 142/43) [...]. Es gibt keine schöpferische und gestal-

26 Heinrich Hardensett: *Philosophie der Technik*, a. a. O., S. 106.

tende Arbeit wesentlich geschieden von der gewöhnlichen Arbeit, sobald man Arbeit nicht von außen her betrachtet (S. 145) [...] Arbeit [...] ist Selbstverwirklichung nach innen und außen. Sie schafft aber auch immer etwas Äußeres [...] Genau so, wie sie immer etwas Inneres, ein Stück Charakter, Selbstdisziplin, Gewöhnung an gute, geordnete Lebensführung schafft (S. 146)«. (Hermann Lufft)

8. Technik als Mittel (Methodik, Rationalisierung, Zivilisation) schlechthin

»Technik sei – so sahen wir – bloße Anwendung der Naturwissenschaft als Mittel, sie sei Mittel der Wirtschaft oder des Staates oder der Erkenntnis, sie sei ein Mittel zu künstlerischer oder religiöser Betätigung«[27] oder Mittel zur Erlangung des Glücks. Schließlich gilt die *Technik als das Mittel schlechthin.* Diese Lehre ist weit verbreitet. Sie wird durch einen unglücklichen Sprachgebrauch gestützt (»Technik« als Sachwerkerzeugung einerseits und »Technik« als Methodik und Mittelhaftigkeit andererseits, z. B. »Technik des Klavierspiels«). »Einen Techniker im Sinne unserer isolierten Grundtypen«, führt E. Spranger aus, »werden wir vielmehr jeden nennen, der ohne Erwägung der ethisch geforderten Ziele allein auf die sichere, wissenschaftlich exakt begründete und ökonomisch gelenkte Mittelwahl eingestellt ist [...].« Auch die Unterscheidung von Zivilisation und Kultur, wobei die Technik lediglich als zivilisatorisches Mittel begriffen wird, gehört in die Theorie. »Daß man einen bloßen Haufen von Mitteln und Werkzeugen schaffen könnte«, entgegnet mit Recht H. Freyer, »ohne zu entscheiden; wozu, ist ein Ungedanke. Nur in dem starken Gefüge einer geschichtlichen Zwecksetzung kann Technik im großen Sinne wachsen. Dann aber ist sie auch wertmäßig nichts Neutrales, sondern hat als Glied dieser Zwecksetzung selbst ihren eindeutigen Wert.« Da aber dies bloße Mittel »Technik« Wirkungen hervorruft, die von den fremden Zwecken nicht gesetzt waren, entsteht für die Lehre von der Mittelhaftigkeit der Technik eine Schwierigkeit. Sie wird (nach G. Simmel) überwunden, indem man das Mittel den Zweck zweckwidrig überwuchern läßt (sogenannte »Dialektik des Mittels«). Der Mensch würde schließlich zum »Sklaven seiner Schöpfung«. Der Amerikaner J. Dewey hat Entscheidendes gegen die Mittel-Zweck-Folge vorgebracht. »Das von außen gesetzte Ziel führt zu einer Trennung von Mittel und Zweck, während das innerhalb einer Hand-

27 Heinrich Hardensett: *Philosophie der Technik*, a. a. O., S. 115.

lung erwachsende Ziel (im Sinne eines Planes für die Leitung der Tätigkeit) stets zugleich Mittel und Zweck ist, so daß die Scheidung beider Begriffe lediglich Formsache ist [...] Jede Scheidung von Ziel und Mittel vermindert den Wert der Tätigkeit, neigt dazu, diese Tätigkeit zu einer Plackerei herabzuwürdigen, der man sich entziehen würde, wenn man könnte.« (1, S. 168–69). Gegen die aus der teleologischen Zerreissung folgende Mißdeutung der Technik, die den Zugang zum Wesen der Technik entscheidend versperrt, brachte ich selbst weitere Gründe bei (1, S. 6, 7, 9, 64–65, 80–81).[28] Aus der Vieldeutigkeit des Mittels lassen sich weitere Gegengründe beibringen: Jede Mittel hat vielerlei Folgen, die nicht einmal übersehbar sind; es gibt daher kein reines Mittel; man kann daher das Mittel nur wollen, wenn man es in seiner ganzen Wirkung will, womit jedoch das Mittel seinen Mittelcharakter völlig verliert und zu eigenem Wert- und Kulturbereich wird. Hier, in der Pflicht zur möglichst umfassenden Voraussicht aller Folgen und ihrer vollen *Verantwortung* liegt die ethische Zentralaufgabe der Technik. Sie kann nur aus voller Bejahung des Geistes und immanenten Sinnes der Technik gelöst werden.

9. Kulturbilanz und kulturelle Lenkung der Technik

»Ist die Technik nur ein System von Mitteln, so liegt es nahe, die guten und schlechten Wirkungen dieses Mittels einander gegenüber zu stellen, um daraus eine *Bilanz* zu gewinnen. Dieses Verfahren ist«[29] sehr beliebt. Es ist leicht zu widerlegen: Technik ist keine Mittel; die Bilanzierung von Vor- und Nachteil, Lust und Unlust ist nur von niedrigem »lustökonomischen« Standpunkt aus möglich; es lassen sich technische Wirkungen nicht feststellen, bevor man nicht weiß was Technik im Innersten wahrhaft ist; es läßt sich nicht feststellen, ob eine Folge die Wirkung der Technik oder die Wirkung eines Mißbrauches der Technik ist, die einzelnen Bilanzposten lassen sich nicht addieren; jede technische Wirkung ist mehrdeutig.

Sieht man in der Technik nur ein Mitteln da bei unüberwachtem Einsatz nicht nur nützlich sondern auch schädlich ist, so wird man »richtige« Anwendung fordern. Was aber ist richtige Lenkung und wer soll lenken? Wir zeigten schon, wie von allen möglichen Lebensgebieten solche Lenkung beansprucht wird. Dieser widerspruchsvollen Lage kann man anscheinend entgehen, wenn man oberhalb der verschiedenen Bereiche nach einer über-

28 Heinrich Hardensett: *Philosophie der Technik*, a. a. O., S. 121–122.
29 Heinrich Hardensett: *Philosophie der Technik*, a. a. O., S. 125.

geordneten Instanz Umschau hält. Als solche Instanz bietet sich dann die Ethik oder der allgemeine Kulturbegriff an. Die Menschen, die Technik schaffen oder benützen, müssen nur ganz allgemein die notwendige sittliche Höhe erreicht haben und entsprechend handeln. Die Ethik sei eben – so wird oft behauptet, z. B. auch von A. Schweitzer und Coudenhove-Kalergi – hinter der Technik zurückgeblieben. Andere sehen die leitende Instanz im allgemeinen Kulturbegriff. Da es aber weder einen allgemein gültigen Kulturbegriff gibt, so ist – wenn man zu Ende denkt – auch mit diesen Argumenten – nichts gewonnen.

III. Geschichtsphilosophie der Technik

6. Technikepochen und Zeitbewußtsein

»Obwohl sich alle Geschichte in der Zeit vollzieht, so haben doch die verschiedenen Kulturen ein sehr unterschiedliches Gefühl oder Erlebnis oder Bewußtsein der ›Zeit‹. Auch alle Technik wird in der Zeit vollzogen, aber die Bedeutung der Zeit ist in den verschiedenen Techniken sehr unterschiedlich. Es ist daher zu vermuten, daß zwischen dem geschichtlichen Bewußtsein und der technischen Zeitanwendung Zusammenhänge bestehen, die ihrerseits wiederum mit dem philosophischen und naturwissenschaftlichen Zeitbegriff verknüpft sind. (Huxley – 2 – hat gezeigt, wie geschichtliche Vorstellungen über Vergangenheit und Zukunft u.a. vom gegenwärtigen technischen Zustand und seinen Nöten und Wünschen ab-hängen). Von einer auch nur näherungsweisen Klärung dieser Fragen kann bis heute unseres Wissens keine Rede sein, so-daß die folgenden Ausführungen durchaus spekulativ sind.«[30]

Die primitiv-magische Kausalität sieht Ursache und Wirkung derart verknüpft, daß alle Wirkungen *sofort* auftreten müssen, die Zeit somit in der Technik nicht erscheint, genau so wie beim Kraft- und Wirkungsgefühl des menschlichen Leibes Wille und Wirkung gleichzeitig sind (den Arm heben wollen und ihn tatsächlich heben, das ist untrennbar). Diese Stufe ist völlig spontan und ohne geschichtliches Gefühl; sie ist auch räumlich spontan d.h. ungebunden (Jäger und Sammler). In der magisch-biologischen Kultur tritt – vermutlich an der biologischen Lebenszeit der Tiere und Pflanzen erwachend – der Zeitbegriff ins Bewußtsein. Ihre Technik des

30 Heinrich Hardensett: *Philosophie der Technik*, a. a. O., S. 239.

Ackerbaus und der Viehzucht bedarf sehr langer »Produktions«-Zeiten. Diese Zeit ist unmechanisch, es ist eine natürliche, biologische Zeit, die an Tier und Pflanze und nicht am Menschen gemessen ist. Ihr geschichtliches Bewußtsein ist mythologisch. Im Zeitalter der Technik der Hand beginnt die Kalender- und Zeitrechnung. Das ist eine Rechnung nach Jahren und Tagen und Tageszeiten, aber keine Stunden- und Minuten- und Sekundenzeitrechnung. Es ist die Zeit der »Hand«, die Zeit des »Tage«-Werkes, eine von der Handarbeit durchlebte und an deren natürlich-menschlichen (und nicht somatisch-biologischen), auch kosmisch bedingten Rythmus gebundene Zeit, von der auch die Produktionszeit abhängt. Das geschichtliche Bewußtsein dieser Stufe ist persönlich-geschichtlich (Götter, Heroen) und schöpferischgeschichtlich (Beschäftigungsgötter, Schöpfungsmythen, Kosmogonien), aber anthropomorph gebunden (an Geburt, Leben und Tod; räumlich an eine feste Raumgestalt). Die Zeit ist »Menschenzeit« und nicht zeitlose Magie noch biologische Zeit noch mechanische Zeit. Die *moderne Funktionaltechnik* bringt erstmals die Zeit als Funktion, sowie die Zeit erst bei Galilei als Rechnungsgröße erscheint. Ursache und Wirkung im modernen Sinn sind *zeitlich* miteinander verbunden. Die Zeit wird jetzt eine mechanische, außermenschliche und außerkreatürliche Größe, die zu »sparen« und zu »überwinden« erstrebenswert wird. Zeithast, Geschwindigkeitsrausch, die Bedeutung der Zeit in der Philosophie und vor allem das Entstehen des Historismus hängen eng zusammen mit der neuartigen technischen Zeitanwendung und -nutzung. Dieses ganz neue Zeitgefühl und -bewußtsein erhöht alle Gebiete des Lebens um eine weitere Dimension, es springt ein historisches Gefühl aus der menschenhaft gebundenen Geschichtlichkeit heraus, wie es auch den menschenhaft gebundenen Raum planetarisch sprengt.

Als Ziel dieser »Zeit«-Technik erscheint ein Zustand, in dem Zeit im beliebigen Maße zur Verfügung steht, also ein »zeitloser« Zustand. Dahin scheinen auch zu deuten das mögliche Ende des technischen Fortschritts, die einsetzende Chinesierung mit ihrem Rechnen mit Jahrtausenden, das magische Gepräge der kommenden Technik, der überzeitliche Charakter aller technischen Utopien, die zunehmende Möglichkeit der Arbeitslosigkeit bei voller wirtschaftlicher Versorgung, die Verdrängung des Individuellen (das eng mit dem Historischen und dem Zeitlichen verbunden ist) durch das Typische, und das abnehmende Wichtignehmen des Todes. Der dieser Zeit zugeordnete Raum ist der planetarische und möglicherweise kosmische Raum, und die Verschmelzung von Raum und Zeit zum »Kraftfeld«-Raum auch im Sinn der Relativitätstheorie. Frobenius nannte das neue Zeitalter »überzeitlich und übergeschichtlich«, R. »Schwarz (S. 43, 44) hat auf Grund des technischen Gesetzes der ›Serie‹ eine ›Ewige Wiederkehr‹ und damit Aufhebung der Geschichte angedeutet. [...] Schließlich mag – da eine bewußte Geschichtsforschung mit ihrer inneren Absicht, aus der Geschichte Weg und Ziel zu gewinnen, doch in der Unsicherheit des eigenen Lebens wurzelt, die großenteils eine Folge der technischen Umwälzung ist –, so mag mit der Erreichung eines technisch völlig gewissen Zustandes die Richtung des Lebens wieder so selbstverständlich gegeben sein, daß damit auch der innere Antrieb und Zwang zu geschichtlicher Orientierung erlischt.«[31]

31 Heinrich Hardensett: *Philosophie der Technik*, a. a. O., S. 244.

Diskussion

Andreas Brenneis, Viet Anh Nguyen Duc, Jörn Wiengarn

Unraveling the Call of the Future

Review of Armin Grunwald, Alfred Nordmann, and Martin Sand: *Hermeneutics, History, and Technology: The Call of the Future* Routledge, Abingdon/New York 2023, 231 pages.

In recent decades, a wide range of contributions from the fields of philosophy of technology and science and technology studies (STS) has emerged under the methodological framework of 'technology hermeneutics'.[1] This approach, often building on hermeneutic reflections on technology as pioneered by Heidegger and further developed in the post-phenomenological work of scholars like Don Ihde, encompasses various methods, including detailed case studies of specific technologies. Despite the methodological diversity, the core aim remains the same: to deepen our understanding of technology and its development through hermeneutic analysis.

This foundational idea has been further developed within the field of technology assessment (TA), where it is commonly referred to as Hermeneutic Technology Assessment (HTA). The idea originated from a discussion of the limits and shortcomings to the classical consequentialist paradigm of TA (whether prognostic or scenario-based). The latter could not be applied plausibly in situations of high uncertainty and where future visions are highly diverse, such as when dealing with newly emerging technologies (NEST). This prompted a hermeneutic turnaround in TA, shifting the focus on already present narratives and images of sociotechnological fu-

1 Cf. Bernhard Irrgang: "Von der Technologiefolgenabschätzung zur Technologiegestaltung. Plädoyer für eine Technikhermeneutik," *Jahrbuch für Christliche Sozialwissenschaften* (1996), pp. 51–66. — Lars Leidl and David Pinzer, eds., *Technikhermeneutik. Technik zwischen Verstehen und Gestalten*, Dresden: Lang 2010. — Armin Grunwald: "The Hermeneutic Side of Responsible Research and Innovation." *Journal of Responsible Innovation* 1(3) (2014), pp. 274–291. — Armin Grunwald and Christoph Hubig: "Technikhermeneutik: ein kritischer Austausch zwischen Armin Grunwald und Christoph Hubig." *Jahrbuch Technikphilosophie* (2018), pp. 321–352. — Bruno Gransche: "Wie technische Systeme aus uns schlau werden. Von maschineller Auslegung und Festlegung." In: Reinhold Haux, Klaus Gahl, Meike Jipp, Rudolf Krus, Otto Richter, eds., *Zusammenwirken von natürlicher und künstlicher Intelligenz*. Wiesbaden: Springer (2021), pp. 53–51.

tures. Instead of estimating their prognostic plausibility, the idea of HTA is to make them the subject of a hermeneutic analysis. Through hermeneutic analysis the new goal is to uncover the interests, needs, desires, and fears that shape our thinking about 'technology' and sociotechnical futures. In doing so, HTA seeks to transcend narrow and questionable perspectives on technological developments and possibilities. Overall, HTA promises a more self-enlightened and autonomous approach to shaping technology, addressing gaps in the discourse on sociotechnical futures and advocating for a comprehensive and reflective engagement with these issues.

This relatively young approach presents several philosophical challenges, rendering the debate on it increasingly complex. It combines fundamental notions, ideas, and methodological approaches in a novel and relatively untraditional manner, necessitating clarification of their theoretical interrelations. Even the key word 'hermeneutics' still remains a rather vague and undefined term. Furthermore, a variety of diverse theoretical perspectives (including philosophy of technology, STS, and empirical disciplines) are engaging with technology hermeneutics or HTA, yet their interrelations and boundaries remain ill-defined. The 2023 volume *Hermeneutics, History, and Technology: The Call of the Future*, edited by Armin Grunwald, Alfred Nordmann, and Martin Sand, contributes to this ongoing exploratory movement and methodological self-exploration within HTA. This volume not only gathers insightful contributions on the methodological application of HTA and presents practical examples but also features discussion formats that reflect the dynamism of the hermeneutic discourse surrounding the present and future of our technologized world.

The main question addressed in the volume is how to deal with *The Call of the Future*, where 'the future' is not understood as a referent, but as "a figure of discourse which amalgamates present-day hopes and desires, fears and anxieties, aspirations and anticipations." (xi) With this focus on the future and the question of how it relates to present-day thinking and decision-making, the hermeneutic perspective can help disentangle three often confused questions: "Where are we heading?", "How shall we live?" and "How will it be once the future has changed us?" (xi). Aiming to clarify what exactly specific visions of the future respond to, the consideration of relationships emerges as the central field of investigation for HTA, with "the purpose to contextualize different aspects of a vision from various angles in order to learn something about us today and most importantly to demonstrate that each vision is just a possible vision among many other alternative visions." (32) Clarifying the relationships in which these visions of the future are embedded, revealing and critiquing the relationships absent in discourses about the future-present interlink, and thus informing appropriate responses to the call of the future are the primary goals of the contributions to *Hermeneutics, History, and Technology.*

1. Debates about HTA

As the contributions in this volume are set against the backdrop of a prior hermeneutic turn in the philosophy of technology and technology assessment, it is particularly helpful that the volume begins with a reconstruction of the key motivations behind this shift. In the opening piece, "On the Road to Hermeneutic Technology Assessment – A Historic-Systematic Reconstruction," Arthur Wei-Kang Liu focuses on Alfred Nordmann's and Armin Grunwald's contributions to the discussion on nanotechnology and human enhancement from 2007 to 2014. Liu also incorporates constructive and critical perspectives from scholars such as Sheila Jasanoff, Rebecca Roache, and Cynthia Selin, among others. This piece not only helps elucidate key argumentative shifts towards a hermeneutical turn in technology assessment (TA) but also introduces central concepts such as vision/visioneering assessment and the Collingridge dilemma. Moreover, it highlights emerging lines of conflict and ongoing debates about the future of HTA that persist today, even within this volume.

The reconstructed debate commences with Nordmann's and Grunwald's critique of future scenarios in nano ethics that are not only epistemically speculative but potentially obscure pressing issues in the present. Subsequently, both scholars address the question of how to adequately engage with such scenarios. As Liu demonstrates, it is within this context that the hermeneutic turn in TA takes place, leading both authors to propose viewing future scenarios as constructs that are expressive and embedded in their present. While initial methodological suggestions remain tentative at this stage, both philosophers advocate the guiding principle of "reclaiming the present" (10) through hermeneutical analysis of 'futures'.

As with all reconstructions, focusing on certain key moments requires the omission of additional aspects and ramifications of subsequent debates, such as the discussion between Armin Grunwald and Christoph Hubig (cf. footnote 1). However, this selective focus provides a concise insight into what can be taken as the pivotal juncture in the "hermeneutic turn" within TA.

While this first contribution offers a retrospective on a tentative debate, the volume also accommodates ongoing discussions, presenting snapshots of exploratory discursive movements. This is achieved through various conversational and discussion formats. These segments primarily document open and fundamental controversies concerning HTA, addressing basic questions regarding future(s), technology, society and politics. Through these discussions, the volume underscores the ongoing exploratory efforts in a field that remains ambiguously defined and where theoretical positions continue to evolve.

The first documented discussion, referred to in the volume as a "topical collection", comprises Vera Borrmann' s, Christopher Coenen's, and Alfred Nordmann's reconstruction of debates from an April 2018 workshop in Karlsruhe. These extensive and multifaceted discussions delve into various foundational questions about HTA, exploring HTA's disciplinary identity – what HTA is and what it is not. Questions such as whether HTA is merely reflective technology assessment, whether it is primarily an epistemic or ethical endeavor, and what its core research subjects should be, are debated. Furthermore, the discussions examine which specific futures warrant investigation, how to approach them methodologically, and what implications arise from applying hermeneutical methods to the study of technological futures.

In April 2020, a second documented discussion titled "Proactionary or Precautionary?" was held at TU Darmstadt, featuring Steve Fuller, Alfred Nordmann, Christopher Coenen, Sascha Dickel, Martin Sand, and René von Schomberg. This well-documented discussion centers on the role of 'futures' in our deliberations about emerging technologies. A central challenge emerges: while we bear responsibility towards the future, future developments remain highly uncertain and beyond our direct control. The discussion probes the extent to which and in what ways we should engage with this uncertainty and whether it should be viewed more as a "threat or an opportunity" (134). Key questions emerge: what is the basis of our discussions about the future? Are they grounded merely in present-day perspectives? Which futures can we (or rather: our present 'we') sensibly discuss? Throughout this tangled and contentious discussion, one can observe interesting attempts by the panelists to find common grounds, but also to sharpen differing viewpoints, especially regarding practical assessments of how best to handle futures.

Both discussions are presented in a natural and authentic style, highlighting the benefits of such a format: it enables participants to express tentative, not fully settled positions. Readers can gain valuable insights by observing how these positions are tested through discursive processes. However, the flipside of this open and free-flowing nature of the discussion is that it sometimes leads to convoluted exchanges, which may leave readers yearning for a clearer focus on well-defined questions. To mitigate this, supplementary formats such as keynote speeches and prepared responses or mail-correspondence between the discussants could have helped to enhance clarity and structure.

In contrast, the discussion between Alfred Nordmann and Sheila Jasanoff, titled "Technology in the Imagination of Society – A Conversation", is more focused. It centers on the concept of sociotechnical imaginaries, where, among other aspects, the two interlocutors explore the deep-rooted and often implicit normative commitments of such imaginaries, like those seen in Silicon Valley for instance, which are typically framed by basic economic principles. But they also discuss fundamental methodological considerations and critiques, for example the limits of Actor Network Theory to analyze "age-old questions of meaning" (97) and sentiments. The whole discussion thrives on interesting mutual additions of the two discussion participants.

2. Contributions to HTA

In addition to these exploratory discussions addressing open and fundamental meta-questions *about* HTA, the volume also presents what can be considered more 'classical' contributions *to* HTA, whether in the form of individual methodological reflections and suggestions or discussions of case studies. The introductory piece, "Hermeneutic Technology Assessment – Why It Is Needed And What It Might Be" by Armin Grunwald and Alfred Nordmann, offers an initial overview of the basic challenges in demarcating HTA. In societies heavily oriented towards future advancements and technological solutions to various challenges, technology assessment is tasked with envisioning scenarios and offering insights into realms such as future work dynamics, mobility landscapes, and energy paradigms. However, assessing the future poses a conundrum for TA, intertwining theoretical, practical, and political dimensions. In response, HTA refrains from predicting the outcomes of emerging technologies and instead focuses on existing manifestations of 'the future', discernible within ongoing dialogues, cultural shifts, prototype developments, and policy frameworks.

Focusing on these manifestations, the authors explore HTA's unique characteristics compared to discourse analysis and cultural studies. They outline a framework illustrating how HTA could evaluate and critique projects and forecasts primarily based on technological trajectories extrapolating past developments. Such an assessment can use the temporal structure of technological projections as a starting point, as these projections assert a future mode of human-object interaction – a "prospective ontology of technology" (38). Given the inexhaustibility of these scenarios of the future, the authors advocate a hermeneutic analysis to understand how they shape present connections and suggest new relationships between individuals and objects, humans and things. The authors argue for the importance of attending to technological projections and projects where sociotechnical imaginaries operate and when they generate visions of the future. By questioning the discursively and institutionally entrenched mental frameworks shaping sociotechnical imaginaries, "hermeneutic visioneering assessment" (40) can be achieved. In doing so, HTA, as a methodological practice, not only identifies its objects (i.e. technological projections and their making) but also engages the critical observer, contributing to a critical self-understanding of human involvement in sociotechnical systems.

Three contributions in the volume directly address methodological considerations and offer suggestions on how HTA should proceed. The first, authored by co-editor Martin Sand and titled "The Questions of Hermeneutic TA – Towards a Toolbox" aims to provide methodological guidance through a set of questions applicable to techno-futures. These questions serve as pathways for decision-making, guiding the analysis and discussion of present imaginations of future scenarios. Sand delivers a defense of the HTA-approach against the objection that the evaluated future scenarios have no link to what actually happens. He discusses three possible reasons for the perception of a weak link between how hermeneutic technology assessment discusses technological futures and how those futures materialize. Yet, Sand refutes these reasons with three opposing arguments: First, while technological futures may occasionally materialize without being envisioned, such occurrences are rare. Second, even if technological futures fail to materialize entirely, this does not negate the value of HTA, as the considerations may still contribute to general knowledge or even prevent the further development of certain technologies. In general, an oversensitivity regarding technological futures may be preferable to failing to assess developments that subsequently materialize. Lastly, there may be social developments of greater importance than the technological futures debated in HTA. However, Sand argues that while HTA cannot cover all social dynamics, it can adopt a broader approach to analyze futures that initially appear to lack technological drivers. Following these arguments in favor of the HTA-approach, Sand provides two examples of how technological futures manifest themselves in the present, citing Eric Drexler's 1986 *Engines of Creation* on nanotechnology and Stuart Russell's 2020 *Human Compatible* on lethal autonomous weapons. He connects these examples to the concept of 'visioneering', which involves creating broad and comprehensive visions of how the future might be radically altered by technology. Sand argues that HTA should expand its analysis to include discursive acts of visioneering, as they often utilize exaggerations and inaccurate representations to garner public attention. HTA can offer normative guidance by identifying threats stemming from non-epistemic or unfair practices and can contribute to policy-making and public debate by distinguishing credible and reliable views from contested ones. HTA also plays a role in uncovering the values and interests communicated through techno-futures, whether in an advertising fashion or as warnings. Understanding the meaning and impact of technological visions in current debates necessitates locating them in historical context and analyzing the motivations of the visioneers. To achieve this, Sand proposes a series of 15 questions, expanding on a set initially compiled by Grunwald. These questions that form the core of Sand's contribution are categorized into two types: broader questions aimed at understanding the rationale behind promoting technological futures, and narrower questions focused on specific technological futures. Broad questions inquire about the motivations behind promoting technological futures and whether belief in technological salvation is akin to religious belief. Narrow questions probe the inclusion of subspecies under a single technology name, aspects that are omitted by a vision, explicit or implicit values, and whether the vision appropriately addresses a problem with the proposed technological solution. Sand's well-constructed framework also considers the forms of communication employed, the involvement of various actors, and the roles they represent. It can thus be helpful when conducting hermeneutic technology assessments and when scrutinizing visions and the output of visioneers.

In his second text titled "On Not Having a Future", Martin Sand delves deeper into the question concerning stakeholders and involvement, examining the specific issue of inclusion and exclusion in the processes of deliberating and shaping the future. He argues that this process is typically dominated by a privileged group – those who possess the competence and power to ensure their visions of the future have a significant impact on society. While these visions may seem universal, they are inherently particular, as they primarily address the specific needs and interests of the designing group. Sand's text explores what groups are typically excluded from this visioning process and how various factors contribute to this exclusion, including precarious life circumstances, lack of access to education necessary for shaping technological futures, or simply a lack of motivation, perhaps stemming from a sense of hopelessness about the future. The problem with these exclusions is that the future concerns all individuals. Sand emphasizes the importance of including citizens and stakeholders in the process of shaping the future, stating: "As an institution with a social function, TA has continuously emphasized the importance of including citizens and stakeholders in future making" (115).

The contribution "On Profane Futures and Profane Futures Literacy" from Christopher Groves directly builds on Sand's previous considerations and demonstrates how high-tech futures designed by experts require supplementation by technological futures that originate from laypeople. Technological futures derived from experts, according to Groves, primarily focus on technical details and thus seem somewhat lifeless. Therefore, the author stresses the importance of involving laypeople in shaping the future to make the futures more compatible with everyday life. Groves' argument targets the widespread view that laypeople are not interested in creating visions of the future because they lack relevant future skills. According to him, this view is both ignorant and unjust. On the one hand, it only considers certain scientific knowledge practices as reliable for the construction of actionable futures, and on the other hand, it denies laypeople any creative competence from the outset. The injustice suffered by laypeople is also evident, in the devaluation of their futures as "profane". Grooves illustrates with an analogy: "lived futures" relate to the "futures of visioneering" like "vernacular" landscapes relate to "official" ones, where the latter favor practices of commensuration and formalization. With this analogy, Groves sheds light on the distinction between mundane/profane futures and elite futures. He claims that elite futures have eminent cultural power and that what counts as futures literacy is a matter of social construction. Since elite futures have cultural power, practices evolve based on them which help to construct futures and simultaneously produce symbolic and manifest accretions of power in the present. Finally, Groves examines how official/vernacular/elite futures and mundane/lived futures can be woven together and argues for "profaning futures literacy" by exploring attachments that support lived futures. The aim is to examine where "horizons projected by futures expertise overshadow other future horizons" (128). By highlighting power relations inherent in dominant discourses on futures literacy, Groves addresses the contingency and partiality that often remain unreflected.

The last segment of the edition offers three discussions of case studies from the field of HTA. The first, titled "Prototyping Futures – Towards a Hermeneutics of Artefacts and Technologies" by sociologist Sascha Dickel, analyzes prototypes and generally advocates for the inclusion of material objects into the domain of HTA. Dickel argues that HTA analysis should include material objects and their roles as technological tools in processes of meaning-making, referring to them as "technologies of futuring" (161). According to him, understanding contemporary cultures of futuring requires a hermeneutic approach that acknowledges the entanglement of practices and materialities inherent in these technologies. In this context, Dickel explores prototypes from two perspectives to elucidate their role in accessing and communicating futures. Firstly, he examines the social function of prototypes as communication media, and secondly, he delves into the epistemic function of prototyping as a technology of futuring. As epistemic objects, prototypes facilitate active exploration and serve as intermediaries between ideas and products. They are unfinished entities that stimulate desires and suggestions for further development, serving as externalizations of projections. Prototypes act as manifestations and embodiments of envisioned possibilities. They facilitate the representation of future designs by embodying them as tangible objects that can be interacted with, thus serving as accessible epistemic tools. Dickel emphasizes that prototypes embody an epistemic primacy of the material compared to discursive media of futuring. This is significant because functioning materiality demonstrated by prototypes solidifies expectations of specific futures. He concludes by suggesting that studying prototypes as materialized present futures and the related social practice of prototyping – as seen for instance on crowdfunding platforms, in FabLabs, makerspaces, and hackathons – can provide insights into contemporary technoscientific cultures of futurity, contributing to the study of futures in the making. Dickel's approach intricately opens up an avenue for HTA to include material objects, a promising route to follow for enhancing hermeneutic perspectives and possibly for fostering societal deliberation on what futures to pursue.

Scientific models and the approach of modeling in general represent another mode of reasoning about futures. Models are a widely discussed topic in the philosophy of science and technology and Armin Grunwald maintains that strengthening and elaborating "The Hermeneutic Perspective on Modeling in Technology Assessment" is imperative due to the significant influence model-based anticipatory reasoning has gained in political decision-making. Grunwald delves into two interconnected aspects that can lead to what he terms the "model-fix approach" (185): the temporal structure inherent in models and their interplay with narratives. In a first step, Grunwald emphasizes that models construct future scenarios by integrating empirical data and scientific theory, primarily serving consequentialist forms of reasoning. Models, acting as substitutes for unavailable future data, furnish knowledge essential for informed decision-making, often becoming integral components of future narratives, wherein they reciprocally bolster each other. However, when models are utilized for decision-making, they establish a temporal asymmetry, exerting influence far into the future and effectively shaping it. Grunwald's critical analysis highlights this fixation of the future through the predetermination of future developments by models employed for consequentialist reasoning. A hermeneutic approach to models, therefore, should complement this consequentialist viewpoint by recognizing that model-based narratives reflect present-time diagnoses, attitudes, observations, values, and interests. The key point here is that models cannot escape the "immanence of the present" (178). Building on this, Grunwald further explores how non-epistemic elements materialize as narratives, influencing both models and subsequent public discourse as well as decision-making processes in politics and the economy. He identifies a range of general and domain-specific narratives that shape models, with the optimization narrative – the belief in a singular optimal solution to any problem – being particularly prevalent. Additionally, he highlights how models can be used to support specific agendas, such as in visioneering activities. Grunwald contends that hermeneutic scrutiny of models reveals implicit biases and ideological applications resulting from unexamined narratives, cautioning against the potential colonization of the future by the past through modeling, a phenomenon he terms the "model-fix". Finally, Grunwald elucidates how a hermeneutically informed modeling approach acknowledges the immanence of the present and the role of narratives in shaping models. It underscores the social nature of models, highlighting how models gain and claim authority, how they are fragile due to several forms of opacity and how their selection and development is bound to specific values, while also uncovering possible fixations and reflecting on modeling as a human endeavor influenced by perspectives, values, and decisions. By recognizing the immanent nature of the present and interrogating models regarding the contemporary expectations they encapsulate, the hermeneutic perspective opens up avenues for public deliberation and political decision-making, aiming to reclaim the space for considering alternatives that consequentialist reasoning tends to narrow down. Similar to Dickel's case study on prototypes Grunwald's contribution shows how HTA can include actual technologies of futuring into their analyses to gain a empirically dense basis from which conclusions can be drawn concerning the makeshift of models and how they influence public debates.

In his article on "Machine Hermeneutics", Alfred Nordmann sketches an approach of how hermeneutics can examine prospects of technical worlds that do not show technologically sound extrapolations but serve as models for reconsidering the current working order of societies and their technology. Nordmann presents a case study of four machine imaginaries that – even though they may never exist in reality – work as an ideal for an imaginable integration of people and things. These imaginaries can be understood as secular re-enchantments of the world as they represent collective dreams of an unprecedentedly different technology that allows for an escape into an imaginary world where consolation and hope for peace are not utopian. Starting with Lewis Mumford's discussion of Megamachines Nordmann shows how nontechnical dreams of technology can develop as an antithesis to current configurations of humanity and technology, namely the machine culture. Regarding Otto Mayr's history of the centrifugal governor, Nordmann shows how technical developments intersect with political and social ideas and argues that the feedback mechanism found uptake only in liberal Britain because it was a paradigm for the development of technology and society alike even before the first machine was built. While Mumford's Megamachine and the centrifugal governor represent tangible inventions, Nordmann argues that societies also derive guidance from non-technical concepts of technology, for example by envisioning machines that may never materialize. Nordmann employs Jessica Riskin's concept of 'wetware' to demonstrate how societies envision the potential of emerging technologies. These visions arise from and contribute to a state of conceptual fluidity and ensuing perplexity, where the boundary between scientific advancement and fictional speculation becomes blurred. The last of the four machine imaginaries Nordmann discusses, the soft machines inaugurated by Richard Jones', are the focal point of his line of reasoning. For Nordmann they not only promise something new that eludes the opposition of natural and social relations, but also impact reality due to the participatory governance machine that Jones' established as ombudsman for nanotechnology. This social machine and Jones' concept of a nanoscale machine both pertain to the imagery of a never-to-be-realized but altogether gentle and accommodating working order of things. Finally, Nordmann delves into how hermeneutic approaches can critique discourses on machine enhancement by scrutinizing them as portrayals of the future, revealing deficiencies perceived in the present that evoke paradoxes akin to non-technical technologies. However, he contends that it is preferable to engage with the envisioned operational framework of hypothetical machinery, transcending utopian ideals and wishful thinking, particularly in an era where humans are uncertain about their own capabilities and those of their technology. Nordmann emphasizes the importance of public deliberation on these sociotechnical configurations to foster an adaptable and empathetic stance, counterbalancing the notion of technical control over dynamic processes. By contemplating the operational dynamics inherent in conceptualizations of imaginary machines, hermeneutics fulfills its role of reflecting the contemporary world.

3. The Future of HTA

The volume *Hermeneutics, History, and Technology: The Call of the Future* is a book well worth reading, especially for everyone who wants to gain an up-to date insight into the debate about what HTA should be, how it should work methodologically and what the next steps in the debate about it could be.

For the continuation of this project, we believe that a few critical impulses could be helpful. The first concerns the title concept of hermeneutics. It is probably a deliberate programmatic decision by the editors and authors to leave this concept rather open and undefined, so as not to narrow the analytical framework from the outset. However, some fundamental systematic reflections on hermeneutics as a methodology could provide some beneficial guidance, or at least provide some methodological options. In this context, it might also be worthwhile to refer to the hermeneutical tradition (Schleiermacher, Dilthey, Gadamer, etc.), which promises to present a fruitful source of methodological inspiration and orientation for the project. For instance, Dilthey's hermeneutics could encourage a focus on the cognitive interest that precedes the examination of specific technological futures or visions and make this interest transparent. This approach would help to further qualify the various hermeneutic perspectives developed in the field of HTA. Is hermeneutic reflection primarily aimed at providing orientation knowledge to support policy advice, as Sand demonstrates with the example of military drones (78)? Or is it more about uncovering the horizon of understanding of a past era and interpreting the respective technologies as an expression of their time, as Nordmann illustrates in his discussion on the steam governor (199). These represent different hermeneutic approaches that are based on different epistemological interests, leading to different modes of interpretation that could be made more transparent.

The volume provides intriguing examples of hermeneutic interpretations, and many contributions convincingly indicate their own paths for continuing the topic and encourage further exploration. However, it should be noted that there is a lack of applied case studies, such as discussions of concrete models or concrete prototypes. The various analyses remain on a rather abstract level, showcasing the spectrum of HTA methodologies and approaches. It remains for future considerations, building on this volume, to undertake more concrete applied analyses in the spirit of HTA.

Referring to concrete analysis might also help with what could be seen as a shortcoming of the volume, namely that it sometimes lacks a clear focus. Although, it can be acknowledged that the volume aims to bring a broad variety of approaches and viewpoints into a dialogue, with some contributions exhibiting an exploratory character, this seems to come at the cost of losing a clear structure. This is especially the case in some of the discussion segments. Here it seems that references to concrete case studies and their analyses might have been one possible means to ground and structure the debate. Continuing the project in this way would be very much in the spirit of many of the contributions in the volume that seek to follow up on the project of HTA by *concretizing* it.

As for the further pursuit of *fundamental* reflections on the essence and methodology of HTA, the volume raises several relevant questions and explores interesting approaches. Still, we believe that some potentially relevant and fruitful fundamental questions and problems remain unaddressed and are worth further exploration. To conclude, a few of these are briefly outlined here:

From a theoretical perspective, the question arises as to which time horizons HTA can cover and what duration or sustainability hermeneutic analyses can have. If they primarily serve self-awareness, then they are only useful for a given present. Are there ways for HTA to achieve sustainability" beyond context-bound decisions?

Positive future scenarios (utopias) seem to play a subordinate role in the volume; why is this so? Wouldn't a more intensive engagement with these be valuable for a constructive contribution of HTA?

Classical hermeneutics, with the concept of the hermeneutic circle, has shown that the position of the interpreter always necessarily enters the hermeneutical analysis. Given that HTA intervenes in political debates, the question arises as to the legitimacy of such interventions.

Subsequently, one final remark: The hermeneutic engagement with visions of the future, including technological futures, is already being intensively pursued in the cultural and literary sciences. Here, fruitful interdisciplinary connections for the project may transpire.

Kontroverse

Was ist das Falsche an der falschen Bewegung?

Franco Morettis kritisches Resümee *Falsche Bewegung*[1] ist überraschend und ernüchternd zugleich: Ernüchternd aus Sicht der entstandenen quantitativ orientierten Literaturwissenschaft, sofern der von ihm beklagte Verlust der Beziehung zur Theorietradition auch damit einhergeht, »Texte als ›Wortsäcke‹« zu betrachten. Überraschend, insofern die digitalen »Hämmer« (›DH‹ als Inkubationszone disruptiver Zugänge) den Blick auf Literatur tatsächlich verwandeln und nicht bloße – gewissermaßen dienstbare – Instrumente sind. Die Fälle, die Moretti präsentiert, lassen kaum einen Zweifel offen, dass bei der bis jetzt zu beobachtenden Entwicklung etwas ›falsch‹ gelaufen ist. Schwieriger erscheint es jedoch präzise und systematisch zu sagen: Was ist falsch an der falschen Bewegung? Und welche wäre richtig? Wie lassen sich Theorieentwicklung und computationelle Verfahren in den Geisteswissenschaften in einen fruchtbaren Zusammenhang bringen? In Literaturwissenschaft und Wissenschaftsphilosophie, in Begriffsgeschichte und Argumentationsanalyse sind in den letzten Jahren digitale Instrumente zum Einsatz gekommen, die über das Topic Modelling z.T. weit hinausgehen. Kommt es auch hier zu einem drohenden Verlust des Bezugs zu den jeweiligen Theorietraditionen? Wie gelingt es, sachhaltige Theorien (nicht bloß Messtheorien) und Instrumente in eine wechselseitige Entwicklung zu bringen? Die Kontroverse des *Jahrbuch Technikphilosophie* 2024 hat Wissenschaftler:innen eingeladen, die Frage nach der sinnvollen Einbindung und Verbindung von Theoriearbeit und Instrumententwicklung zu diskutieren: Was ist das Falsche an der falschen Bewegung? Und was wäre die richtige?

1 Franco Moretti: *Falsche Bewegung: Die digitale Wende in den Literatur- und Kulturwissenschaften,* Göttingen 2022.

Rabea Kleymann

Das Ereignis der Theorie unter den Bedingungen der Digital Humanities

Wahrscheinlichkeiten werden im täglichen Sprachgebrauch verwendet, um unsichere Ereignisse sowie Gewissheitsgrade von vergangenen und zukünftigen Zuständen auszudrücken. In den Digital Humanities (DH) sind stochastische Ansätze, wie sie zum Beispiel beim Topic Modeling Anwendung finden, etabliert. Als »Kunst des Mutmaßens«[1] werden über die Stochastik Formen der Unsicherheit in die DH integriert.[2] Vor diesem Hintergrund gewinnen auch bedingte Wahrscheinlichkeiten an Bedeutung. Eine bedingte Wahrscheinlichkeit misst die Wahrscheinlichkeit des Eintretens eines Ereignisses unter der Bedingung, dass ein anderes Ereignis bereits eingetreten ist.[3] In *Falsche Bewegung* widmet sich Franco Moretti dem Ereignis der Theorie unter den Bedingungen eines digitalen Paradigmas. Morettis Analyse lässt wenig Raum für Zweifel daran, dass das Ereignis der Theorie nicht eingetreten ist. Das Falsche an der von Moretti unterstellten falschen Bewegung der DH sei ihre Theorielosigkeit. Es fehlen nicht nur die großen Synthesen, sondern auch die wissenschaftliche Phantasie, um epistemische Diskrepanzen zu überwinden. So endet Morettis Bestandsaufnahme sehnsuchtsvoll: »Wenn wir doch nur so schöne Theorien hätten[,] [...] [w]erden wir sie eines Tages haben?«[4]

Als Topos lässt sich die fehlende oder (noch) ausstehende Theoriebildung in den Selbst- und Fremdbeschreibungen bis an die Anfänge des »Humanities Computing«[5] zurückverfolgen. Die vermeintliche Theorielo-

1 Norbert Henze: *Stochastik. Eine Einführung mit Grundzügen der Maßtheorie*, Berlin 2019, S. 2.

2 Vgl. Folgert Karsdorp, Mike Kestemont, und Allen Ridell: *Humanities Data Analysis. Case Studies with Python*, Princeton 2021, S. 201f.

3 Vgl. Jürgen Bortz und Christof Schuster: *Statistik für Human- und Sozialwissenschaftler*, 7., vollständig überarbeitete und erweiterte Auflage, Berlin 2010, S. 53.

4 Franco Moretti: *Falsche Bewegung. Die digitale Wende in den Literatur- und Kulturwissenschaften*, übers. v. Bettina Engels, Göttingen 2022, S. 166.

5 Susan Hockey: »The History of Humanities Computing«, in: John Unsworth u.a. (Hg.): *A Companion to Digital Humanities*, Malden, MA 2004.

sigkeit der DH findet seither nicht nur in forschungspolitischen Diskursen Resonanz. Vielmehr dient der Bezug zur geisteswissenschaftlichen Theorietradition auch der eigenen disziplinären Profilierung, zum Beispiel im Verhältnis zu den Datenwissenschaften. Dabei wird oftmals ein verzerrter literatur- und kulturwissenschaftlicher Theoriebegriff für die DH im Allgemeinen vorausgesetzt. Unter *Theorie* wird ein »sprachliches Gebilde verstanden, ›das in propositionaler oder begrifflicher Form die Phänomene eines Sachbereichs ordnet [...]‹«[6] und Synthesen bereithält. Theorien sind, wie Martus und Spoerhase erklären, Sammlungen von menschenlesbaren Texten. Theoretisieren meint das Referenzieren und Rezipieren von Ansätzen und Texten, die unter anderem von der eigenen Forschungscommunity oder im Wissenschaftssystem als Theorien bereits etabliert sind.[7]

Gegenstände, Funktionen und Formen der Theoriebildung unterliegen aber einem stetigen Wandel. Sie sind in Bewegung.[8] Der von Moretti beklagte Theorieverlust lässt sich präziser als ein Bruch mit einem spezifischen Theorieverständnis beschreiben. Es bedarf daher einer Justierung der starren Bedingungen, unter denen wir von Theorien sprechen, diese in Praktiken überführen, in Gegenstände materialisieren und in soziotechnischen Systemen rezipieren. Was würde es bedeuten, wenn wir die Bedingungen der Wahrscheinlichkeit des Ereignisses der Theoriebildung reformulieren würden? Welche Ereignisse bedingen theoretische Bestrebungen in den DH? Drei Bedingungen werden im Folgenden skizziert, die Mutmaßungen über die Theoriearbeit in den DH zulassen:

1. Als »big tent«[9] führen die DH erstens heterogene Wissens- und Wissenschaftskulturen zusammen. Innerhalb der DH werden unterschiedliche Begriffe und Praktiken von Theorie diskutiert, die über geisteswissenschaftliche Traditionslinien hinausgehen.[10] Eine Untersuchung des Theoriebegriffes in den DH steht im Verhältnis zu Medientheorien und -ar-

---

6 Jürgen Mittelstraß: »Theorie«, in: *Lexikon der Geisteswissenschaften. Sachbegriffe-Disziplinen-Personen*, Wien 2011, S.785–787, hier S. 785.

7 Vgl. Steffen Martus und Carlos Spoerhase: *Geistesarbeit. Eine Praxeologie der Geisteswissenschaften*, Berlin 2022, S. 170.

8 Vgl. Philipp Felsch: »Für eine Gattungsgeschichte der Theorie«, in: *Zeitschrift für Kulturwissenschaften* (2016),Heft 1, S. 121–124; Vgl. K. Ludwig Pfeiffer u.a. (Hg.): *Theorie als kulturelles Ereignis*, Berlin 2001.

9 Alan Liu: »Toward a Diversity Stack. Digital Humanities and Diversity as Technical Problem«, in: *PMLA* 135 (2020), Heft 1, S. 130–151, hier S. 131.

10 Vgl. Rabea Kleymann: »Theorie«, in: *Begriffe der Digital Humanities. Ein diskursives Glossar, Zeitschrift für digitale Geisteswissenschaften / Working Papers* 2 (2024), https://doi.org/10.17175/wp_2023_013_v2; Rabea Kleymann, Andreas Niekler, und

chäologien, Science and Technology Studies und zur Informatik. Es liegt weder eine einheitliche Definition des Theoriebegriffes vor noch berufen sich die Forschungsgemeinschaften auf eine geteilte Theorietradition. Mehr noch, aktuell werden vornehmlich epistemische Prämissen und Heuristiken des Globalen Nordens in Betracht gezogen. Es bedarf daher einer kritischen Auseinandersetzung mit den zum Teil divergierenden theoretischen Traditionslinien aus den Geisteswissenschaften, der Computerlinguistik oder der Statistik, die in den DH zusammentreffen. Zu fragen wäre unter anderem, an welche Theoriekonzepte die DH anknüpfen und welche Interessen damit verfolgt werden.

2. Infolge des *laboratory turn* in den DH hat sich zweitens das Gefüge von Theorie und Praxis verändert.[11] Während Moretti die Trennung von Theorie und Praxis aufrechterhält, sind es eher praxeologische Theoriebewegungen, die Forschung und Lehre der DH prägen. Gemäß dem Motto »thinking-through-practice«[12] wird theoretisches Wissen in den DH prozessual produziert. Das Theoretisieren ist an die Situiertheit und Relationalität des Forschungskontextes gebunden.[13] Entgegen einer Verallgemeinerungsfähigkeit von Theorien richten sich die theoretischen Bestrebungen der DH an konkreten Forschungsgegenständen und -fragen aus. An die Stelle großer Synthesen tritt vielmehr Wittgensteins Prinzip der Familienähnlichkeit. Theorien bezeichnen ein dynamisches Netz von sich überlappenden lokalen Forschungskonstellationen.
3. Zu den tradierten Strukturen der diskursiven Erkenntnis treten in den DH drittens materielle Verkörperungen von Wissen. In den Geisteswissenschaften werden oft eine spezifische Textualität und Ästhetik theoretischer Gehalte vorausgesetzt. So sind die Produktion, Rezeption und Vermittlung theoretischer Gehalte an bestimmte Textformen und Schreibpraktiken geknüpft. Software und Code lassen sich als weitere

---

Manuel Burghardt: »Conceptual Forays. A Corpus-Based Study of ›Theory‹ in Digital Humanities Journals«, in: *Journal of Cultural Analytics* 7 (2022), Heft 4, https://doi.org/10.22148/001c.55507.

11 Vgl. Urszula Pawlicka-Deger: »The Laboratory Turn. Exploring Discourses, Landscapes, and Models of Humanities Labs«, in: *Digital Humanities Quarterly* 14 (2020), Heft 3.

12 Anne Burdick u.a.: *Digital_Humanities*, Cambridge, MA 2012, S. 13.

13 Vgl. Robert Schmidt: »Theoretisieren. Fragen und Überlegungen zu einem konzeptionellen und empirischen Desiderat der Soziologie der Praktiken«, in: Hilmar Schäfer (Hg.): *Praxistheorie*, Bielefeld 2016, S. 245–264, hier S. 246.

> nichtpropositionale Ausdrucksformen theoretischen Wissens begreifen.[14] Die Äußerungen »every prototype is a theory«,[15] »every edition is a theory«[16] und »the database is the theory«[17] verweisen bereits auf die materielle Dimension, die neue Bewegungsräume für Theorien eröffnet.

Bei Berechnungen von bedingten Wahrscheinlichkeiten werden Ereignisse miteinander in Bezug gesetzt. Das Bezugsgeflecht der Theorie in den DH neu zu denken, ist Teil der Theoriebildung und -arbeit in den DH. Unter den Bedingungen der Anerkennung der Wissenskulturen, der Explikation theoretischen Wissens und der Reflexion über die Materialität und Situiertheit theoretischer Formen ist das Ereignis der Theorie in den DH gewiss.

---

14 Rabea Kleymann: »Theory by other means? Prototypes in Digital Humanities Laboratories«, in: Urszula Pawlicka-Deger und Christopher Thomson (Hg.): *Digital Humanities and Laboratories: Perspectives on Knowledge, Infrastructure and Culture.* London 2023, S. 137–156.

15 Alan Galey und Stan Ruecker: »How a Prototype Argues«, in: *Literary and Linguistic Computing* 25 (2010), Heft 4, S. 405–424, hier S. 406.

16 Ebd. S. 407.

17 Jean Bauer: »Who You Calling Untheoretical?«, in: *Journal of Digital Humanities* 1 (2011), Heft 1.

Tobias Matzner

Mehr als quantitativer Formalismus? Über die literaturtheoretischen Quellen der falschen Bewegung

Franco Moretti beschwert sich im Jahr 2022 über »Wortsäcke«; im selben Jahr lernt die breite Öffentlichkeit in Form von Chat GPT sogenannte »Transformer Models« kennen – eine Technologie, die am Ende einer ganzen Reihe von Entwicklungen steht, um mit automatischer Sprachverarbeitung Kontext zu erkennen und zu prozessieren. Das ist natürlich schlechtes Timing. Aber auch wenn dieser Passus prominent in der Einleitung steht, ist das Falsche an der »falschen Bewegung« für Moretti nicht nur in der bekannten Kritik an Reduktionismus, Positivismus und Quantifizierung in den Digital Humanities zu finden. Über solche Kritiken und ihre Berechtigung ist an anderen Orten viel geschrieben worden. Deshalb werde ich mich hier mit Morettis (unerfülltem) Anspruch an die Digital Humanities jenseits dieser Fragen kurz auseinanderzusetzen.[1]

Morettis Buch endet mit einem enttäuschten Staunen über die »Lawine kleinerer Studien ohne jede geistige Synthese«[2] und der Frage:

> »Woran lag das? […] Nicht jeder hätte sich die reaktionären Thesen der Zeitschrift Wired über ›das Ende der Theorie‹ und ›das Veralten der wissenschaftlichen Methode‹ zu eigen machen wollen; doch viele verhielten sich de facto so.«[3]

In dieser Beobachtung kommt eine Spannung zum Ausdruck zwischen Morettis Perspektive und derjenigen, die inzwischen einen großen Teil der Digital Humanities ausmacht. Morettis Plan war eine digital erweiterte Literaturwissenschaft. Was er beobachtet, aber nicht so identifiziert, ist die Anwendung von Methoden der Informatik und Computerlinguistik auf literaturwissenschaftliche Gegenstände. Damit kommen auch die fachlichen Standards dieser Disziplinen zum Tragen. Die Informatik hat sich in den

1 Franco Moretti: *Falsche Bewegung. Die digitale Wende in den Literatur- und Kulturwissenschaften.* Konstanz 2022.
2 Ebd., S. 164.
3 Ebd.

Bereichen des Natural Language Processing und des maschinellen Lernens in den letzten Jahrzenten als Fach gewandelt. Ziel ist nicht mehr die formale Analyse eines Problems, das zu einem Algorithmus führt, sondern das Finden oder ›Trainieren‹ von Algorithmen, die gut auf einem gegebenen Problem ›performen‹. Ein Paper dieser Fächer endet nicht mehr wie früher mit einem Beweis, sondern einem Benchmark.[4] Morettis Frage folgt daraus, dass er übersieht, das hier schlicht die Standards eines anderen Faches gelten, denen die Detektionsleitung im Korpus genügt – Synthese ist nicht gefragt.

Moretti hatte dagegen eine »Operationalisierung«[5] von etablierten Begriffen der Literaturwissenschaft anvisiert. Ihm ist klar, dass sich dadurch die Art der Untersuchung ändert – und mit solchen operationalisierten Begriffen nicht nur einzelne Werke, sondern ganze Korpora betrachten zu können ist gerade ein zentrales Merkmal seines Anliegens. Dennoch geht er immer von der Literaturtheorie aus. Dass diese überhaupt als operationalisierbar erscheint, liegt daran, dass er sich auf Theorien bezieht, die gerade das Formale in der Analyse betonen: »den Russischen Formalismus, die Stilkritik, den Strukturalismus«.[6] Die Differenz zwischen Form und Inhalt ist für ihn so wichtig, dass er diese in fast jedem Text beinahe wortgleich einführt. Aus dieser Setzung entspringt dann eine zweite Art der »falschen Bewegung«[7] die auch eine kritische Reflexion der eigenen Arbeit einschließt.

Dass digitale Methoden etablierte Formen der Analyse unterstützen können, ist für Moretti klar. Aber seine Frage war größer: »Können quantitative und hermeneutische Kategorien so ineinandergreifen, dass sich die beiden Ansätze dadurch begrifflich vereinigen?«.[8] In seinem Resümee verneint er dies. Das beruht allerdings auf einer sehr engen Sicht der Interpretation:

> »Sie [...] gibt sich die größte Mühe, die Arbeit der Form rückgängig zu machen: sich mit Hilfe ihrer Techniken von dem Text, so wie er ist, wieder zu der ihn umgeben den Welt [...] zurückzubewegen. [...] Mit Hunderten von Texten – oder gar noch mehr – ist das nicht länger möglich, und so wird die ›vertikale‹ Verbindung zwischen Text und Welt

4 Tobias Matzner: *Algorithms. Technology, Culture, Politics.* Abingdon, Oxon 2024, S. 124.
5 Moretti: *Falsche Bewegung.*
6 Ebd., S. 157.
7 Ebd.
8 Ebd., S. 16.

durch eine ›horizontale‹ Verbindung zwischen Texten ersetzt, die alle auf derselben Ebene liegen.«[9]

Der Formalismus bleibt. Vom ebenfalls als Inspiration genannten Strukturalismus verabschiedet sich Moretti – sieht er doch eine seiner zentralen Analysekategorien, die Intertextualität – hier als Grenze oder gar Gegensatz der Interpretation. Moretti nennt selbst die »Schwierigkeit«, dass »sowohl der quantitative als auch – und sogar mehr noch – der hermeneutische Ansatz de facto viele Ansätze sind, die einander oft vehement widersprechen«.[10] Wenn er die Vereinigung für seine eigenen Arbeiten als gescheitert erklärt, ergibt sich aus dieser falschen Bewegung die Frage nach einer möglichen richtigen. Wenn Digital Humanities vielleicht nicht »quantitativer Formalismus« sein können, gäbe es sinnvolle Anschlüsse in anderen Literaturtheorien? Vielleicht »quantitativer Strukuralismus«? Das bräuchte aber primär eine Debatte über die unterschiedlichen Ansätze der Literaturwissenschaft – dann unter Einbezug der Bedingungen des Digitalen – und nicht eine Debatte über Digital Humanities an sich. Denn den Gegensatz einfach aufzulösen, und auch die quantitativen Verfahren als »Hermeneutik« zu sehen, wie das etwa Johanna Drucker[11] oder Florian Cramer[12] vorgeschlagen haben, genügt nicht. Das unterschätzt die Komplexität der Datenverarbeitung und die Performativität von Daten[13] und überschätzt damit das interpretierende Subjekt. Auch zu dessen Status gibt es viele Diskussionen in der Literaturwissenschaft, die nun in Bezug auf das Digitale fortgesetzt werden können.

Solche Debatten finden sich bei Moretti nur am Rande. Er gibt zu, dass zu Beginn seiner Forschungen das Quantitativ-Formale ein angenehmer Gegensatz zu den damals prominenten Ansätzen Lacans und Derridas gewesen sei.[14] Hier zeigt sich noch ein zweiter Ansatz für andere, vielleicht bessere Bewegungen. Morettis Zugang – wie viele andere in den Digital Humanities – wirkt sehr geplant, sehr programmatisch. Dagegen

---

9 Ebd., S. 18f.

10 Ebd., S. 14.

11 Johanna Drucker: »Humanities Approaches to Interface Theory«, in: *Culture Machine* 12 (2011).

12 Florian Cramer: »Crapularity Hermeneutics. Interpretation as the Blind Spot of Analytics, Artificial Intelligence, and Other Algorithmic Producers of the Postapocalyptic Present«, in: Clemens Apprich u.a. (Hg.): *Pattern Discrimination*, Lüneburg 2018, S. 23–58.

13 Matzner: *Algorithms*, Kap. 6.

14 Moretti: Falsche Bewegung, S. 155.

haben sich digitale Methoden in diversen Fächern längst relativ organisch integriert – ausgehend von den jeweiligen Praktiken und Theorien des Fachs. Sie dienen der Beschaffung von Gegenständen, z.B. in der kulturwissenschaftlichen Erforschung des Internets, als Archiv, als Methode der Zugänglichkeit und Provenienz und vielem mehr. Das ist nicht die große symmetrische Synthese zwischen digitalen und etablierten Methoden. Aber auch schon hier stellen sich viele Fragen epistemischer, wissenschaftsethischer und wissenschaftspraktischer und ökonomischer Art, die komplex genug sind. Zumindest aber müssen sie keine Frustration der Kernideen eines Faches sein. Deshalb sind viele solcher Prozesse auch gar nicht als Digital Humanities ausgezeichnet, sondern laufen weiter unter den bekannten Namen: Kulturwissenschaft, Geschichtswissenschaft, Medienwissenschaft, Philosophie etc., und eben auch Literaturwissenschaft, die einen unaufgeregten Umgang mit dem Digitalen pflegen.

Gabriele Gramelsberger

Epistemische Spuren freilegen

Aus zwei Frageperspektiven sollte Franco Morretis kritisches Resümee *Falsche Bewegung* untersucht werden. Die eine Frage lautete: Was ist falsch an der falschen Bewegung? Die Antwort: Falsch ist das Entweder/Oder, das die Frage suggeriert. Entweder klassisch-hermeneutische Forschung oder statistisch-informationstechnische Erbsenzählerei; entweder geniales Textverstehen oder das »Normale als das Häufige-Übliche-Durchschnittliche.«[1] Warum nicht beides? Warum sich einschränken, statt sinnvoll verschränken?

Das dritte Kapitel des Buches zur Simulation dramatischer Netzwerke liefert hier das beste Beispiel einer gelungenen Verschränkung. Die Analyse der dramatischen Netzwerke legt die Parameter der dialogischen Interaktion der literarischen Figuren frei: Wer spricht mit wem (Loyalität), wer antwortet auf was (Reziprozität), wie verteilt ist die Interaktion (Zentralität) und wer ist überhaupt daran beteiligt (Besetzung)? Die Analyse offenbart, dass beispielsweise Racines' *Alexander der Große* »ein nahezu perfektes Gleichgewicht [der Figuren darstellt], das sich wahrscheinlich dem – für den französischen Klassizismus typischen – extrem homogenen gesellschaftlichen Universum (drei Könige, eine Königin, die Schwester eines Königs und ein General) des Dramas verdankt.«[2] Was mir daran gefällt, ist, dass hier die literarische Wirklichkeit nicht nur als Fiktion abgetan wird, sondern als fast schon naturwissenschaftliches Untersuchungsobjekt ernst genommen wird. Mag der Inhalt der Dichtung Fiktion sein, so verrät die Analyse des Beispiels viel über implizite soziale Interaktionsmuster. Diese sind alles andere als fiktiv, sondern spiegeln soziale Realität wider. In der Erforschung dieser impliziten Muster als Spuren historischer und sozialer Realität liegt der Wert der statistisch-technischen Analyse.

Unter diesen Umständen lässt sich das Informationstechnische als Emanzipation der Literaturwissenschaften verstehen, insofern sie eine jahrtau-

1 Franco Moretti: *Falsche Bewegung. Die Digitale Wende in der Literatur- und Kulturwissenschaft*, übers. v. Bettina Engels, Konstanz 2022, S. 27.

2 Moretti: *Falsche Bewegung*, S. 55.

sendealte Verbannung ein Stück weit überwindet. Die Rede ist vom epistemischen Exil, in das Platon die Dichtung seinerzeit verbannt hatte. Dichtung, ursprünglich göttlich inspiriert, bewahrte in archaischen Kulturen die höchste Form des Wissens. Der Rhapsode verkündete göttliche Wahrheit und immer auch historische Ereignisse: Er war Verkünder wie Bewahrer von Wissen. Im Dialog *Ion*[3] konfrontierte Platon den rhapsodischen Wissensanspruch der Dichtung mit dem universal-rationalen der Philosophie. Wie üblich tat er dies dialogisch in Form eines Streitgesprächs zwischen Ion als Rhapsode homerischer Dichtung und Sokrates als Vertreter der Philosophie. Am Ende muss Ion einsehen, dass es »kein Wissen *aus* Dichtung geben kann.« Anders gewendet: Die »frühgriechischen Philosophen entdecken, daß Wissen ohne Erzählung auskommen kann.«[4] Die Folge für die Dichtung war ihre Verbannung ins Exil der Fiktion.

Die andere Frage lautete: Und was wäre die richtige Bewegung? Die Antwort: Wissen *aus* Dichtung generieren und damit die Emanzipation von der Fiktion vollziehen, zumindest im Statistisch-Informationstechnischen. Die Forschungsfrage der ›richtigen‹ Bewegung wäre dann: Welche Spuren lassen sich noch freilegen? Kreative ForscherInnen werden in den kommenden Jahren zeigen, was sich hier noch an implizit Realitätshaltigem extrahieren lässt. So wie die Laborwissenschaft aus Spuren epistemische Dinge generiert – und keiner hat dies besser beschrieben als Hans-Jörg Rheinberger – lässt sich das Literarische als ›Labor‹ untersuchen.[5] Labor muss kein Reinraum mit chemischen oder organischen Substanzen und Weißkitteln sein, wie die Standardbildersuche im Internet suggeriert. Ein Kennzeichen von Laboren ist, wie Karin Knorr Cetina verdeutlichte, »dass sie Rekonfiguration des Systems der ›Selbst-Anderen Dinge‹ implizieren, eine Rekonfiguration des ›Phänomenfeldes‹, in dem Erfahrung in der Wissenschaft erzielt wird. […] Die Laborstudien legen nahe, daß ein Labor ein Mittel ist, um die Welt-bezogen-auf-Akteure so zu verändern, daß die Symmetrie zwischen Wissenschaftlern und Objektwelt zugunsten der ersteren verändert wird.«[6] Die Rekonfiguration des ›Phänomenfeldes‹ im Labor ist die Kunst der ExperimentatorInnen, die »begriffliche Unbestimmt-

3 Platon: *Ion*, in: *Werke in acht Bänden*, übers. v Friedrich Schleiermacher, hrsg. v. Gunther Eigler, Bd. 1, Darmstadt 2005.

4 Schlaffer, *Poesie und Wissen*, S. 58.

5 Hans-Jörg Rheinberger: *Experimentalsysteme und epistemische Dinge. Eine Geschichte der Proteinsynthese im Reagenzglas*, Göttingen 2001.

6 Karin Knorr Cetina: *Die Fabrikation von Erkenntnis*, Frankfurt 1981, S. XIV.

heit nicht defizitär, sondernd handlungsbestimmend [...] zur Geltung zu bringen.«[7] Wie sähe dann eine Forschungslogik der ›richtigen Bewegung‹ im Statistisch-Informationstechnischen aus? Verkörpern die epistemischen Dinge im Labor paradoxerweise das, was man noch nicht weiß, so verkörpern die epistemischen Dinge in der Literatur implizites und verklausuliertes Wissen. Auch hier wissen wir es nicht, bis die statistisch-informationstechnische Analyse die Spuren als Muster offenlegt, aus welchen sich dann epistemische Dinge wie eben dramatische Netzwerke herauskristallisieren. Auch hier ist die implizite und verklausulierte Unbestimmtheit nicht defizitär, sondern handlungsbestimmend zu denken. Erst im operationalen Umdefinieren durch die statistische Erbsenzählerei klärt sich der prekäre Status in gesichertes, da stabilisiertes Wissen. Wer hätte gedacht, dass Erbsenzählerei sich auszahlen könnte?

7 Rheinberger, *Experimentalsysteme und epistemische Dinge*, S. 24.

Tobias Wilke

Von der »falschen Bewegung« zur neuen Praxeologie

»Es geht darum, zu verstehen«, schreibt Franco Moretti zu Beginn seines Buches *Falsche Bewegung*[1] und leiht damit einer Forderung Ausdruck, die zunächst vor allem auf eine kritische Selbstbesinnung der Digital Humanities zu zielen scheint – auf eine Bestandsaufnahme, die zugleich als Ausgangspunkt für mögliche Korrekturen an einer offenbar fehlerhaft verlaufenen Entwicklung dienen könnte. Denn »falsche Bewegung« – das meint im Rahmen seiner Bilanz zum einen ein zunehmendes »Abdriften« der quantitativen Untersuchungsverfahren von ihrer anfänglichen Verankerung in »klare[n] konzeptuelle[n] Fragestellungen«,[2] zum anderen aber das Ausbleiben einer »große[n] Veränderung«[3] infolge der digitalen Methoden, die etwa das Feld der Literaturgeschichtsschreibung bislang nur unwesentlich beeinflusst hätten. »Falsche Bewegung« bezieht sich also sowohl auf das Einschlagen von forschungspraktischen Irrwegen als auch auf eine nur scheinbare (oder bestenfalls periphere) Wirksamkeit im Kontext der Geistes- und Kulturwissenschaften insgesamt.

Tatsächlich jedoch reicht Morettis Diagnose weiter und ist ihrem Anspruch nach umfassender als es diese Kritik an den neueren quantitativen Ansätzen zunächst vermuten ließe; was seine Intervention bezweckt ist eine praxeologische Grundlagenreflexion, die nicht weniger als das disziplinäre Geschäft von Literaturwissenschaft im Ganzen berührt – die Frage nämlich, »was wir eigentlich *tun*, wenn wir Literatur erforschen«.[4] Das entscheidende Versäumnis liegt daher nicht allein auf Seiten der digitalen Verfahren und ihrer (nach Moretti) oft mangelnden Anbindung an (literatur-)theoretische Standards und Traditionen. Es besteht vielmehr darin, dass das *Verhältnis* zwischen quantitativen und qualitativen Methoden bislang nicht hinreichend bedacht worden ist, was mit Blick auf die datengestützte Messung ebenso gelte wie mit Blick auf die dem *close reading*

1 Franco Moretti: *Falsche Bewegung. Die digitale Wende in den Literatur- und Kulturwissenschaften*, Konstanz 2022.

2 Ebd., S. 164.

3 Ebd., S. 165.

4 Ebd., S. 31, meine Herv.

verpflichtete ›Interpretation‹ von Literatur. Dass aus einer angemessenen Reflexion dieses Verhältnisses Konsequenzen für *beide* Wissensformen zu ziehen wären – so ließe sich folglich, in allgemeinster Weise, die ›richtige‹ Bewegung umreißen, die am Horizont von Morettis Kritik als zumindest denkbare (künftige) Alternative aufscheint.

Folgt man dieser Spur, so entpuppt sich der Begriff der Form als das entscheidende systematische Scharnier für ein mögliches »Pendel[n]«, eine »Oszillation«[5] oder ein reflexives »Sich hin und her bewegen«[6] zwischen den zwei Spielarten der Literaturanalyse. Dabei ist zunächst zu bemerken, dass die Form in Morettis Charakterisierung der quantitativen Verfahren einen zweifachen – und durchaus zweideutigen – Stellenwert gewinnt. So macht er einerseits die Prominenz von Ansätzen wie *topic modelling* und Inhaltsanalyse, die mit Hilfe digitaler Tools aus anderen Fachgebieten wie den empirischen Sozialwissenschaften oder der (statistisch basierten) Geschichtsschreibung in die Literaturwissenschaft importiert worden sind, als Ursache für einen radikalen *Bedeutungs*verlust der Form aus. Statt sich mit einzelnen Texten und ihrer jeweiligen Organisation zu befassen, führe die Untersuchung großer Mengen bzw. Serien von Texten dazu, morphologisch individuelle und komplex strukturierte Sprachgebilde als bloße ›Punkte‹ bzw. Daten im Kontext übergreifender Trends abzubilden; ein Anschluss an die (um den Formbegriff zentrierte) Literaturtheorie des 20. Jahrhunderts sei daher nicht länger möglich.

Andererseits jedoch – und darin besteht vielleicht der letztlich wichtigere Befund – konstatiert Moretti, dass es in der Eigenlogik der quantifizierenden Verfahren liege, die Analyse von Literatur auf die *Ebene* der Formen einzuschränken und diese von ihren (nur interpretativ erschließbaren) Zusammenhängen mit einer historischen Erfahrungsrealität abzulösen. »Die Interpretation«, so schreibt er dazu, »bewegt sich *zwischen Form und Welt*; die Quantifizierung bewegt sich *zwischen Form und Form*«.[7] *Zwei* einander entgegengesetzte oder zumindest verschieden gerichtete Bewegungen kommen damit ins Spiel – zwei Bewegungen, die jede für sich zwar (prinzipiell) legitimes Wissen generieren können, gerade im wechselseitigen Bezug *zu*einander aber auch die problematischen Aspekte des jeweils anderen Vorgehens erhellen. So zeigt sich gerade im Vergleich zum qualitativen Charakter des Interpretierens, dass die digitale Analyse großer Korpora

5 Ebd., S. 26.
6 Ebd., S. 24.
7 Ebd., S. 30.

eine Art ›Isolierung‹ der Formen voraussetzt bzw. zur Folge hat, dass also die quantitative Literaturwissenschaft dazu tendiert, in einem Universum aus Texten zu verharren und dabei eine Abwendung der Morphologie von der Geschichte zeitigt. Was für Moretti zugleich bedeutet, die stets historisch bedingte, soziale Funktion (der Form) von Literatur aus den Augen zu verlieren.

Umgekehrt aber tritt vor dem Hintergrund der messenden Bewegung »zwischen Form und Form« auch zutage, worin die Krux der ›nahen‹ Lektüre von Literatur besteht – nämlich darin, die Form des analysierten Textes im Zuge der Deutung auf eine »ihn umgebend[e] Welt«[8] zurück zu beziehen und damit gleichfalls eine »Reduktion« des eigentlichen oder primären Gegenstandes von Literaturwissenschaft zu betreiben. Gerade durch ihren Verzicht auf einen solchen »interpretierenden Rückbau der Form«[9] stellen sich die quantitativen Ansätze für Moretti als letztlich stärker »literaturgebunden« dar – und weisen so gesehen doch wieder in eine grundsätzlich »richtige Richtung«[10] voraus.

Hier tut sich eine Verbindung zu einem früheren Pionier der quantitativen Literaturanalyse, dem Philosophen und Begründer der sogenannten Informationsästhetik Max Bense auf, der in ähnlich formalistischer Prägung wie Moretti »die reduzierende Funktion jeder Interpretation«[11] betont hat und statistische Verfahren als einen Ausweg ansah, um die deutende Rückführung von Form in bloße »Semantik« zu vermeiden. Stärker als Bense jedoch kommt es Moretti gerade auf eine Vermittlung zwischen den beiden Polen der literaturwissenschaftlichen Forschung an – eine Vermittlung, die keine erzwungene Synthese, sondern zunächst einmal die Gewinnung von epistemologischer Klarheit zum Ziel haben soll: »Quantität und Qualität bleiben verschieden, doch sie erhellen einander. Und das ist genug.«[12] Wie sich die jeweils spezifischen *Praktiken* der Messung und der Interpretation *durch* diese Erhellung ändern könnten, ist eine Frage, die in der diagnostischen Perspektive von Morettis *Falscher Bewegung* allerdings offenbleibt.

---

8 Ebd., S. 28.

9 Eva Geulen: »Distant Reading Up Close. Moretti zieht Bilanz«, *Zfl BLOG*, 25.11.2022, https://www.zflprojekte.de/zfl-blog/2022/11/25/eva-geulen-distant-reading-up-close-moretti-zieht-bilanz/ (aufgerufen: 26.6.2024).

10 Moretti: *Falsche Bewegung*, S. 29.

11 Max Bense: *Theorie der Texte*, Köln 1962, S. 146.

12 Moretti: *Falsche Bewegung*, S. 109.

Bericht

Tim Eckes, Petra Gehring

Innovation in der Praxis, oder: Wie entwickelt ein interdisziplinäres Forschungsprojekt einen digitalen Intermediär?

Risiken und Gelingensbedingungen komplexer Kooperationsvorhaben

1. Einleitung

In vielen digitalen Forschungs- und Entwicklungs-(F&E)-Projekten wird Innovation primär als technische Aufgabenstellung verstanden. Herausfordernd können aber auch *rechtliche* Innovationen sein, und ebenso ist es eine Aufgabe, in Recht und Technik *zugleich* Innovationen voranzubringen. Nachfolgend wird aus einem Forschungsvorhaben berichtet, das sich der Entwicklung eines neuartigen Mechanismus für den Datenaustausch verschrieben hat. Dabei interessiert uns dessen Entwicklungsverlauf. Nicht aus einem im strengen Sinne ethnologischen, aber doch aus einem beobachtenden Blickwinkel möchten wir Hindernisse und Gelingensbedingungen reflektieren, die wir auf dem Weg zur Einlösung eines interdisziplinär umzusetzenden Innovationsanspruches für exemplarisch halten. Konkret stellen wir ein in der Sache hoch innovatives, aber aufwendiges und riskantes F&E-Projekt vor, das wir in den Details seiner Durchführung in einer Begleitforschungs-Perspektive (teilnehmend) untersuchen konnten. Das Projekt bildet die komplexe Herausforderungslage ab, die mit digitalpolitischen Groß-Initiativen zur Mobilisierung der schlummernden Potentiale einer kollaborativen Datennutzung verbunden ist. In der von uns gewählten Perspektive (keine der STS oder der Innovationsforschung, sondern eine der tatsächlich an den Dimensionen der Zielerreichung orientierten Projektpragmatik) ist insbesondere der überraschend hindernisreiche Weg zur Einlösung eines im Prinzip von allen Beteiligten völlig einvernehmlich vereinbarten Programms und Anspruches von Interesse. So zeigt sich auch, welche Risiken und Paradoxien die Durchführung interdisziplinärer, öffentlich geförderter Kooperationsvorhaben an der Schnittstelle von Wissenschaft und Wirtschaft im deutschen sowie europäischen digitalrechtlichen Umfeld begleiten.

Einleitend zunächst Rahmendaten zum Projekt selbst. Das hier nicht beim Namen genannte Vorhaben wurde als anwendungsorientiertes F&E-Projekt im Rahmen eines Programms der Bundesregierung öffentlich gefördert. Nach einem hochkompetitiven Bewerbungsverfahren im Jahr 2021 fiel der Startschuss zu Beginn des Jahres 2022. Die geplante Laufzeit beträgt zwei Jahre.[1] Im Projektkonsortium sind ein Dutzend Institutionen und Firmen beteiligt, darunter ein großer IT-Konzern, mittelständische, international agierende Consulting-Unternehmen und Start-ups. Hinzu kommen öffentlich finanzierte Akteure aus Politik, Verwaltung und Wissenschaft. Insgesamt umfasst das Konsortium knapp 80 Personen.

Ziel des Vorhabens ist die Entwicklung eines neuartigen digitalen Intermediärs zur kollaborativen Datennutzung, der die im Entstehen begriffenen regulatorischen Anforderungen der EU (Data Act [DA], Data Governance Act [DGA]) kreativ umsetzt. Das Projekt ist angesiedelt im Umfeld von Gaia-X, einer Dateninfrastrukturinitiative zur Etablierung eines vertrauenswürdigen Datenökosystems auf Basis europäischer Werte und Normen – in Abgrenzung zum »amerikanischen« (kommerzialisierten) und »chinesischen« (überwachenden) Modell.[2]

Die Projektstruktur ist nicht nur durch ihre Größe komplex: Jeder der beteiligten Konsortialpartner hat sich mit einem eigenen Teilvorhaben um die Förderung beworben. Die Partner finden sich in verschiedenen Use Cases zur partikularen Kollaboration zusammen (je Use Case drei bis sechs Partner). Zusammengehalten wird das Gesamtvorhaben von einer Konsortialführung, die mit Hilfe eines Project Management Office (PMO) für Koordination und Kommunikation zwischen den Konsortialpartnern und den Use Cases sorgt. Der Konsortialführer, eines der Consultingunternehmen, ist zugleich Konsortialpartner.

Als Angehörige eines der Teilvorhaben haben wir die Konstituierung des Gesamtvorhabens, die Arbeit an den einzelnen Use Cases und in den Konsortialgremien aus der Nähe verfolgen können. Die nachfolgenden Beobachtungen – angestellt durch einen Politikwissenschaftler und eine

1 Wir schreiben diesen Bericht als Begleitforscher aus der laufenden Projektarbeit heraus. Damit ist klar, was *nicht* Ziel der Darstellung ist: Wir möchten nicht den vorhandenen Projekterfolg (Erreichung aller Meilensteine) thematisieren. Vielmehr geht es uns um eine Extraktion von – die Projektabläufe prägenden – verallgemeinerbaren Details, aus welchen sich Reflexionswissen gewinnen lässt, welches die Typik solcher Projekte betrifft. Minimalziel ist die Explikation von Erfahrungen, die (zu) oft im Impliziten verbleiben; Maximalziel wäre es, verallgemeinerbare Hinweise vor allem zur Umsetzung von Innovationsansprüchen in interdisziplinären Kontexten zu gewinnen.

2 Vgl. zu Gaia-X grundlegend Christian Person und Moritz Schütrumpf: *Das Projekt Gaia-X. Next Generation einer föderierten Dateninfrastruktur. Version 2.0*, Darmstadt 2023, https://zevedi.de/wp-content/uploads/2023/03/ZEVEDI_Handreichung-Gaia-X_V2.0.pdf (aufgerufen: 26.9.2024).

Philosophin – entstanden jedoch nicht nur nebenbei. Vielmehr wurde in Erwartung der ungewöhnlichen Konstellation (unterschiedliche berufliche und disziplinäre Hintergründe der Projektbeteiligten) eigens eine Stelle zur Begleitforschung eingerichtet. Begleitforschung ist allerdings ein schwammiger Begriff. Wir haben uns für ein ethnografisches Herangehen und für offene Interviews entschieden.[3] Des Weiteren nutzen wir begrifflich das Instrumentarium der Technikphilosophie. Einordnend verstehen wir sowohl die Wissenschaft als auch forschungsbasierte und unternehmerische Innovation sowie Digitalisierung als etwas eminent Politisches. Ob es sich um eigenständige ›Politikfelder‹ handelt,[4] müssen wir nicht klären, halten aber fest, dass jedenfalls die Initiative von Ministerien in der Hoffnung auf künftige, innovative Lösungen (neuartige, datengetriebene Geschäftsmodelle) F&E-Projekte öffentlich zu finanzieren, auch im engeren Sinn einen politikgetriebenen Sachverhalt darstellt: Zuwendungsgeber versuchen, bis dato nicht vorhandene europäische Dateninfrastrukturen zu initiieren und auszugestalten.

Unser Beitrag ist entlang von Ebenen strukturiert, welche sich (ethnografisch gesprochen) im Feld des Projekts beobachten ließen. Dies sind zunächst die – physisch vorfindlichen – ›Gruppen‹ (Abschnitt 2), dann die Rolle der Schrift (3.), die Bedeutung visueller und sprachlicher Bilder (4.). Des Weiteren interessieren uns für das Projekt handlungsleitende ›Narrative‹ (5.) und wir richten den Blick auf die (innovations-)politische Dimension – so, wie sie sich den Beteiligten darstellt (6.) und wie sie ihnen in der Umsetzung konkret als Unverständnis oder sogar konzeptionelle Blockade in Sachen ›Technik‹ Schwierigkeiten macht (7.). Unser Beitrag endet mit einem Fazit (8.).

Jenseits der Feldbeobachtung verfolgen wir das Ziel, eine auch theoretisch ertragreiche Analyse zu liefern. Ein Resultat wird lauten: Innerhalb des Projektverbundes ließ sich beobachten, wie jedes der Stabilität oder Stabilisierung dienende Element – auf der Ebene der Gruppenbildung, der Schrift, der Bilder und der Narrative – sowie jeder Bezugspunkt im

---

3 Die Interviews wurden von Tim Eckes (T.E.) durchgeführt, der sich im Projekt stets explizit als ›Begleitforscher‹ vorstellte und in beobachtender Rolle an Treffen, Terminen etc. teilnahm. Auf ihn gehen alle Gesprächszitate und die meisten mikrologischen Beobachtungen zurück. – Die von T.E. geführten Interviews und sein »Feldtagebuch« wurden von ihm pseudonymisiert und werden an der TU Darmstadt archiviert.

4 Vgl. Kathrin Loer, Renate Reiter und Annette Elisabeth Töller: »Was ist ein Politikfeld und warum entsteht es? «, in: *dms – der moderne Staat* 8 (2015), Heft 1, S. 7–28, https://doi.org/10.3224/dms.v8i1.19108.

gemeinsamen Zielbild (was soll eigentlich entwickelt werden?) in der Projektdurchführung dazu tendierte, ambivalent und strittig zu werden. An der Schwelle zur Innovation bildeten sich einerseits fachliche Lager (›die‹ Techniker, ›die‹ Juristen, ›die‹ Unternehmen), andererseits gingen die beteiligten Wissenschaftlerinnen und Wissenschaftler mit Phasen des (noch) Nicht-Wissens anders um als die beteiligten Praktiker aus den Use Cases. Die Strategie der wissenschaftlichen Beteiligten bestand darin, in einer Situation, in welcher Neuerung gefordert war, auf Normativität und politische Richtungsdiskussionen zu verzichten und diese durch fortgesetzte Akkumulation von kanonischem Wissen zu *ersetzen*. Die Praktiker in den Use Cases, hier vor allem die Techniker, taten wiederum häufig in der Software und in der Modellierung liegende Sachzwänge auf. Das Vorgehen war somit faktisch konservativ – und paradox, weil gerade auch die im Rahmen der Begleitforschung durchgeführten Interviews zeigten, dass sich alle Beteiligten des eminent innovationspolitischen Charakters des Projekts bewusst waren; den Typus des gewünschten Intermediärs gibt es noch nicht; das Ziel ist, ihn prototypisch zu entwickeln.

2. Gruppen

Das Projekt arbeitete sowohl in seinem Anfangsstadium als auch in den späteren, konsolidierten Phasen unter den Bedingungen der Covid-Pandemie.[5] Zahlreiche Arbeitsprozesse, insbesondere Meetings, wurden im Modus des Digitalen bewältigt. Dies war auch im zweiten Jahr des Projekts noch der Fall, in welchem aber das direkte körperliche Erscheinen keine Ausnahme mehr darstellte. Einige Teams – sowohl innerhalb einzelner Konsortialpartner als auch in den gemischt besetzten Use Cases – sahen sich häufiger in Präsenz.

Die Soziologie spricht von einer »Entdeckung des Körpers durch die Praxistheorie«.[6] Die wichtigste erste physische Manifestation des Projekt-

5 Vgl. zur Frage nach den durch Corona hervorgebrachten Innovationen im sozialen bzw. sozialpolitischen Bereich Ragnar Hoenig: »Editorial: Sozialpolitik in der Post-Pandemie. Die Corona-Krise als Impuls für soziale Innovationen«, in: *Sozialer Fortschritt* 71 (2022), Heft 12, S. 857–858.

6 Vgl. Hannes Krämer: *Die Praxis der Kreativität. Eine Ethnografie kreativer Arbeit*, Bielefeld 2014, S. 122; siehe auch Andreas Reckwitz: »Grundelemente einer Theorie sozialer Praktiken. Eine sozialtheoretische Perspektive«, in: *Zeitschrift für Soziologie* 32 (2003), Heft 4, S. 282–301.

verbundes war (sieht man von der ›heißen‹ Antragsphase ab, in welcher sich eine Art Kerngruppe bereits formierte) zweifellos das erste Konsortialtreffen, das im September 2022 stattfand und rund 50 Mitarbeiterinnen und Mitarbeiter sämtlicher Projektpartner versammelte. Das Treffen begann mit einer allgemeinen Plenarsession (Organisatorisches, Statusupdates, Arbeitsstände der Use Cases) und fand seine Fortsetzung in zwei fachbezogenen Untergruppen mit Vorträgen zu spezifischen juristischen und technischen Fragestellungen. Im Prinzip war das Treffen ein voller Erfolg (so das unisono geäußerte Urteil der Teilnehmenden) – worüber man auf Twitter und LinkedIn auch selbstbewusst berichtete. Allerdings wurde während der Veranstaltung (selbst)kritisch angemerkt, die Veranstaltung komme zu spät, sie hätte bereits zu Projektbeginn durchgeführt werden sollen, man kenne sich nicht gut. Genau registriert wurden auch subtile rhetorische Details: Mehrere Präsentationen der Use Cases hätten in ihrer Schilderung von Workflows den Konjunktiv verwendet (»an dieser Stelle *könnte* dann der Intermediär stehen«[7]): einige Personen nahmen dies als Relativierung von *Commitment* zum gemeinsamen Vorhaben wahr. Der Eindruck einer Distanzierung gegenüber dem gemeinsamen Projekt und dessen ambitionierter Zielsetzungen war so stark, dass er das Urteil über das Konsortialtreffen bei den Teilnehmenden, die sich insbesondere auf Seiten der technisch geschulten Personen mehr erwartet hatten, auch nach Monaten noch bestimmte. Der Tenor war (sinngemäß): »Da hat halt jeder so sein Ding gemacht, ohne sich groß um die anderen zu kümmern«.[8] Dass wiederum die beteiligten Rechtswissenschaftlerinnen und Rechtswissenschaftler partiell uneinheitliche Positionen vertraten, sorgte für Irritationen bei einem Teil der Beteiligten, der von der rechtlichen Seite nicht schrittweises Arbeiten, sondern feste Vorgaben erwartete. Tatsächlich erhielten die Organisatoren des Treffens im Nachgang den Rat, es sei ihre Aufgabe, hier für Geschlossenheit zu sorgen; das müsse in Zukunft jemand verantworten und dürfe nicht noch mal vorkommen. Dass das Projekt etwas Neues entwickeln soll, spiegeln auch offen geäußerte epistemische und praktische Unwägbarkeiten (»Ob das wirklich so gehen wird? Keine Ahnung!«[9]) wider. In den Pausen stand man überdies mit bereits bekannten Personen aus der eigenen *peer group* zusammen. Nach der Veranstaltung bildeten sich im Außenbereich jeweils zwei getrennte Kreise, bestehend aus ›Technik‹ und ›Recht‹: Unter-

7 Feldnotiz T.E.
8 Feldnotiz T.E.
9 Ein Projektbeteiligter in einer Diskussion zu seinem Workshopvortrag; Feldnotiz T.E.

einander rege miteinander kommunizierend, stand man aber eben doch *getrennt.*

Eine gewisse Unsicherheit spiegeln auch die im Vorfeld geäußerten Nachfragen nach dem angemessenen Dresscode (›Anzug und Krawatte?‹). Die universitären Teilnehmerinnen und Teilnehmer traten legerer auf als diejenigen aus den Unternehmen, jedenfalls diejenigen aus den Bereichen Management und Beratung. Die Techniker wiederum hatten ihren eigenen Dress-Code – eher lässig.

Die beiden parallel laufenden unterschiedlichen Gruppen trafen sich in unterschiedlichen, nicht-benachbarten Räumen, was Interessierte zur Entscheidung zwischen den Problemstellungen und den ›Welten‹ zwang. Letztlich saßen gleichwohl dann viele mit technischer Expertise doch interessiert auch im juristischen Workshop. Ein deutlicher Kontrast bestand zwischen den Vortragssituationen in den beiden Räumen. Die Präsentationen der Rechtsexperten folgten einem akademischen Vortragsstil: offen und frontal, ohne Mobiliar zwischen Vortragenden und Publikum. Im Technical Stream wurden umgekehrt Tische zwischen Publikum und Vortragendem platziert. Letztlich entstand so eine Art Seminarsituation – mit physisch (durch die Tischplatten) gleichwohl größerer Distanz.[10]

Das Konsortialtreffen sorgte für Kennenlerneffekte, machte im Projektverbund für alle spürbar aber auch Kulturdifferenzen deutlich. Dass das Forschungsvorhaben interdisziplinär sei, wird selten gesagt. Eher wird explizit erwähnt, dass man ›auch‹ Juristen oder die Rechtswissenschaft mit an Bord habe. Auf Seiten der beteiligten Unternehmen ist die Expertise hingegen zumeist technisch geprägt. In den Projektteams der Unternehmenspartner ist nicht nur keine rechtliche Expertise vorhanden, sondern generell sind dort ›die Rechtsabteilungen‹ ganz weit weg. Augenscheinlich ist ein Forschungsprojekt nichts, zu dem ein Techniker Rechtsexperten aus dem eigenen Hause hinzuziehen kann. So ist es für die Juristen im Projekt fast unmöglich, direkt mit Juristen von der Unternehmensseite zusammenzukommen.

10 Wie man weiß, wird in der Startup-Kultur oftmals bewusst auf Tische verzichtet: Es soll sich nichts distanzierend zwischen das gemeinsame Anliegen schieben können.

Abb. 1. Was Tische ausmachen: Wenig Distanz (da nur zwei Reihen), freilich Frontalität im juristischen Veranstaltungsteil (li.), Distanz (trotz Egalität, sofern alle sitzen) im technischen Workshop (re.), Copyright Tim Eckes

3. *Schrift*

Bei der Durchführung von Projekten kann sich die Kommunikation nicht auf Mündlichkeit beschränken, sondern nimmt Schriftform an. Folgt man Luhmann, dann steigert Schrift die Komplexität der Kommunikation, potenziert auch das Dissensrisiko,[11] wobei Geschriebenes sowohl in juristischer als auch in technischer Hinsicht ein besonderes Gewicht bei der Fixierung verbindlicher Absprachen (etwa durch Protokolle) erhält. In der Projektarbeit taktet die Verschriftlichung das Vorankommen.

Obwohl das Projekt agil arbeitet (zum Einsatz kommt die Projektmanagement-Methode *Scrum*), spielen Verschriftlichungsprozesse eine große Rolle. Geschriebenes wird geteilt, versandt und bietet stabilisierend Orientierung, beginnend beim Antragstext und dem Projektplan, der den Aktivitäten zugrunde liegt. Wie sich bald herausstellt, ist allerdings die Gesamtkonzeption des Projekts, also das gemeinsame ›Dach‹ der Unter-

11 Niklas Luhmann: *Die Gesellschaft der Gesellschaft*, Berlin 1998, S. 264.

nehmung vielen Beteiligten unklar. Insbesondere die in der Rolle eines (Anwendungs-)Use Case beteiligten Unternehmen haben ihre (teils neu eingestellten) Mitarbeiterinnen und Mitarbeiter weder auf das Projekt als Ganzes inhaltlich vorbereitet noch auf die Funktion, ein Use Case für den prototypisch *neuartigen* Intermediär zu sein. Auch die rechtswissenschaftlichen Mitarbeiterinnen und Mitarbeiter haben die verschiedenen Teilvorhabenbeschreibungen mutmaßlich eher überflogen als gelesen. Die vorgestellten Use Cases repräsentieren also eher den Status quo als den Bedarf nach Neuem.

So spielen einerseits Führungsfiguren, die sich auskennen (neben dem PMO insbesondere die an der Antragstellung beteiligten Leiterinnen und Leiter der Teilvorhaben), andererseits die Protokolle aus Sitzungen eine auch nach vorn weisende, steuernde Rolle. Diese offenbart sich immer dann, wenn Verfasser von Protokollen ihre Überraschung darüber äußerten, dass die Dokumente, deren primärer Adressat lediglich der Projektträger zu sein scheint, wirklich gelesen werden. Eine zur Verbindlichkeit zwingende Kraft des Schriftlichen zeigt sich, als ein Konsortialpartner ganz bewusst und in strategischer Absicht Formen der mündlichen, folienbasierten Kommunikation einschränkte und mit einem in der Kommunikation als ›unscharf‹ und ›wechselhaft‹ empfundenen Use Case nur noch schriftlich kommunizieren wollte. Die ab dann entstandenen, briefartigen Texte bauten auch möglichen zukünftigen Auseinandersetzungen vor, denn was schriftlich dokumentiert ist, hat das Potential, in Zukunft als ›Beweismittel‹ zu fungieren. Nicht ganz unerwartet unternahm der so in die Pflicht genommene Use Case Versuche, zur unverbindlicheren Arbeitsform des Meetings zurückzukehren.

Der partielle Verzicht auf schriftliche Fixierung der internen Kommunikation in einem rechtswissenschaftlich geprägten Teilvorhaben reduzierte nicht, sondern steigerte die Aufmerksamkeit für das, was die anderen Teilvorhaben (nicht) tun. Konkret wurden zwar die Meetings mit der Leitungs- und PI-Ebene sowie mit externen Partnern, *nicht* jedoch die mit den eigenen wissenschaftlichen Mitarbeiterinnen und Mitarbeitern schriftlich protokolliert. Die Vertrauensstiftung durch Nicht-Verschriftlichung der Kommunikation schuf derart erfolgreich einen ›geschützten Raum‹, dass sanktions- und folgenlose Kritik derart intensiv, kontinuierlich und teils auch emotional unterfüttert normal wurde, dass ein Begleitforscher die Metapher der ›Meuterei‹ zur Beschreibung mehrerer kritischer Meetings erwog. Der Unmut richtete sich dabei nicht gegen die eigenen, die Projektarbeit steuernden Vorgesetzten, sondern gegen die Projektleitung, die anderen Teilvorhaben, die Use Cases und ›die Techniker‹ allgemein. Interne Protokolle hätten hier wohl die Identifikation erhöht und die Verbindung zum Projektganzen deutlicher gemacht.

Während Schriftlichkeit grundsätzlich Stabilität und Ordnung schaffen kann, gab es während des Projektverlaufs mehrmals auch einen Konnex zwischen Schrift und *In*stabilität. Wie viele mit heterogenen Industriepartnern durchgeführte Drittmittelaktivitäten benötigte auch das geschilderte Innovationsprojekt mehrere Monate Zeit, um einen Kooperationsvertrag auszuhandeln, der alle Beteiligten (inklusive deren hier ausnahmsweise involvierte Rechtsabteilungen) letztlich zufriedenstellte. Alle Antragspapiere (einschließlich einer anspruchsvollen Meilensteinplanung) sind schneller und reibungsloser zustande gekommen als das nach der Bewilligung zu erstellende Vertragswerk. Entwürfe zu diskutieren, sorgte zeitweise für erhebliches Misstrauen, wenn nicht erklärten Dissens – etwa in den Punkten des Mitspracherechts bei künftiger Nutzung und Publikation von Projektergebnissen. Schließlich konnte in einer ganztägigen, weitgehend durch hinzukooptierte Vertragsexperten bestrittenen Sitzung Einvernehmen über alle schriftlichen Formulierungen hergestellt werden. Dass der Vertrag seither von niemandem mehr herbeizitiert wurde, zeigt allerdings, wie wenig Brisanz die zu regelnde Materie für die Beteiligten nachgerade hat.

Generell hat insbesondere die Fixierung von Projektfortschritten bei den rechtswissenschaftlich geprägten Beteiligten Textform und auch die Form wissenschaftlicher Aufsätze – eine seitens der anderen Projektbeteiligten als erstaunlich unkritisch betrachtete Aktivität. Manuskripte zu Rechtsfragen wurden dem im Kooperationsvertrag vorgesehenen Freigabeverfahren gar nicht unterzogen. Als ›innovatives‹ (und daher im engeren Sinne nutzungsrelevantes) Projektergebnis galten aus der technischen Sicht primär die Details von Softwarelösungen – so muss man wohl schließen.

4. Bild(er)

Neben Schrift prägen auch Bilder – weniger die ›Kachel‹ der Gesichter in Videokonferenzen als die in diesen Konferenzen teilbaren und erweiterbaren Foliensätze – den Projektalltag mit großer Selbstverständlichkeit. Tatsächlich sind mit der Umstellung auf digitale Kommunikations- und Arbeitsmodi gerade auch für netzwerkartig organisierte Arbeitskontexte Vorteile verbunden. Die niedrigschwellige Möglichkeit zum audiovisuellen Kontakt erlaubte dem Projekt eine hohe Frequenz an funktional angelegten ›Jour Fixes‹ zwischen den verteilt arbeitenden Personen des großen Verbundes. Auch Workshopformate ließen sich leicht ›zwischenschieben‹. Zeitkontingente werden im Zuge von Videokonferenzen in der Regel eingehalten, zugleich oft auch gefüllt, wenn es im Kern ›nichts mehr zu besprechen gibt‹. Auch die hervorragende Audio-Spur der VC-Systeme erhöht Chancen zu plaudern, die das Telefon nicht nahelegt.

Im Projektverbund spielte das Element des Bildlichen insbesondere im Zuge der kollektiven Arbeit an wenigen, konzeptionell aber entscheidenden digitalen Grafiken eine wichtige Rolle. Die eigentlichen, die innovativen Punkte betreffenden Diskussionen wurden immer wieder neu an einer Schlüsselgrafik, dem Projekt-Diagramm festgemacht, das sich – bereitgestellt durch die Projektleitung – langsam, aber kontinuierlich weiterentwickelte. Exemplarisch verdeutlichen lässt sich diese bildgestützte Arbeitsweise an einer Serie von Workshops des rechtswissenschaftlichen Teilvorhabens, die zum Aufgabenpaket ›Vertragsbaukasten‹ im August und September 2022 stattfanden. Obwohl die Ergebnisse der juristisch geprägten ersten beiden Workshops noch ausschließlich in Textform festgehalten wurden, fand das dritte Treffen seinen Output in Form einer konsolidierten Grafik. Das Grundmuster dieser Grafik war das im Projekt für alle als Orientierung dienende Projekt-Diagramm. So wurde nicht bloß das Ergebnis dieses Treffens ins Bildliche übersetzt, sondern auch ein Kommunikationsweg gefunden, der alle Köpfe erreichte. Zudem wurde der prozessuale Arbeitsfortschritt in Form eines Vorher-Nachher-Vergleichs von Grafiken deutlich (und dokumentierbar). Das sich anreichernde Bild erwies sich somit als Referenzrahmen für die Messbarkeit von Fortschritt. Umgekehrt wurde deutlich: Was sich nicht in die Grafik übersetzen ließ, stellte keinen projektrelevanten Fortschritt dar. Auch die mündliche Kommunikation über detailliertere Aspekte des Intermediärs lief über mehr als ein Jahr hinweg jeweils vermittelt durch das Grafische – mit sukzessiven Variationen des Diagramms.

Versteht man Metaphern als Mobilisierung eines Bildes, dann ist die innerhalb des Projekts immer wieder in kontrastiver Absicht aufgerufene Metapher des Datensilos interessant. Die Rede vom Silo ist datenpolitisch negativ konnotiert. ›Silos‹ sind starre, geschlossene Depots. Es mag im Deutschen hinzukommen, dass die Rede vom Silo agrarische Konnotationen beinhaltet: Unter völligem Luftabschluss werden in Biostoff-Silos Stoffe der Milchsäuregärung ausgesetzt (die rohstoffbezogene Rede von ›Rohdaten‹ bildet das nur diffus ab), während beispielsweise die Rede vom ›Baukasten‹ (für das Vertragswerk) wie auch die gern genutzte Wendung, es gälte ›Pflöcke einzuschlagen‹, stärker handwerklich-mechanisch klingt. Dass die Ebene der im Projekt genutzten Metaphorik eine enorme Fülle an divergierenden Bildern evoziert, wurde in der Projektkommunikation jedenfalls so eindringlich wahrgenommen, dass man es sogar in einem Protokoll festhielt: »Der Terminus Vertragsbaukasten erinnert an einen Werkzeugkasten oder an das Grundprinzip von Lego.«

5. Narrative

Unter dem Dach des Gesamtvorhabens entwickeln die Teilvorhaben jeweils eigene Narrative. So spielen die schon erwähnten symbolischen »Pflöcke«, die endlich »einzuschlagen« wären,[12] eine wichtige Rolle, nicht zuletzt für die ungeduldigen wissenschaftlichen Mitarbeiterinnen und Mitarbeiter des rechtswissenschaftlichen Teilvorhabens, die über keinerlei Projekterfahrung verfügten und insbesondere das Verhalten der Use Cases als zu passiv empfanden. Diese Juristinnen und Juristen sahen den unübersichtlichen, manchmal auch als stagnierend empfundenen Projektverlauf kritisch, ohne freilich selbst mit Lösungsideen nach vorn zu gehen. Verzögerungen wurden letztlich auch als ›politisch‹ bedingt (und deshalb unabänderlich?) interpretiert. So wurden Workshops im Sommer und Frühherbst 2022 – über ein halbes Jahr nach Projektstart – herausfordernd. Der ursprünglich anvisierte Weg zur Gewinnung eines allgemeinen Modells zur Ausgestaltung von Verträgen zur Nutzung des Intermediärs stieß auf Widerstand der Mitarbeiterinnen und Mitarbeiter. Man wollte erst ›mehr‹ von Seiten ›der Praktiker‹ hören, bevor man eine erste Abstraktion riskieren mochte. Worin das Problem lag, lässt sich unter Rückgriff auf die Beschreibungen einer projektbeteiligten Person verdeutlichen, welche die Entwicklungen wie folgt beurteilt:

> »Meiner Meinung nach haben wir mit der Festlegung auf einen konkreten Anwendungsfall bzw. Use Case jetzt endlich einen der Pflöcke eingeschlagen, über die wir schon so lange reden. Ich denke, das wird uns vor allem insoweit weiterhelfen, als dass wir konkrete Fragestellungen bearbeiten können, für die wir darauf zugeschnittene Lösungen suchen – denn nichts anderes ist Jura meiner Meinung nach: Wenn man vor einem realen Problem steht, das eine verlässliche Lösung braucht, erstellt

12 Interview mit Wiss#9, S. 269; Interview mit Juri#03, S. 88.

> man einen Vertrag, ein Gesetz etc. Der Begriff des Vertragsbaukastens klingt schön, wir müssen uns aber vor Augen führen, dass Jura so abstrakt, wie sich das vielleicht manche im Projekt vorstellen, nicht geht. [...] Ich finde es aber sehr sinnhaft, dazu unser Vorgehen jetzt fortzusetzen, genauer gesagt: Wir klappern die Use Cases nacheinander ab und stellen dann fest, welche Schnittmengen es gibt – und versuchen eben nicht, abstrakt Gemeinsamkeiten zu finden, die wir dann hoffentlich auf alle anwenden können.«[13]

Speziell mit Blick auf den Grund für den Frust hinsichtlich der Zusammenführung von praxisbezogenen Erwartungen und mitgebrachtem – rechtswissenschaftlichem – Wissen wird zudem angeführt, dass nicht klar gewesen sei,

> »wer jetzt Entscheidungsbefugnisse und Entscheidungswillen hat und wer nicht. Auch hier ist m.E. die naheliegende Lösung erneut: Festlegung auf einzelne, konkrete Probleme bzw. Use Cases. Dann können wir Anforderungen klar kennzeichnen und darauf aufbauend Arbeitsaufträge verteilen. [...] Und, auch das sei gesagt: Manchmal muss man sich gewisse abseitige Theorien und ›Visionen‹ auch mal sparen. Wir könnten in einem Projekt von solcher Komplexität, Neuheit, hohen Beteiligtenanzahl und dem akademischen Niveau (durchaus bewundernd gemeint) alles tot-theoretisieren, überspitzt gesagt. Damit genau das nicht passiert, braucht es konkrete Festlegungen auf Fragestellungen, Arbeitsaufträge, Entscheidungskompetenzen und Abnahmeregelungen, damit nicht immer und immer wieder Prozesse neu aufgeschnürt werden.«[14]

Während das in diesem Kommentar enthaltene Plädoyer für eine Ausrichtung der Rechtswissenschaft auf das Konkrete dem Ausgangspunkt für Urteilskraft völlig zu entsprechen vermag, wird die dahinterliegende Vorstellung von dem Vorgehen, das insgesamt geboten wäre, eher verdeckt: das Votum dafür, »die Use Cases nacheinander ab[zu]klappern und [...] dann fest[zustellen], welche Schnittmengen es gibt«. Die Hoffnung liegt also darin, dass sich der Aha-Effekt wie auch die Innovation am Ende des Prozesses als *additiv akkumuliertes Schnittmengenwissen* und folglich in der Dimension des Epistemischen am Ende ergibt. Dies ist problematisch, weil es suggeriert, es gelte ein digitales Weltwissen durch das normative (rechtswissenschaftliche) oder sogar – noch jenseits des Epistemischen –

13 Feldtagebuch T.E., S. 14.

14 Ebd., S. 14f.

durch ein rechtspolitisches Urteil zu ersetzen. Ist ›Code‹ idealerweise auch schon ›Law‹? Das Element des *Narrativen* steht dem entgegen.

Das leitende Narrativ des Projekts ist einfach: Es ist dasjenige eines von Anfang, Mitte und Ende entlang eines Weges, dessen Zurücklegung Meilensteine messbar machen. ›Meilensteine‹ fixieren auch die Gesamtvorhaben- und Teilvorhabenbeschreibungen. Das Projekt nutzt zudem die Software JIRA, die tatsächlich in narrativ-dramaturgischer Wendung auf der Basis von ›Epics‹ und ›User Stories‹ operiert. Liest man die Dokumentationsprosa, die entlang dieser Maßgabe entsteht, zeigt sich als zweites Narrativ dasjenige von Entwurf, Planung und Aufbau eines Gebäudes. Wenn die informatische Seite des Konsortiums (die ›Techniker‹) im Rahmen interner Kommunikation vielfach metaphorisch als ›Architekten‹ des Intermediärs (nämlich seiner Software) bezeichnet werden, gleicht das dem Selbstverständnis der juristischen Konsortialpartner, die sich ihrerseits als Architekten des Intermediärs verstehen (die Schöpfer des Regel- und Vertragswerks). Zwei Architektur-Narrative – oder auch ein Narrativ der doppelten Architektenschaft – begleiteten das gesamte Projekt.

Im Projektverlauf kristallisierte sich die Suche nach Partnern, die schon im Projektstadium dem Intermediär Daten aus dem Realbetrieb zur Verfügung stellen, als erfolgskritischer Punkt für das gemeinsame Vorhaben heraus. Wie gut Architektur(en) auch immer sein mag – wer echte Daten einzusetzen bereit ist, bestimmt sozusagen den Baufortschritt, sofern anderweitig der Intermediär sich nicht wird beweisen können.

Beobachten ließ sich das schwierige Werben um Datengeber im Rahmen eines Meetings mit einem Vertreter einer beteiligten öffentlichen Institution. Geprägt war das Treffen durch ein demonstratives Desinteresse des Gegenübers bereits während der Vorstellungsrunde: Man sehe sich selbst als einen Intermediär wie der, der im Projekt als angeblich neu angestrebt werde. Despektierliche Ausdrucksweisen (das Projekt wird als »Ding« bezeichnet[15]) sowie Zweifel am technischen Ansatz des Projekts (»habe ich bisher nicht gesehen«[16]) und schließlich eine offensichtlich absichtsvoll provokante Abkündigung allen weiteren Engagements folgen:

> »[…] Ich muss mit *meinen* Juristen die nächsten Jahre noch zusammenarbeiten, und die haben sehr viel zu tun, und die arbeiten [*bricht ab, T.E.*], ich habe da ein gewisses Zeitkontingent, und auch ein bestimmtes

15 Feldtagebuch T.E., S. 19.
16 Ebd.

soziales Kapital an Kontingent. Und dann mache ich mit denen hauptsächlich Sachen, *die mir wichtig sind*; und wenn ich da irgendwelche Sachen mache, die jetzt so Randbereiche sind, und ich denen ihre Zeit klaue und ihre Nerven, dann komme ich mit *meinen Sachen* da nicht mehr so richtig rein. Also dafür bitte ich um Verständnis.«[17]

Diese offen formulierte Prioritätssetzung wurde zum Gegenstand von Nachgesprächen. Sowohl die Einstufung des Ansatzes als nicht ›neu‹ (gemessen an der bisherigen Praxis des eigenen Hauses) wie auch die dazu eigentlich im Widerspruch stehende Erklärung des technischen Ansatzes als gar nicht realisierbar sowie des ›Dings‹ als Nebensache laufen – neben dem Nein zu einer Beteiligung – darauf hinaus, die Konfrontation mit etwas möglicherweise (zu) Neuem abzuwehren. Innovationen werden nicht benötigt – dies kommt letztlich als Signal im Projekt an.

Im Umgang mit einem anderen Partner dominierte ein anderes Narrativ, dasjenige, es seien alle Fragen bereits gelöst. Hier wurden dem juristischen Teilprojekt immer wieder technisch aufgezogene, im Endeffekt aber unklare Folienvorträge angeboten, die zur Zielsetzung des Projekts offenkundig nicht passten. Außerdem schlugen die Akteure aus eigener (laienhafter) Einschätzung vor, worin die relevanten Rechtsprobleme wohl lägen. Mehrfach wurden Treffen mit der seitens der rechtswissenschaftlichen Beteiligten an diesen Partner gerichteten Bitte beendet, sein Vorhaben besser *zu beschreiben*, da man nach wie vor zugunsten einer fundierten rechtlichen Einschätzung noch nicht genug darüber *wisse*. Der Konflikt erwies sich als einer in der Frage der Hoheit über die Problembeschreibung: Hätten die Juristen ihrerseits genug Stoff für eine eigene Problembeschreibung erhalten, wären sie in der Lage gewesen, diese eigenständig zu erstellen. Für den Projektablauf entstand hier ein zeitweiliges Patt. Dies wiederum hieß, dass die Suche nach für das Recht relevanten Details – sei es verhindernder, sei es ermöglichender Art – mangels eingespielter Schemata und Vorbilder zu Schleifen und sich wiederholenden Frage-Antwort-Runden führte: Wenn man noch nicht genug weiß, muss man eben mehr Wissen sammeln.

Festhalten lässt sich, dass Konflikte mit Use Cases, die sich um Änderungen in *deren* Routinen drehen, weder gelöst noch pragmatisch vertagt werden können. Letztlich haben sich die Normenexperten wie auch alle

17 Ebd. Ganz ähnlich auch: »Ich kenne *meine*[!] Juristen, die haben sich jetzt mehrere Wochen zu dieser Position durchgerungen; die Wahrscheinlichkeit, dass die von der abgehen, sehe *ich*[!] als sehr gering an, und wenn das an dem Tag passieren sollte, werde ich sofort Lotto spielen.« [Alle Kursivsetzungen sind von uns, T.E., PGG].

anderen, pragmatisch am Ergebnis orientierten Beteiligten hier an einen Status quo anzupassen.

6. Innovation, Politik

»[Das Projekt] ist [...] hochpolitisch«[18]. Die Interviewaussage trifft einen Punkt, der allen Beteiligten klar ist: Der große Projektverbund steht unter öffentlicher Aufmerksamkeit. Er kann nicht einfach nur drauf los forschen, sondern hat der Gesellschaft etwas Neuartiges, Innovatives versprochen. Dass an verschiedenen Stellen des Projekts dennoch versucht wurde, den Eindruck von Normativität und einer – womöglich permanent befürchteten – Politisierung zu vermeiden, widerspricht dem nicht. Denn es sind sich alle Beteiligten des genuin politischen Charakters des Projekts bewusst, wie die Interviews verdeutlichen.[19] Auf die Frage nach dem politischen Charakter der Unternehmung wurde nie geantwortet, das Vorhaben sei unpolitisch: Man stellt sich vielmehr der Tatsache, dass Innovation die Gesellschaft angeht und die Gesellschaft auch braucht. Dennoch bedarf die Projektarbeit selbst der vertrauensstiftenden Fiktion der bloßen Normalität. Man geht – ohne die Wahl von Kooperationspartnern rechtfertigen zu müssen – ›methodisch‹ vor, hält sich an den Projektplan und zielt auf konkrete Ergebnisse. Alle streben nach einer operativen Normalität, aus welcher das Besondere der Ergebnisdimension gewissermaßen trotz eines bloßen professionellen Abarbeitens des Projektplanes irgendwie – vielleicht aufgrund der bereits weichenstellenden Innovationskraft der Antragsidee selbst – entstehen soll.

Erstaunlich oft wurde von der Art der Finanzierung (Förderung durch ein Bundesministerium, Bezug zu Gaia-X) auf eine politische Natur des Projekts geschlossen. Vor allem die Nachwuchswissenschaftlerinnen und Nachwuchswissenschaftler unterstellten den Gesprächsbeteiligten auf technischer oder unternehmerischer Seite eine strategische Orientierung, die letztlich auf politischen Eigennutz ziele. So führten mehrere Interviewpartner des rechtswissenschaftlichen Teilvorhabens im Hinblick auf die Finanzierung aus:

18 Interview mit Juri#0, S. 173, ähnlich Juri#05, S. 207 sowie weitere Belege.

19 Feldtagebuch T.E., S. 5, 10.

> »Alleine, dass die Finanzierung für ein solches Projekt überhaupt von der öffentlichen Hand getätigt wird, ist eine politische Implikation [...] dass dort auch gezeigt werden soll, dass Deutschland als IT-Standort und dann in der Verlängerung [...] auch [das Bundesland ...] als Digitalisierungsstandort irgendwie auch positiv dargestellt werden soll [...].«[20]

Oder ähnlich: »Es ist natürlich ein Projekt, was natürlich gefördert wird. Also das sind ja häufig Projekte, wo dann auch, also gewisse politische Interessen eine Rolle spielen – und sei es nur, irgendwie Digitalisierung voranzubringen.«[21] In ganz ähnlicher Wendung unterstrich ein anderer Gesprächspartner, für ihn sei das Projekt schon deshalb politisch, »weil halt die entsprechenden Akteure auch mitspielen, weil das Geld auch von Akteuren kommt, und damit ist das Gesamtprojekt automatisch politisch.«[22] Weiterhin wurde unterstrichen, dass das Projekt,

> »schon mal deswegen [politisch ist], weil das [...] Ministerium ja mit dabei ist – und nächstes Jahr sind Landtagswahlen. Also das ist, glaube ich, so ein Treiber für das Ganze, dass man ja auch den Erfolg haben möchte oder vielleicht noch mal einen zusätzlichen Erfolg, den man vielleicht in der Presse mit erwähnen könnte. Und dass natürlich mit [DATENSORTE] immer der [ORTSNAME] da mit so involviert ist, dass das immer ein gutes politisches Argument ist – für sich, für die Politik, für die jeweilige Partei.«[23]

Jenseits der Projektfinanzierung durch ein Bundesprogramm ergeben also die Landesbezüge (Beteiligung eines Landesministerium, parteipolitische Ausrichtung, anstehende Landtagswahlen) sowie die Nennung des Umfeldes (Datensorte, Ort) eine Mehrfachcodierung politscher Erwartungen: Weil der Erfolg des Projekts positive Signale für dieses spezifische Ereignis generieren könnte, ist das strategische politische Interesse zeitlich auch um Projekterfolge herum konzentriert und darauf gerichtet.

Gleichwohl gestehen die meisten Interviewpartnerinnen und -partner ein, dass es sich bei den politischen Interessen nicht nur um die Interessen der *anderen* handelte. Forschung will ihre eigenen Erfolge. Zwar kehrt die Mehrheit der Gesprächspartner dies nicht hervor – wer möchte schon

20 Interview mit Juri#1, S. 12.
21 Interview mit Juri#2, S. 70.
22 Interview mit Juri#5, S. 207.
23 Interview mit Juri#3, S. 151.

selbst ein Stratege sein? Doch es gab Ausnahmen. So erläuterte ein Gesprächspartner:

> »[Das Projekt] hat viele politische Aspekte. Zum einen wegen dieses rechtspolitischen Teils, weil wir damit ja eigentlich auch ein bisschen Werbung machen wollen für etwas, was es so noch nicht gibt, was im besten Fall die Rechtsordnung derzeit schon so ermöglicht, wie wir uns das vorstellen, was es aber so nicht gibt. Und man braucht dafür, für sowas politische Unterstützung, zumal der Ursprungsansatz mit Gaia-X ja noch aus der alten Legislaturperiode kommt und entstammt, und man das natürlich auch in die aktuelle Legislatur und vielleicht noch weitere Legislaturperioden – jetzt mal aus deutscher Perspektive – hinüberretten muss, und da für Unterstützung sorgen muss, dass das dann auch weiterläuft, auch auf europäischer Ebene entsprechend, also aus deutsch-französischer Tandemsicht quasi weiterbetrieben wird. Und daher ist ein Teil des Rechtspolitischen hier natürlich auch Überzeugungsbildung, die Leute mitnehmen und sagen: Diese gute Sache solltet ihr unterstützen.«[24]

Zentral ist hier das genuin *eigene* Interesse der Forschenden an freien Wegen für neue Lösungen, wobei die Überlegung eben nicht lediglich auf die Fortsetzung des Projekts im Allgemeinen, sondern vielmehr auf die Verwirklichung einer spezifischen rechtlichen bzw. rechtspolitischen Innovation gerichtet ist, wobei man für Unterstützung sorgen muss. Wissenschaftler sollten, so gesehen, den Weg für das Neue gleichsam gegen ökonomische und sonstige Interessen bahnen. Dies geht so weit, dass man teils die anderen Projektbeteiligten im Namen der beizubehaltenden wissenschaftlichen Mission unter Verdacht setzt. Wer hängt wo dran oder drin?

> »Das ist dieser politische Aspekt dadurch, dass wir [...] uns anschauen, wer da mit drin hängt [...]: wer hängt mit drin, mit welcher Zielsetzung? Alles nicht schlimm, alles nicht böse. Aber das müssen wir uns fragen und müssen das kritisch beleuchten. Müssen dann eben sagen: wenn Universitäten mit drin sind, wenn das Land Hessen mit drin ist, wenn andere öffentliche Stellen mit drin sind, dann müssen die sich dem Gemeinwohl in einer Weise verpflichten, dass es auch bei diesem Projekt sich niederschlägt.«[25]

---

24 Interview mit Juri#5, S. 206f.
25 Interview mit Juri#3, S. 92.

Aufgerufen wird hier das Gemeinwohl als Fluchtpunkt der beteiligten Akteure, ein explizit *normatives* Bezugsfeld also, in dem es nicht mehr um besondere Zwecke und Ziel-Mittel-Relationen von strategischen Akteuren geht, sondern um Werte, Pflichten, Verbindlichkeiten und Demokratie.

In Gesprächen haben die Projektbeteiligten zwei weitere wichtige Ebenen benannt, welchen man innovationspolitische und erfolgskritische Bedeutung zuschreibt: die Ebene des Objekts, was hier heißt: der Daten zum einen, die der Zwecke der Auswertung dieser Daten und letztlich auch der Zwecke des zu entwickelnden neuen Intermediärsmodells zum anderen. Daten scheinen aus sich selbst heraus politisch zu sein, sofern es sich – auch wenn man sie verlustfrei kopieren und theoretisch unbegrenzt teilen kann – um eine knappe Ressource handelt:

> »Es sind einfach verschiedene Akteure beteiligt. Es geht um wertvolle Ressourcen, nämlich Daten. Und insofern stellen sich auch politische Verteilungsfragen.«[26]

Dass Daten ›wertvoll‹ sind, weil Datenschutz und der Schutz von Geschäftsgeheimnissen sie zum Gegenstand wirtschaftspolitischer Verteilungsfragen machen, wurde auch von einem anderen Interviewpartner hervorgehoben. Insbesondere bei sensiblen Daten spielen auch Gesichtspunkte des Vertrauens eine wichtige Rolle:

> »Wenn es um Daten, Vertrauen, Teilen, gemeinsame Nutzung geht, und dann auch noch [sensible Daten], dann sind das ganz viele hochpolitische Bereiche, weil auch hochsensible Bereiche. Und wir Deutsche sind ja besonders Datenschutz-Fans. Insofern, wenn es da um Daten und Teilen und ums Geld geht, dann ist das immer automatisch [...] etwas sehr Politisches.«[27]

Knappheit, grundrechtliche Schutzbedürftigkeit und Kritikalität aufgrund der branchentypischen Bedeutung von Vertrauen, das sind Aspekte, die im Finanzbereich miteinander verschmelzen. Dass sich so rechtlich ganz unterschiedliche Kontexte überlagern, ist nicht ohne Weiteres zu vermitteln. Kommt dann noch – wie bei einem Use Case zum Thema Geldwäschebekämpfung – eine strafrechtliche Bedeutung der Daten hinzu, ändert sich das juristische Framing erneut: die ›Ressource‹ ist nun auch für Financial

26 Interview mit Juri#4, S. 244.
27 Interview mit Juri#5, S. 207.

Intelligence Units und die Staatsanwaltschaft wertvoll, die effizient und effektiv ermitteln können wollen.

Die vielleicht wichtigste politische Dimension des Projekts lässt sich auf der Ebene der Zwecke ausmachen, im Kontext der Frage danach, was aus Sicht künftiger Nutzer mittels des Intermediärs genau erreicht werden soll, wie folgende Äußerungen verdeutlichen:

> »[Das Projekt ist] bestimmt hochpolitisch. Ja, das kommt immer so daher, also so, so fast schamhaft, so das Wort: neutral deutet darauf hin, dass es gar keine politischen Konnotationen hat, aber das ist doch in hohem Maße politisch, weil man im Grunde versucht, gegen die Riesen, die früher GAFA genannt wurden, anzugehen und das auch eine außenwirtschaftsrechtliche Komponente [hat]. [...] Da wird sich also die chinesische Regierung nicht beteiligen können oder so etwas. Und ich glaube schon, dass wir ja auch gegen die USA und auch gegen China sozusagen auftreten, das ist wie so ein kleiner Schienbeintritt.«[28]

Ein anderer Gesprächspartner erläuterte:

> »Ja, der [Intermediär] [hat politische Aspekte] [...] Der Staat delegiert den Datenschutz im Prinzip auf Individuen; der gibt Regeln vor, aber kümmert sich nicht so richtig, dass die eingehalten werden. Und deswegen: jedes Mal, wenn man versucht, irgendwelche Stellen zu schaffen, um Marktasymmetrien irgendwie auszugleichen, hat es natürlich eine eklatante politische Dimension. Gerade wenn der Status quo in der Datenwirtschaft ist, dass es riesige datenbasierte Geschäftsmodelle gibt, die die Leute, die da sozusagen den Rohstoff, die Daten liefern, aber null an der Wertschöpfung partizipieren, einfach weil sie auch gar nicht wissen, wie viel das wert ist, was sie da reinstecken. Und natürlich die großen Datenunternehmen [von dieser Unwissenheit profitieren].«[29]

Ein weiterer Interviewpartner machte die kritische Wendung gegen das Datenschutzrecht geltend:

> »Ich glaube, in diesem Projekt, in der gesamten Gaia-X-Struktur wird sehr viel darüber geredet [...]. Man spricht von Datensouveränität, man spricht von Datenschutz [...]. Manche reden von Standortvorteil, es ist ein absoluter Käse, es ist ein absoluter Standortnachteil, was hier

28 Interview mit Juri#0, S. 173.
29 Interview mit Juri#00, S. 50.

passiert. Die restriktive Handhabung, [...] die extreme Bürokratisierung der Ablaufprozesse ist eine erhebliche Innovationsbremse und im Endeffekt nichts als ein Geschenk an große und dementsprechend folglich amerikanische oder ausländische oder außereuropäische Unternehmen. Komplexität und solche Sachen, und Regulierung, [...], dienen immer nur etablierten, starken Organisationen, die selber bürokratisiert genug sind, um solche Prozesse abzubilden, um das alles zu durchlaufen und das mitzumachen. Die DSGVO ist das Paradebeispiel dafür.«[30]

Zwar ging es dem letzten Gesprächspartner keineswegs darum, die DSGVO zu beseitigen. Sah er das Projekt aber in einer scharfen Opposition zum Status quo, führte er dennoch die Motive der vorherigen Interviewpartner brennglasartig zusammen: Alle drei machten den politischen Charakter des verfolgten Zwecks darin aus, dass das Projekt auf einen asymmetrischen Status quo digitaler Märkte antwortet, der zu korrigieren sei. Während der erste Gesprächspartner diese Korrektur primär auf einer internationalen machtpolitischen Ebene verortete (»gegen USA [...] gegen China«), rückte der zweite das Verhältnis zwischen Unternehmen und Kunden (»die Leute« gegen »die großen Datenunternehmen«) und der dritte das Binnenverhältnis zwischen Unternehmen in den Fokus (»Innovationsbreme« zum Vorteil »ausländische[r] [...] Unternehmen«). In der Gesamtschau ließe sich von der Idee einer dreifach ausdifferenzierten Symmetrie auf den Ebenen von *government-to-government*, *business-to-clients* und *business-to-business* sprechen.

Vielleicht überraschend lässt sich festhalten, dass zwar im Konkreten die operativen Beharrungskräfte den Entwurfsarbeiten für tatsächlich ›neu‹ konzipierte Daten- und Wissensflüsse sowie Geschäftsmodelle entgegenstehen: Man ist sich (zu) oft sicher, dass es eben ›nicht anders geht‹. Dennoch gibt es auf der ganz generellen Ebene sowohl Wunsch nach als auch Wille zur Innovation. Zumindest die Stoßrichtung des DGA und des Projektes GAIA-X war den Projektbeteiligten klar und wurde geteilt: Man arbeitet gemeinsam an europäischen Alternativen zu durch US-Software dominierten Märkten und versucht zugleich die Spielräume für ein gut kontrolliertes, diskretes Teilen von Daten zu erhöhen – gegen einen als lähmend empfundenen Status quo. Sind damit der Bezug zu den Leitbildern europäischer Gesetzgebung und der politökonomische Charakter des Projekts schon angedeutet, so fügen insbesondere die harschen Rechtskritiken des zwei-

30 Interview mit Juri#8, S. 225f.

ten und dritten Gesprächspartners dem eine zusätzliche Dimension von Rechtspolitik in einem ›lokaleren‹ Sinne hinzu. Im deutschen Rechtsraum geschieht bisher zu wenig angesichts eines als unfair wahrgenommenen Status quo.

Während die Gesprächspartner den gesteigerten politischen Charakter des Projekts sahen und auf Subjekte, Objekte und Zwecke ihrer im Projektplan niedergelegten Aufgabenstellung bezogen, blieben die Anforderungen an den Intermediär *selbst* blass und unklar. Überraschend war dies insofern nicht, als das Produkt ja erst im Laufe der Zeit emergieren sollte. Es war eben im Wortsinn neu. In der Rückschau nimmt die Innovation damit ihren Weg von der generellen Vision über eine abstrakte Konzeptebene dann hin zu den Details – wobei technische Bausteine wie die geschützte Auswertung oder marktliche Herausforderungen, namentlich das Zögern von Datengebern, schon früh als erfolgskritisch heraustreten. Es birgt aber eben auch die rechtliche Konturierung des neuen Intermediärs echte Herausforderungen. So führt die verkapselte, menschlichen Einblicke und Datenherrschaft ausschließende Auswertung das Datenschutzkonzept der ›Datenverarbeitung‹ an seine Grenzen. Hierauf mit Thesen zu reagieren, nahmen die beteiligten Rechtswissenschaftler erst allmählich als ›ihren‹ Part der innovativen Entwicklungsaufgabe an. Spätestens mit Erscheinen eines Aufsatzes zum ›Bauplan‹ der gefundenen Lösung ist allerdings im rechtswissenschaftlichen Teilvorhaben eine Sprachregelung gefunden, die sowohl das Neue als auch die politische Situierung des Intermediärs beschreibbar macht. So heißt es im Text, dass der neue Intermediär die Frequenz der Marktaktivitäten selbst wahre bzw. intensiviere.

> »Von daher lässt er sich als wirtschaftspolitisches Mittel verstehen, Anreize für die Marktteilnahme und auch für den Markteinstieg zu setzen. Er ist neutral im Sinne eines die Marktsituation ›pluralisierenden‹ Marktwahrers und Marktermöglichers, dessen Dienste allen Marktteilnehmern Nutzen bringt. Insofern der Treuhänder allen Marktteilnehmern unter gleichen Bedingungen niedrigschwellig Zugang zu in besonderer Weise datengetriebenen Diensten und Nutzungsvorteilen ermöglicht, minimiert er die Gefahr von datensammlungsbasierten Oligopol- oder Monopolbildungen.«[31]

31 Vgl. Johannes Buchheim, Steffen Augsberg und Petra Gehring: »Transaktionsbasierte Datentreuhand. Kennzeichen und spezifische Leistungen eines neuen Modells

Wenn die Funktion des Intermediärs in der Rolle des »Marktwahrers und Marktermöglichers« liegt,[32] dann tritt die angestrebte Neuerung auch normativ auf: Sie will Mittel sein für einen funktionierenden, multipolaren Wettbewerbsmarkt. Weder rechts-, noch markt- noch wissenschaftspolitisch ist dies von vornherein kritikwürdig. Es werden aber eben sowohl die auf Innovationsanreize, nicht reglementierend angelegte europäische Legislation – Stichwort DGA – als auch die Förderintention des Bundesministeriums – GAIA-X als Innovationshoffnung – positiv aufgegriffen und gespiegelt.

7. Technik

Wie schon angedeutet, zeigten sich im Projekt trotz vorhandener konsensueller Einstellungen zu gemeinsamen innovationspolitischen Zielsetzungen in der EU Spannungen genau dort, wo – jenseits von Antragsprosa – tatsächlich Neuerungen in konkreten Prozessen zu erwägen und umzusetzen sind. Hier kommt den im Projekt zumeist technisch und von einer bereits getroffenen Pfadwahl her argumentierenden Use Cases eine ambivalente Doppelrolle zu, was für diejenigen, die Vorhaben und Konsortium konzipierten, nicht absehbar war.

Normalerweise haben Use Cases in F&E-Projekten die Aufgabe, exemplarisch die Vielfalt praxisnaher Anforderungen an eine zu entwickelnde Lösung zu formulieren und Lösungspfade zu testen.[33] Im Rahmen des Projektverbundes beteiligten sich sowohl Unternehmen aus dem Finanzdienstleistungs-Bereich (sowie indirekt als Datengeber Banken und KMU) als auch öffentliche Einrichtungen und wissenschaftliche Datennutzer an den Use Cases. Das Projekt war bewusst auf deren Bedarfe ausgerichtet. In allen Fällen erwies es sich jedoch für die Akteure aus den Use Cases als unerwartet schwierig, hinreichende Anforderungen an den projektierten Intermedi-

gemeinsamer Datennutzung«, in: *Juristenzeitung (JZ)* 78 (2022), Heft 23, S. 1139–1147, hier S. 1144.

32 Ebd.

33 Vgl. Wikipedia: »Ein Anwendungsfall (engl. *use case*) bündelt alle möglichen Szenarien, die eintreten können, wenn ein Akteur versucht, mit Hilfe des betrachteten Systems ein bestimmtes fachliches Ziel (engl. *business goal*) zu erreichen. Er beschreibt, was inhaltlich beim Versuch der Zielerreichung passieren kann und abstrahiert von konkreten technischen Lösungen. Das Ergebnis des Anwendungsfalls kann ein Erfolg oder Fehlschlag/Abbruch sein.«, https://de.wikipedia.org/wiki/Anwendungsfall (aufgerufen: 26.9.2024).

är zu formulieren. Jenseits des generellen Leitbildes existierten kognitive Barrieren, die mit dem Intermediär verbundenen neuen Möglichkeiten zu antizipieren. Stattdessen stellte man in Workshops immer wieder das vor, was man normalerweise macht – verbunden mit der Erwartung, jemand solle die Vorteile des Intermediärs erklären. Der geplante, auf Neutralität ausgelegte Intermediär wurde im Grunde als zu neu wahrgenommen, um sich auf sein Leistungsspektrum einzustellen. Immer wieder wurde der Paradigmenwechsel für nicht machbar erklärt, den aber ja eigentlich der gemeinsame Antrag bereits vorsah. Zudem bremsten einige Use Cases das gemeinsame Entwicklungsszenario auch aktiv aus, indem sie es mittels Ansätzen konterkarierten, die von vornherein absehbar mit dem Konzept des geplanten Intermediärs inkompatibel waren. In beiden Hinsichten geriet die Technik, genauer: vorgeblich oder tatsächlich notwendige technische Pfadwahlentscheidungen in den Fokus von Aushandlungsprozessen.

So impliziert der im Projekt ins Auge gefasste neue Intermediär eine Entkopplung von Datenanalyse und -speicherung. Vereinfacht gesagt ›bleiben‹ die Daten, wo sie sind, werden aber dennoch durch Dritte analysiert, was alle klassischen Formen des Datentransfers (der Archivierung und des Mehrfachzugriffs) vermeidet. Dies schafft zwar Sicherheit: Der Intermediär ›kennt‹ die Daten nicht und mischt sich nicht ein; Vorabverfremdung oder Anonymisierung von Daten sind im Prinzip verzichtbar. Es verändern sich damit aber auch die Prozesse möglicher Geschäftspartner. Unternehmen, die Daten auswerten lassen wollen, können den Intermediär nicht als ›klassischen‹ Dienstleister nutzen, der gleichsam Aufgaben eines Datenzentrums übernimmt. Damit fällt Verantwortung auf die Datengeber zurück. Sie müssen ihre Datenbanken ›öffnen‹ und etwaige Vorbereitungsleistungen selbst erbringen (oder einem zusätzlichen Dienstleister überlassen). Ebenso müssen Unternehmen ihre Auswertungsroutinen verändern. Insbesondere stellt der Wegfall der Notwendigkeit zur Anonymisierung, Pseudonymisierung oder Verfremdung von Daten eine Veränderung der vertrauten, als sicher empfundenen Datenauswertungs-Workflows dar.

Kann Speicherung, kann Anonymisierung wirklich verzichtbar sein? Auf diese Schlüsselfrage kamen die Vertreter mehrerer Konsortialpartner immer wieder skeptisch zurück. Sie präsentierten (und verteidigten) mit Sachzwangargumenten, die wechselten und im Kern auf das bestehende Geschäftsmodell verwiesen – nicht also wirklich auf Technik, Vorgehensweisen, die darauf hinausliefen, dass alles beim Alten blieb. Gegenargumente ›pro Neues‹ fanden wenig Gehör. So blieben im Falle eines Use Cases trotz konstruktiver, jeweils mit dem subjektiven Eindruck eines Fortschritts beendeter gemeinsamer Workshops die Foliensätze zur Darstellung des Use Cases hartnäckig unverändert. In mehreren Teilvorhaben investierte man viel Zeit in die Fortführung von Entwicklungsarbeiten zur Verbesserung von Kryptografie, obwohl eine Verschlüsselung der auszuwertenden Daten zum gemeinsamen Entwicklungsprogramm gerade nicht (mehr) passte. Ausgerechnet von technischer Seite wurde die Vorab-Anonymisierung der Daten sogar wiederholt für rechtlich (!) doch wohl unverzichtbar erklärt.

Das Recht mutierte damit zum Abwehrargument seitens ›der Technik‹ wie auch einiger unternehmerisch Verantwortlicher gegen die Neuerungen, welche das innovative Konzept für die ›klassischen‹ technologischen Weichenstellungen auf Seiten der Use Case-Akteure nach sich ziehen könnte. Eine festgefahrene Diskussion über Notwendigkeiten und Aufwände im Bereich Technik wurde ebenfalls primär von Seiten der Praxispartner geführt. Das ist insofern kurios, als der innovative Ansatz den Umgang mit kritischen Datenauswertungen gerade in *technischer* Hinsicht deutlich vereinfacht. Diejenigen, die auf der Seite der Anwendungs-Use Cases techniknahe Routinen verantworten, verteidigen aber den Status quo. Man will die Neuerung, aber nur dann, wenn diese auf ansonsten unveränderte (und unverändert aufwendige) Praktiken wie auf einen Sockel aufsetzt. Eine tiefergreifende Innovation ist insbesondere dann unwillkommen, wenn sich abzeichnet, dass sich Geschäftsmodelle verändern. Bremsen die Praxispartner, wird dies jedoch nicht offen diskutiert, sondern es bleibt beim Austausch über Technik als Sachzwang – oder aber Recht, das nur den Status quo und nichts anderes zulasse.[34]

8. Fazit

Die geschilderten Einblicke in ein noch laufendes Vorhaben lassen sich unterschiedlich bilanzieren. Ganz sicher ist festzuhalten, dass in der oft beschworenen Interdisziplinarität neben Chancen, die sie eröffnet – ohne starke rechtliche Expertise wären gewagte Vorhaben, die bis zur Marktreife entwickelt werden sollen, gar nicht möglich –, auch Risiken liegen. Weder die gemeinsam jederzeit zweifelsfrei vergewisserbare Zielstellung noch die

34 Für das Datenschutzrecht zeichnet sich eine ähnliche Schwierigkeit ab: Die DSGVO unterstellt bei Datenverarbeitung stets Datenherrschaft (und erlegt dem Verarbeiter die Pflichten auf, die ein Dateninhaber hat). Auf einen ohne Speicherung und echte Datenherrschaft ›blinden‹ Intermediär, dessen Maschine Fremddaten lediglich auf Initiative Dritter verkapselt auswertet, träfe diese Situation nicht zu.

gute Planung der Projektdurchführung stellt entscheidende Momente der eigentlich innovativen Schritte sicher. Man muss vielmehr das Hin und Her zwischen Recht und Technik so organisieren, dass an kritischen Schwellen kein jeweils partiell geltend gemachter Rückzug damit legitimiert wird, dass man jederzeit dann innovativ wäre, wenn man nur endlich ›allein‹ für die Projektergebnisse sorgen dürfte (und auch definieren, was deren Güte bemisst). Gerade dort, wo bremsende Argumente gesucht werden, schieben sich nicht nur Techniker und Juristen gerne den schwarzen Peter zu, sondern Technik und Recht werden füreinander wechselseitig zum Synonym für einen Status quo, den man einer innovativen Alternative vorzieht. Dies kann erstens auf der Arbeitsebene der Fall sein (Experten fürs Anonymisieren wollen auch künftig anonymisieren) und zweitens auf der Ebene von Entscheidern, sobald aus deren Sicht Geschäftsmodelle betroffen sind (wessen algorithmenbasierte Dienstleistung darauf aufsetzt, Daten stets zu ›haben‹, bevor man sie nutzt, sieht in einem anders funktionierenden Intermediär einen unbequemen Partner).

Innovative Vorhaben können so nicht nur am fehlenden Vertrauen von Marktteilnehmern scheitern, das sie (noch) nicht haben. Vielmehr bremst sie, dass sie – in der exemplarischen Umsetzung, auch wenn alle Beteiligten diese als ›Forschung‹ ansehen – gewissermaßen zu innovativ sind, um attraktiv zu sein, gerade jenseits der bloß technischen Sicht auf neue Lösungen. Der Status quo hat bereits in der Entwicklung Macht – und dies selbst dort, wo diese in einem dezidiert experimentellen Projekt, unter dem Vorzeichen der Innovation sowie zu diesem Zweck nahezu vollständig staatlich finanziert stattfindet.[35]

35 Ein nachdrücklicher Dank der Autoren geht an Jörn Laakmann und Christian Person für konstruktive und zupackende Korrekturlektüren.

Glosse

Abb. 1 Caspar David Friedrich. Der Frühling – Der Morgen – Die Kindheit. 1803. Credit: Staatliche Museen zu Berlin, Kupferstichkabinett / Volker-H. Schneider Public Domain Mark 1.0

Die Erde ist wieder wüst und leer, weitestgehend zumindest. Eines der geläufigen Naturkatastrophen-, Virus- oder Zombieszenarien hat die Unwahrscheinlichkeit der wohltemperiert-übertakteten Zivilisationsmaschinerie auf einen Schlag – im Sinne des Wortes – *ruiniert.* Supermärkte sind geplündert. Kein Telefon klingelt in unplausibel verwüsteten Großraumbüros. Konfus versperren verlassene Automobile die Straßen. Schief durcheinander liegen die Skylines. In allen Rissen sprießt grün. Und hier – durch die Ruinen dessen, wo sonst die gewohnte Alltagsstrapaze, verteilt auf lauter individuelle Existenzen scheinbar lückenlos ihre wilden wirren Linien zieht – nomadisieren die übriggebliebenen, zerschlissenen Protagonisten ihrem unbestimmten Überleben entgegen. Häufig sehen wir familiale Dyaden, prototypisch Vater und Sohn (oder Tochter), kärglich gerüstet, dürftig proviantiert. Gesprochen wird – wo unter weniger dringlichen dramaturgischen Umständen vielleicht pathogene Familiengespräche über psychodynamische Prägungsschäden zu erwarten gewesen wären – nur wenig. Und wenn, dann über sehr Konkretes: Wie am besten Wasser, Nahrung und provisorischen Unterschlupf besorgen, um von da aus dann wieder der überschaubaren Zukunft der nächsten paar Tage ins Gesicht zu sehen? Die Horizonte sind eng gezogen. Alles Überflüssige vom Minimalismus des Nötigsten von der Liste gestrichen. Und dazu dann vielleicht, irgendwo am narrativen Horizont, ein diffus bestimmter Fluchtpunkt, auf den es zugeht: Ein mögliches Ende der pluriprovisorischen Expedition – eine sichere Zone, ein Gegenmittel.

Oder anders: Wir starten, gestrandet, im Videospiel auf einem verlassenen Planeten, jeder Erinnerung eigenen Herkommens verlustig. Rundherum glimmende Überreste einer Katastrophe weisen stumm auf die verschleierte Ursache unserer postapokalyptischen Robinsonade. Noch bevor wir dieser aber hinterherzusinnen Gelegenheit finden, drängen sich uns auch hier – eindringlich durch Notfallgeräusche und alarmfarben kreisende Anzeigen – die Bedürfnisse des nackten Überlebens entgegen: Lebensgefährlicher Strahlungspegel muss vermieden, Sauerstoffversorgung gewährleistet, Flüssigkeiten und Nahrungsmittel aufgetrieben, essenzielle Materien aus Erdreich, Pflanzen und (virtuellen) Tieren extrahiert werden. Und so stoßen wir auch hier zunächst auf den beschränkten, nur auf die jeweils nächsten Atemzüge enggezogenen Horizont, der die erlebte Wirklichkeit unseres sorgendurchwobenen Jetzt und Hier eigentümlich intensiviert. Anders als im Film wird im Videospiel allerdings von hier an alles schrittweise komplizierter. Im selben Maß, in dem Routinen und Territorien sukzessive vertrauter werden, nötigt uns das Spiel zu immer umfassenderen, antizipativen Technisierungen der unser virtuelles Leben tragenden Versorgungsströme: Automatisierung der Nahrungs-, Material- und Stromzufuhr, Verkehrs- und Transportwege. Immer ein wartendes Auge auf die wirksam-abwesenden Zusammenhänge der Infrastruktur. Wo kurzfristiges Provisorium im Jetzt und Hier war, soll technische Vorhersehung im Dann und Dort werden. Und schon beginnt der Spieler, sich nach der monokontexturalen Übersichtlichkeit des Nurgegenwärtigen zurückzusehnen.

Oder, in einer dritten, schon nicht mehr ganz postapokalyptischen Variante: In Reality-TV-Manier geht es ganz unverschleiert um ›Survival‹. Mit verschieden Wenigem werden Menschen eine vorgegebene Anzahl von Tagen einer je ausgewählten Wildnis anheimgegeben oder angewiesen, sich ohne alles Weitere so gut es eben geht durchzuschlagen von A nach B.

Und auch hier werden wir von sanfter Kommentierung überzeugend in die verengten Horizonte des nackten Überlebens eingewiesen: *Bauen, Wohnen, Essen* als die unentwegt zu besorgenden Existenzialien des In-Not-geraten-seins.

Woher die gegenwärtige Faszination solcher Szenarien?

Was hier jeweils gezeigt wird sind offenbar Situationen der Not: Wie man irgendwie durchkommt, gerade so. Das Verfließen der Zeit durch die perennierende Naherwartung des nächsten Alarms getaktet. In Literatur und Film dominieren Schattierungen von Grau die Szenen; wobei die optionale Bedrohung durch Virus, Strahlung oder Zombie das ohnehin Drängende der Situationen nur betont. Könnte also eine existenziell zu wenig involvierende Gegenwart oder die schlichte Angst vor einer der drohenden Katastrophen der Grund dieser Faszination sein? So hätte man vor wenigen Jahrzehnten vielleicht noch vermutet, Heideggers Rede von der »Not der Notlosigkeit« und der »tiefen Langeweile«, welche in den Zeitgenossen »wie ein schweigender Nebel hin-« und herziehe,[1] habe die verantwortlich zeichnenden Kreativen hier dazu inspiriert, ihren immer noch einigermaßen wohlbehütet zivilisationsmüden Zeitgenossen vertretbare Dosen fiktiver Not zu injizieren. Heute jedoch, wo vielen die kairologische Nähe der drohenden Katastrophe(n) unbestreitbar offensichtlich scheint, mag man eher auf die Idee verfallen, in derlei postapokalyptischen Szenarien würden – zur Abschreckung wie zur Vorbereitung – schon einmal *die dunklen Tage danach* prämeditiert[2], um sich imaginativ in die Situationen nach der Katastrophe schon einmal einzuwohnen.

Sowohl die imaginative Kompensation eines Mangels an Not als auch die Prämeditation wahrscheinlicher Katastrophen scheinen jedoch keine sonderlich überzeugenden Erklärungen unserer gegenwärtigen Faszination für postapokalyptische Szenarien zu bieten. Nicht, dass nicht beides immer noch vorkommt – der Zeitgeist ist mit sich selbst schließlich auch immer

1 Martin Heidegger: *Grundbegriffe der Metaphysik. Welt – Endlichkeit – Einsamkeit.* GA 29/30, Frankfurt am Main 1983, S. 117.

2 Die sogenannte »praemeditatio malorum« als imaginative Vorwegnahme möglicher Übel zur Steigerung der Seelenruhe in der Stoa findet sich etwa bei Seneca. Vgl. Ilsetraut Hadot: *Seneca und die griechisch-römische Tradition der Seelenleitung,* Berlin 1969, S. 60f.

irgendwie ungleichzeitig. Aber gibt nicht eine noch sehr viel konkretere Sehnsucht den wesentlicheren Grund der gegenwärtigen Popularität des Postapokalyptischen? Eine Sehnsucht nicht nach ermangelter Not, sondern vielmehr nach dem Wegfall einer beunruhigend summenden Grundunruhe, die unsere gewöhnliche Alltagserfahrung von jeweils anderen, zusätzlich und außerdem um unsere aufmerksame Zuwendung konkurrierenden Situationen her heimsucht. Schielen wir heute, ob wir es wollen oder nicht, nicht allzu häufig mit mindestens halbem Auge aus unserer jeweils gegenwärtigen Situation nach irgendwie außerdem dringlichen Situationen? (»Hat er schon geantwortet?«, »Ist der Herd aus?«, »Was macht sie gerade?«, »Muss auch die Sache mit der Versicherung noch erledigt werden.« usw.) Durch ein solches, den gegenwärtigen Situationen attentional Voraus- und Vorwegsein finden wir die Aktualität unseres Lebens immer schon partiell derealisiert. – Im zeitgenössischen Bewusstsein scheint eine wesenhafte Tendenz auf Tele- und Transpräsenz zu liegen.[3]

Demgegenüber ist bezeichnend, wie die in den oben geschilderten Szenarien dringlich Involvierten sich von ihren jeweils dringlichen Umständen gewissermaßen genötigt finden, sich auf ihr aktuelles Jetzt und Hier zu fokussieren. Beinahe scheinen sie sich in ihren Situationen der Not wie in kleinen, von sanftem Nichts umschwebten Inseln zu befinden: Keine Medien oder Telekommunikationsgeräte schließen sie mittelbar-unmittelbaren an allerlei andere Situationen an, keines großen Anderen nimmermüde vorwurfsvolle Augen fordern von jenseits des Randes ihrer je aktuellen immersiven Involvierung die fristmäßige Einreichung der nächstfälligen Beiträge, keine Langfristpläne zur optimalen Existenzrealisierung lassen sie ihren aktuellen Situationen vorweg sein, keine Aufzeichnungsgeräte führen Buch über ihre Datenspur.[4] Ein wesentlicher Grund der gegenwärtigen Faszination postapokalyptischer Szenarien liegt, um es einfach zu sagen, in der

3 Vgl. hierzu Tom Poljanšek: »Nie ganz bei den Sachen. Zur Phänomenologie der Immersion«, in: Oliver Ruf, Lars C. Grabbe (Hg.): *Technik-Ästhetik. Zur Theorie technoästhetischer Realität,* Bielefeld 2022, S. 183–202. Die Problematiken dieser Transpräsenz finden sich exemplarisch auch im filmischen Werk David Lynchs am Beispiel medialer Apparate reflektiert (so etwa in *Lost Highway* oder *Mullholland Drive*).

4 Explizit spielt der auf dem gleichnamigen Manga basierende Anime *Zom 100 – Bucket List of the Dead* mit dem Motiv der Postapokalypse als Idylle: Die Zombieapokalypse wird hier als die ersehnte, farbenreiche Alternative zu einem Leben inszeniert, das in einem unwirklichen Grau in Grau zwischen Arbeitsanforderungen, mehreren gleichzeitig konsumierten Medienangeboten, verschlungenem *fast food* und einer ruhelos übermüdet um Unerledigtes kreisenden Aufmerksamkeit zu versinken droht.

durch äußere Umstände erzwungenen Reduktion des Aufmerksamkeitsfeldes auf eine einzige Situation. An die Stelle der »motivationally scattered experience of ordinary life – full of its thousand competing purposes«, in der verschiedene Aufgaben und Situationen um die Wirklichkeitsdefinition konkurrieren, tritt in postapokalyptischen Idyllen eine »pleasing single-minded motivational clarity«.[5] Was wir dabei genießen ist eine Idyllik der von den jeweiligen Umständen erzwungenen Achtsamkeit: Je eine einzige Sache allein darf hier den ganzen Raum erlebter Wirklichkeit einnehmen, bevor es ganz zur nächsten Sache geht.

Monokontexturale Immersion mitsamt durch sie spezifisch gesteigertem Wirklichkeitscharakter des Erfahrenen erscheint so als ersehnte Alternative zur polykontextural zerstreuten Semipräsenz in einer Mehrzahl simultan um Wirklichkeit konkurrierender Situationen, wie sie unser heutiges Leben prägt. Im postapokalyptischen Idyll wird dem »Nie ganz bei den Sachen« des zeitgenössischen Alltags das Versprechen entgegengestellt, ganz und gar in jeweils nur einer überschaubaren, von anderen Situationen aus unmittelbar unerreichbaren, insulierten Situation zu verweilen. Vergleichbar vielleicht einem Versprechen, wie man es heute exemplarisch im Konzept des »Flow« von Mihaly Csikszentmihalyi,[6] im populären Konzept der »Achtsamkeit« oder in der analogen Konzeption der »Resonanz« bei Hartmut Rosa vorgeführt und versprochen findet.[7] Das Phantasma der Ruinierung der lauwarm uns duchgehend umsummenden Zivilisationsmaschinerie samt der durch sie erwirkten ständigen wechselseitigen telekommunikativen Erreichbarkeit fast aller in ihr aktiven Situationen scheint also vor allem auf einen Wunsch nach mentaler Insulierung hinauszulaufen, um ganz und gar nur bei einer Sache zu sein.

Sofern er hier schon mehrfach explizit und implizit thematisch war, mag man an dieser Stelle unweigerlich an Heideggers »Schöpferische Landschaft: Warum bleiben wir in der Provinz?« denken. In diesem Text stellt Heidegger der zerstreuten Lebensweise der »Städter« »hier unten« in der »städtischen Welt« die monokontexturale Idylle der »Bergwirklichkeit« rund um seine kleine Skihütte »dort oben« gegenüber. [8] Während hier un-

5 C. Thi Nguyen: *Games. Agency as Art*, New York 2020, S. 48.

6 Vgl. Mihaly Csikszentmihalyi: *Beyond Boredom and Anxiety. The Experience of Play in Work and Games*, San Francisco, London 1985.

7 Hartmut Rosa: *Resonanz. Eine Soziologie der Weltbeziehung*. Frankfurt am Main 2016.

8 Martin Heidegger: »Schöpferische Landschaft: Warum bleiben wir in der Provinz?«. In: Ders.: *Aus der Erfahrung des Denkens*. GA 13, Frankfurt am Main 1983, S.10.

ten in der Stadt die »philosophische Arbeit [...] als abseitige Beschäftigung eines Sonderlings« erscheine, gehöre sie oben, in der Bergwirklichkeit, bruchlos »mitten hinein in die Arbeit der Bauern«.[9] So finde er sich dort oben – nur »unterbrochen durch Verhandlungen, Vortragsreisen, Besprechungen und die Lehrtätigkeit hier unten« – »einfach in die Eigenschwingung der Arbeit versetzt« und »in die weite Nähe des Wesens aller Dinge« losgeworfen.[10] In solchen Formulierungen beginnt man zu erahnen, dass die Sehnsucht nach der monokontexturalen Idylle – die auch in der heutigen *Retreat*-Kultur ihr Pendant findet – mitsamt der sie durchströmenden Hoffnung auf die Möglichkeit einer einen, homogenen Wirklichkeitsdefinition existenziell vielleicht ein nachvollziehbares Ideal, politisch allerdings nicht ganz unproblematisch ist. Und man darf sich durchaus fragen, ob die aktuelle Tendenz scheinbar ausnahmslos aller politischen Lager zur monokontexturalen, provinzialisierenden Totalisierung der je eigenen Perspektiven nicht das politische Korrelat einer, eine mit diskursiven Mitteln hergestellte postapokalyptische Idylle ist, die selbst als Wirklichkeit konsumierbare Imagination eines Zustands nach der Abräumung aller um Wirklichkeitsdefinition konkurrierender Perspektiven.

Bleibt die Frage, ob innerhalb einer so inszenierten Alternative von insulierter Mono- und multifokal-zerstreuter Polyimmersion hierbei nicht eine dritte Option der Bewusstseinsverwendung in Vergessenheit zu geraten droht, an die zu erinnern heute vielleicht sogar dringlicher wäre. Tatsächlich wäre es vielleicht an der Zeit, statt existenzielle, soziale und politische Ideale vor allem in Kategorien der Involvierung, des Dabeiseins und Mitmachens zu imaginieren, jenseits der üblicherweise angesetzten Negativfolien von Langeweile, Desinteresse und Depression wieder an das breite Spektrum der Formen des Nichtaufgehens und Nichtinvolviertseins in aufmerksamkeitsbindende Sinnzusammenhänge, an die verschiedenen Formen erlebter Nichtimmersion, der Nicht-Eingewickeltheit in, sondern Ausgewickeltheit aus allen Situationen zu erinnern, die immer noch zum Umkreis des Menschenmöglichen gehören. So gibt es eine ganze Reihe positiver Erfahrungen, die den Einzelnen mit seiner Aufmerksamkeit weder in einem einzigen Monokontext ganz und gar involviert, noch ihn polykontextural zwischen verschiedenen Kontexten hin- und hergerissen und zerstreut sein lassen. Erfahrungen, in denen die in ihnen auf- und

9 Ebd.
10 Ebd., S. 11.

wieder abtauchenden Elemente keine irgendwie je schon miteinander affinen, sinnzusammenhangsförmigen Kontexte und Situationen bilden, in die wir uns aufmerksam involviert verlieren, sofern wir in ihnen »rückwärts Gestaltung«[11] und Zusammenhang sehen. Episoden, in denen die Ereignisse, Gegenstände und sonstige Elemente uns gerade keine zusammenhängenden Zusammenhänge sind, vielmehr nur kontingent vor sich hin und durcheinander purzeln, unverbunden herumliegen, ohne dass wir dabei einen Mangel an Involvierung, Gefühle der »Leergelassenheit« und »Hingehaltenheit« verspürten.[12] Statt involviert in Situationen finden wir uns in solchen Augenblicken wie *nach außen gestülpt, draußen*, im *Offenen*,[13] mit erheitert staunend-irritierten Augen auf das einfach Passierende hin geöffnet, ohne auf konkret zu erwartenden Sinn hin definierte Situationen: Man atmet in die stumme summende rauschende Weite der Wiese und weiß: *Was alles hier auf einmal passiert, hat miteinander – auch mit mir – nicht das Geringste zu tun.* Das Ganze bildet keinen sinnhaften Zusammenhang. Anti-Gaia-Epiphanie.

In einer medienökonomischen Gesamtsituation, in welcher sich der menschliche Hang zur Involvierung in sinnhafte Zusammenhänge von verschiedensten Seiten derart intensiv ins Visier genommen findet, wie wir dies heute beobachten können, in der das Versprechen der Möglichkeit der Verflowförmigung eines jeden Tuns, die einen in allem und jedem ganz und gar involviert aufgehen ließe, den utopischen Horizont zu bilden scheint, mag die Erinnerung an die Möglichkeit solcher Zustände kontraintuitiv anmuten. – Vielleicht bieten aber gerade darum solche erheiterten Erfahrungen des Zusammenhanglosen heute die ironische Dosis, die wir brauchen, um uns – gegenüber einer Überforderung durch um Involvierung konkurrierende Situationen – vor dem Phantasma des einen einzigen idyllischen Totalzusammenhangs die für das Denken nötige Distanz zu bewahren.

---

11 Rainer Maria Rilke: *Werke in drei Bänden. Einleitung von Beda Allemann*, Bd.1: *Gedicht-Zyklen*, Frankfurt am Main 1966, S. 470.

12 »Leergelassenheit« und »Hingehaltenheit« bilden Heidegger zufolge zwei wesentliche Merkmale der Langeweile, vgl. Heidegger: *Grundbegriffe der Metaphysik*, S. 149ff.

13 Vgl. zum Offenen Henri Maldiney: »Die Ästhetik der Rhythmen«, In: Claudia Blümle, Armin Schäfer (Hrsg.): *Struktur, Figur, Kontur Abstraktion in Kunst und Lebenswissenschaften*. Zürich, Berlin 2007, S. 47–76, hier S. 66f.

Verzeichnis der Autorinnen und Autoren

Andreas Brenneis ist Wissenschaftlicher Mitarbeiter am Institut für Philosophie der TU Darmstadt und war in mehreren Projekten des Zentrums Verantwortungsbewusste Digitalisierung (ZEVEDI) zur Künstlichen Intelligenz und Big Data beteiligt.

Andreas Brenneis is a Research Associate at the Philosophy Department at TU Darmstadt and has been involved in several projects on Artificial Intelligence and Big Data at the Center Responsible Digitality.

Tim Eckes ist wissenschaftlicher Mitarbeiter am Zentrum für Wissenschaftskommunikation des Exzellenzclusters Religion und Politik der Universität Münster. Er studierte Politikwissenschaft an der TU Darmstadt und Politische Theorie an der Goethe-Universität Frankfurt am Main und der TU Darmstadt. Nach Stationen im wissenschaftlichen Redaktionsbereich war er wissenschaftlicher Mitarbeiter am Zentrum verantwortungsbewusste Digitalisierung (ZEVEDI) der TU Darmstadt. Zu den Forschungsschwerpunkten zählen Philosophie der Aufklärung, Theorien der Volkssouveränität, Gerechtigkeits- und Rechtstheorie, die politische Philosophie Hannah Arendts, Wissenschaftsethnographien.

Tim Eckes is a research assistant at the Center for Research Communication of the Cluster of Excellence Religion and Politics at the University of Münster. He studied political science at TU Darmstadt and political theory at Goethe University Frankfurt am Main and TU Darmstadt. After working in the field of scientific editing, he joined the Centre Responsible Digitality (ZEVEDI) at TU Darmstadt as a research assistant. His research interests include the philosophy of the Enlightenment, theories of popular sovereignty, theories of justice and law, Hannah Arendt's political philosophy and ethnographies of science.

Petra Gehring ist seit 2002 Professorin für Philosophie an der TU Darmstadt. Sie studierte Philosophie, Politikwissenschaften und Rechtswissenschaft in Giessen, Marburg und Bochum, lehrte und forschte an den Universitäten Bochum und Hagen. Ihre Forschungsschwerpunkte sind Geschichte und Metaphysik des Lebensbegriffs, Gewaltaspekte der Rechtsform, Theorieprobleme rund um neue Technologien, Begriffs- und Diskursgeschichte sowie Metaphorologie. Aktuell befasst sie sich intensiv mit datenpolitischen und datenökonomischen Themen.

Petra Gehring is teaching philosophy at the Technische Universität Darmstadt, Germany, since 2002. She studied philosophy, political science, and law at the Universities of Gießen, Marburg, and Bochum, Germany. Her main fields of research are history and metaphysics of the concept of »life«, violence as a key problem of legal theory, theories of »reality« (*Realität/Wirklichkeit*), and also questions of philosophical methodology (discourse analysis, conceptual history, metaphorology). Currently she is working intensively on data policy and data economy issues.

Gabriele Gramelsberger ist Professorin für Wissenschaftstheorie und Technikphilosophie an der RWTH Aachen. Ihr Forschungsthema ist die Digitalisierung der Wissenschaft, insbesondere die Einführung von neuen Forschungsmethoden wie der Computersimulation und dem maschinellen Lernen. 2018 gründete sie das Computational Science Studies Lab. Sie ist Mitglied der Nordrhein-Westfälischen Akademie der Wissenschaften und der Künste und Direktorin des Käte Hamburger Kollegs »Kulturen der Forschung« – ein Internationales Center for Advanced Studies für Geschichte, Philosophie und Soziologie der Wissenschaft und Technik. Sie erhielt den K. Jon Barwise Prize 2023 der American Philosophical Association. Aktuelle Bücher: *Operative Epistemologie* (Meiner 2020), *Natures of Data* (Diaphanes 2020), *Philosophie des Digitalen zur Einführung* (Junius 2023).

Gabriele Gramelsberger is Professor for Theory of Science and Technology at RWTH Aachen University. Her research topic is the digitalization of science, in particular the introduction of new research methods such as computer simulation and machine learning. In 2018 she founded the Computational Science Studies Lab at RWTH Aachen University. She is a member of the North Rhine-Westphalian Academy of Sciences and Arts and Director of the Käte Hamburger Kolleg "Cultures of Research"—an International Center of Advanced Studies for History, Philosophy, and Sociology of Science and Technology. She received the K. Jon Barwise Prize 2023 by the American Philosophical Association. Recent books: *Operative Epistemologie* (Meiner 2020), *Natures of Data* (Diaphanes 2020), *Philosophie des Digitalen zur Einführung* (Junius 2023).

Rabea Kleymann ist Juniorprofessorin für Digital Humanities an der Philosophischen Fakultät der Technischen Universität Chemnitz. Zu ihren Forschungsgegenständen gehören Mixed Methods-Ansätze, multimodale Wissensformen und infrastrukturelle Settings. Rabea Kleymann widmet sich den Logiken geisteswissenschaftlicher Erkenntnisproduktion im digitalen Wandel. Dabei interessiert sie sich vor allem für die Verschränkung von theoretischen Konzepten und kritischen Praktiken. Als Vorstandsmitglied des Verbands für Digital Humanities im deutschsprachigen Raum e. V. sowie Mitgründerin der Arbeitsgruppe Digital HumanitiesTheorie initiiert und moderiert Rabea Kleymann Austauschformate und ist aktiv am Communitybuilding beteiligt.

Rabea Kleymann is an Assistant Professor of Digital Humanities in the Faculty of Humanities at Chemnitz University of Technology. Her research interests include mixed methods approaches, multimodal forms of knowledge, and infrastructural settings. Rabea Kleymann focuses on the logics of knowledge production in the humanities in the context of digital transformation. She is particularly interested in the intersection of theoretical concepts and critical practices. As a board member of the Association for Digital Humanities in German-speaking countries (DHd) and co-founder of the Digital Humanities Theory working group, Rabea Kleymann initiates and moderates exchange formats and is actively involved in community building.

Clarissa Ai Ling Lee is an artscience practitioner as well as an STS+media studies scholar. She was a visiting fellow with the Käte Hamburger International Center for Advanced Study "Cultures of Research" (c:o/re), RWTH-Aachen University and a research fellow with the Media, Technology, and Society Programme of the Institute of Southeast Asian Studies – Yusof Ishak, Singapore. She had been a senior lecturer with the Creative Arts Faculty at Universiti Malaya. She has published in well-regarded journals on the history, philosophy, and sociology of science, technology, design and the arts. As of 2024, she is an adjunct research fellow with the Centre for Technology, Strategy and Sustainability at the Asia School of Business and an adjunct teaching assistant with the School of Business at Monash University Malaysia. She is involved in organization work around quantum technologies and society in ASEAN. She is presently working on her book, tentatively titled *Media Physics.*

Clarissa Ai Ling Lee ist Kunstwissenschaftlerin und STS+Medienwissenschaftlerin. Sie war Gastforscherin am Käte Hamburger International Center for Advanced Study Cultures of Research (c:o/re) der RWTH Aachen und Forschungsstipendiatin im Media, Technology, and Society Programme des Institute of Southeast Asian Studies-Yusof Ishak in Singapur. Sie war ferner Senior Lectureran der Creative Arts Faculty an der Universität Malaya. Sie hat in renommierten Fachzeitschriften zur Geschichte, Philosophie und Soziologie von Wissenschaft, Technologie, Design und Kunst publiziert. Seit 2024 ist sie außerordentliche Forschungsstipendiatin am Centre for Technology, Strategy and Sustainability der Asia School of Business und außerordentliche Lehrassistentin an der School of Business der Monash University Malaysia. Sie ist in Organisationsarbeiten rund um Quantentechnologien und Gesellschaft in der ASEAN-Region involviert. Gegenwärtig arbeitet sie an ihrem Buch mit dem vorläufigen Titel *Media Physics*.

Tobias Matzner ist Professor für Kulturen der Digitalität an der Universität Paderborn. In seiner Arbeit verbindet er Theorien über (digitale) Medien und Technologien mit Ansätzen aus der politischen Philosophie, den Kulturwissenschaften und der Sozialtheorie. Er hat Philosophie und Informatik in Karlsruhe, Rom und Berlin studiert und am Karlsruher Institut für Technologie in Philosophie promoviert. Vor seinem Wechsel an die Universität Paderborn war er am Internationalen Zentrum für Ethik in den Wissenschaften in Tübingen und am Department of Philosophy der New School for Social Research in New York tätig.

Tobias Matzner is professor for Digital Cultures at Paderborn University in Germany. His work combines theories of (digital) media and technologies with approaches from political philosophy, cultural studies, and social theory. He has studied philosophy and computer science in Karlsruhe, Rome, and Berlin and holds a PhD in philosophy from the Karlsruhe Institute of Technology. Before joining Paderborn University he has been working at the International Centre for Ethics in the Sciences and Humanities in Tübingen and at the department of philosophy at the New School for Social Research in New York.

Viet Anh Nguyen Duc ist Wissenschaftlicher Mitarbeiter am Institut für Philosophie der TU Darmstadt. Seine Forschung beschäftigt sich mit Ironie, der Philosophie von Computerspielen und Technikhermeneutik.

Viet Anh Nguyen Duc is a research associate at the Philosophy Department at TU Darmstadt. His research focuses on ironism, philosophy of computer games and hermeneutics of technology.

Philip J. Nickel received his BA in philosophy at the University of Colorado, Boulder (1995), and his PhD in philosophy at the University of California, Los Angeles (2002). He was assistant professor at the University of California, Irvine from 2002–2008. He is now associate professor at Eindhoven University of Technology in the Netherlands. His research focuses on interpersonal trust and trust in technology, as well as disruptive technologies and the ethics of artificial intelligence. He leads the project "Mobile Support Systems for Behavior Change", funded by the Dutch Research Council. He participates in the research consortium ESDiT (Ethics of Socially Disruptive Technologies) funded by the Dutch Gravitation program. Recent publications include "Trust in medical artificial intelligence: a discretionary account" (in: *Ethics and Information Technology*, 2022).

Philip J. Nickel erhielt seinen BA in Philosophie von der University of Colorado, Boulder (1995) und seinen PhD in Philosophie von der University of California, Los Angeles (2002). Von 2002 bis 2008 war er Assistant Professor an der University of California, Irvine. Derzeit ist er Associate Professor an der Technischen Universität Eindhoven in den Niederlanden. Seine Forschung konzentriert sich auf zwischenmenschliches Vertrauen und Vertrauen in Technologie sowie auf disruptive Technologien und die Ethik künstlicher Intelligenz. Er leitet das vom niederländischen Forschungsrat geförderte Projekt »Mobile Support Systems for Behavior Change«. Er ist beteiligt am Forschungskonsortium ESDiT (Ethics of Socially Disruptive Technologies), gefördert vom Dutch Gravitation Programme. Zu seinen jüngsten Veröffentlichungen gehört »Trust in medical artificial intelligence: a discretionary account« (in: *Ethics and Information Technology*, 2022).

Philipp Richter ist Professor für Philosophie unter besonderer Berücksichtigung der Philosophiedidaktik und der Praktischen Philosophie am Institut für Philosophie I an der Fakultät für Philosophie und Erziehungswissenschaft der Ruhr-Universität Bochum. Im Feld der Praktischen Philosophie konzentriert sich seine Forschung vor allem auf transzendentale und klugheitsethische Argumentationen und methodologische Fragen der Anwendungsbezogenen Ethik. Im Bereich der Philosophiedidaktik arbeitet er schwerpunktmäßig zu den Leistungen und Grenzen verschiedener Ansätze einer qualitativen Erforschung des Philosophieunterrichts und zur Philosophie der Bildung. Neuere Publikationen in der Technikphilosophie: »Sind Erfindungen neue Artefakte? Zur Explikation der Tätigkeit des Erfindens als praktische Synthese neuer Handlungsschemata«, in: *Jahrbuch Technikphilosophie* 2020, Nomos, S. 139–175; *Möglichkeiten der Reflexion*, Nomos 2018, 318 S. (Hrsg. mit Jan Müller und Michael Nerurkar).

Philipp Richter is a full professor of philosophy at the Institute of Philosophy I at the Faculty of Philosophy and Educational Sciences of the Ruhr-University Bochum, Germany. His areas of research are didactics of philosophy and ethics. Richter is an editor of the Journal of Didactics of Philosophy (JDPh): https://ojs.ub.rub.de/index.php/JDPh/index Recent publications in Philosophy of Technology: "Sind Erfindungen neue Artefakte? Zur Explikation der Tätigkeit des Erfindens als praktische Synthese neuer Handlungsschemata", in: *Jahrbuch Technikphilosophie* 2020, Nomos, p. 139–175; *Möglichkeiten der Reflexion*, Nomos 2018, 318 p. (Hrsg. mit Jan Müller und Michael Nerurkar).

Jan Cornelius Schmidt ist Physiker (Dr. rer. nat., Dipl.-Phys.) und Philosoph (habil., M.A.). Seit 2008 ist er Professor für Wissenschafts- und Technikphilosophie an der Hochschule Darmstadt. Schmidt war davor Professor für Technikphilosophie am Georgia Institute of Technology, Atlanta, sowie eingeladener Vertretungs- bzw. Gastprofessor an den Universitäten in Jena, Klagenfurt und Wien (Boku). Er erreichte Listenplätze für Professuren an der BTU Cottbus (Platz 1) sowie an der Goethe-Universität Frankfurt (Platz 2). Schmidt hatte Forschungsfellowships inne an der Europäischen Akademie für Technikfolgenabschätzung Bad Neuenahr-Ahrweiler und am Käte-Hamburger-Kolleg zu Wissens- und Forschungskulturen an der RWTH Aachen.

Jan Cornelius Schmidt is physicist (Dr. rer. nat., Dipl.-Phys.) and philosopher (habil., M.A.). Since 2008 he has been Professor of Philosophy of Science and Technology at Darmstadt University of Applied Sciences. Schmidt was Professor of Philosophy of Technology at Georgia Institute of Technology, invited Stand-In-Professor or Visiting Professor at Universities in Jena, Klagenfurt and Vienna (Boku). He achieved positions on the lists for professorships at the BTU Cottbus (1st place) and at the Goethe University Frankfurt (2nd place). Schmidt was research fellow at the European Academy for Technology Assessment Bad Neuenahr-Ahrweiler and at an Institute of Advanced Studies on Research Cultures at RWTH Aachen.

Tim-Florian Steinbach ist seit 2013 wissenschaftlicher Mitarbeiter am Philosophischen Seminar der Bergischen Universität Wuppertal am Lehrstuhl für Kulturphilosophie und Ästhetik, Mitherausgeber der Reihe *Studien zur Anthropologie und Kulturphilosophie* (Ergon). Forschungsschwerpunkte sind die Bereiche Kulturphilosophie, philosophische Anthropologie, Technikphilosophie und Methoden der Philosophiegeschichtsschreibung, neuere Veröffentlichungen: *Gelebte Geschichte, narrative Identität. Zur Hermeneutik zwischen Rhetorik und Poetik bei Hans Blumenberg und Paul Ricœur.* Freiburg, München 2020; »Hans Blumenberg«, in: Martina Heßler und Kevin Liggieri (Hg.): *Technikanthropologie. Handbuch für Wissenschaft und Studium.* Baden-Baden 2020, S. 169–175; »Die Theorie der modernen Kultur (Kap. 6.III)«, in: Gerald Hartung und Tim-Florian Steinbach (Hg.): *Georg Simmel: Philosophie des Geldes.* Berlin 2020, S. 191–208.

Tim-Florian Steinbach is a Research assistant at the Chair for the Philosophy of Culture and Aesthetics in Philosophy Department of Wuppertal University and I am the Co-Editor of the series *Studien zur Anthropologie und Kulturphilosophie* (Ergon). My main research interests include the Philosophy of Culture, Philosophical Anthropology, the Philosophy of Technology and Methods in the Historiography of Philosophy. My recent publications include: *Gelebte Geschichte, narrative Identität. Zur Hermeneutik zwischen Rhetorik und Poetik bei Hans Blumenberg und Paul Ricœur.* Freiburg, München 2020; "Hans Blumenberg", in: Martina Heßler und Kevin Liggieri (Eds.): *Technikanthropologie. Handbuch für Wissenschaft und Studium.* Baden-Baden 2020, pp. 169–175; "Die Theorie der modernen Kultur (Kap. 6.III)" in: Gerald Hartung und Tim-Florian Steinbach (Eds.): *Georg Simmel: Philosophie des Geldes.* Berlin 2020, pp. 191–208.

Stefanie Theuerkauf studierte Philosophie und Soziologie an der Technischen Universität Darmstadt. 2022 erwarb sie den Master in Philosophie mit der Thesis *Heinrich Hardensett: Der kapitalistische und der technische Mensch – Grundzüge seiner Technikphilosophie und Diskussion der Rezeptionsgeschichte.*

Stefanie Theuerkauf studied philosophy and sociology at TU Darmstadt. She finished her master in Philosophy in 2022 with her thesis *Heinrich Hardensett: The Capitalistic and the Technical Man – Essential Features of his Philosophy of Technology and Discussion of the Reception History.*

Jörn Wiengarn ist Wissenschaftlicher Mitarbeiter am Institut für Philosophie der TU Darmstadt. Seine Forschung liegt im Bereich der Sozialepistemologie und beschäftigt sich insbesondere mit Vertrauen und Misstrauen in Wissenschaft und Technik.

Jörn Wiengarn is a research assistant at the Philosophy Department at TU Darmstadt. His research focuses on social epistemology, especially on trust and mistrust with regards to science and technology.

Tobias Wilke, Prof. Dr., lehrt deutsche Literatur und Medienwissenschaft an der University of North Carolina Chapel Hill und ist Fellow am Leibniz-Zentrum für Literatur- und Kulturforschung Berlin. Zu seinen Forschungsschwerpunkten zählen die Literatur der europäischen Moderne, Mediengeschichte vom 19. bis zum 21. Jahrhundert, Sound Studies, Literatur und Wissenschaftsgeschichte sowie Theorien des Digitalen. Ausgewählte neuere Publikationen: *Sound Writing. Experimental Modernism and the Poetics of Articulation* (University of Chicago Press, 2022); »Die Frau, das Meer, der Himmel: Elemente des Digitalen zwischen Turing und OpenAI«, in: *Das Subjekt des Schreibens*, hg. Hannes Bajohr und Moritz Hiller (edition text + kritik, 2024) (zusammen mit Sarah Pourciau).

Tobias Wilke, Prof. Dr., teaches German literature and media studies at the University of North Carolina Chapel Hill and is Fellow at the Leibniz Center for Literary and Cultural Research Berlin. His research focuses primarily on European modernism and the historical avant-gardes, media history from the 19th through the 21st century, sound studies, literature and the history of science, and digital theory. Selected recent publications: *Sound Writing. Experimental Modernism and the Poetics of Articulation* (University of Chicago Press, 2022); "Die Frau, das Meer, der Himmel: Elemente des Digitalen zwischen Turing und OpenAI," in *Das Subjekt des Schreibens*, eds. Hannes Bajohr und Moritz Hiller (edition text + kritik, 2024) (co-authored with Sarah Pourciau).